Les lois de la contagion

Adam Kucharski

Les lois de la contagion

Fake news, virus, tendances…

Traduit de l'anglais par
Caroline Abolivier

DUNOD

First published as *The Rules of contagion* by Profile Books Ltd.

L'édition originale de cet ouvrage a été publiée
sous le titre *The Rules of contagion* par Profile Books Ltd.

Couverture : Studio Dunod, d'après l'édition italienne de l'ouvrage
(*Le regole del contagio*, Marsilio NODI)

Ouvrage publié avec le concours du

CNL CENTRE NATIONAL DU LIVRE

11 rue Paul Bert, 92240 Malakoff
www.dunod.com
ISBN 978-2-10-081766-5

À Emily

Prologue

Le jour de la sortie de ce livre au Royaume-Uni, j'avais la tête ailleurs. Après avoir consulté le rapport quotidien de l'évolution de la pandémie de COVID-19, je cherchais à savoir si nous avions commis une erreur majeure dans notre analyse de l'épidémie. Nous étions le 13 février 2020 et la Chine venait de déclarer plus de quinze mille nouveaux cas d'infection, soit une augmentation de 750 % par rapport à la veille[1]. Une semaine plus tôt, mon groupe de recherche s'était servi de jeux de données disponibles sur les infections en Chine et chez les voyageurs étrangers pour publier son analyse[2]. Nos résultats suggéraient que les mesures de contrôle mises en place à Wuhan fin janvier avaient entraîné une diminution de la transmission et que le pic de l'épidémie ne tarderait pas à être atteint dans cette ville. Plusieurs médias s'étaient faits l'écho de ces travaux préliminaires[3] qui, pendant quelques jours, avaient semblé corrects. Après plusieurs semaines d'augmentation, le nombre de cas semblait enfin décliner.

C'est alors qu'est arrivé le pic du 13 février. Après presque un mois à travailler du matin au soir pour tenter de faire émerger des tendances à partir de données disparates, se pouvait-il que nous soyons passés à côté d'un élément crucial ? En réalité, l'apparente augmentation du nombre de cas en Chine était due à un changement de méthode de comptabilisation – les autorités sanitaires incluant désormais les personnes présentant des symptômes moins graves. En réexaminant les données, nous avons décidé que, dans l'ensemble, les éléments dont nous disposions nous permettaient encore d'envisager une baisse de la transmission à l'échelle mondiale. Tout le monde n'était cependant pas de cet avis. Une équipe au Japon estimait que l'épidémie atteindrait son pic en Chine entre fin mars et fin mai, avec jusqu'à 2,3 millions de nouveaux cas diagnostiqués en une seule journée[4].

Rétrospectivement, la baisse du nombre de cas de COVID-19 à Wuhan semble évidente, tout comme les baisses ultérieures dans d'autres villes. Mais à ce moment-là, c'était loin d'être le cas. Des chercheurs du monde entier s'efforçaient de comprendre les premières tendances – souvent contradictoires – qui se dessinaient en Asie. À partir de la mi-janvier, notre groupe de recherche a eu des échanges réguliers avec des scientifiques et des agences sanitaires de toute la région, de la Chine continentale et du Japon à Hong Kong et Singapour. Nous avons échangé sur ce que nous savions et, plus encore, sur ce que nous ignorions.

Il ne faisait aucun doute que ce nouveau virus serait difficile à contrôler. Début février, des données préliminaires ont laissé entrevoir que de nombreuses personnes atteintes de la COVID-19 pouvaient propager l'infection avant de présenter des symptômes visibles. Cela signifiait qu'entre le moment où une personne tombait malade et celui où elle se faisait tester, elle pouvait avoir déjà contaminé d'autres personnes. Ces dernières devenaient à leur tour infectieuses, poursuivant ainsi le cycle d'une contagion invisible. C'était exactement le genre de caractéristique que nous redoutions : qu'un nouveau virus ne soit pas détecté et risque de facilement transformer une poignée de cas en une épidémie majeure. Cette semaine-là, j'étais en déplacement professionnel à Melbourne : je me souviens m'être promené dans le centre-ville en essayant d'imaginer l'impact du virus ; les rues ce jour-là animées, désertées comme celles de Wuhan. Mon épouse et moi avions commencé l'année 2020 dans les îles Galápagos, à l'occasion de notre lune de miel. Partout, des panneaux nous incitaient à respecter une distance de deux mètres avec les animaux. Dans les semaines qui ont suivi, nous avons vu ce genre de signalétique envahir le reste du monde.

Outre la question de la facilité avec laquelle la COVID-19 se répandait, se posait également celle sa gravité. Au 11 février, près de quarante-cinq mille cas avaient été confirmés en Chine, et un peu plus de mille décès signalés[5]. *A priori*, cela signifiait qu'environ un cas sur quarante-cinq était mortel, mais deux problèmes apparaissaient. Tout d'abord, les patients ne succombaient pas immédiatement à la maladie. Si une centaine de personnes atteintes de COVID-19 se présentent à l'hôpital un jour donné, le fait qu'elles soient toutes en vie ne signifie pas que le risque de décès lié à la maladie est nul, car il nous faut attendre et observer l'évolution de leur état. Les premières données venues de Chine sur les cas qui avaient passé cette période d'attente indiquaient que 15 % seraient mortels. Ce qui nous amène au second problème : tous les cas n'étaient pas détectés en Chine. En agrégeant les données relatives aux épidémies à l'échelle internationale – comme celles du navire de croisière *Diamond Princess* au Japon, où des tests approfondis avaient été menés –, nous avons estimé qu'environ 0,5 % des infections étaient mortelles en Chine, avec un risque beaucoup plus élevé chez les seniors[6].

Si seule une fraction des infections était fatale et qu'un certain temps s'écoulait avant que les personnes infectées ne tombent gravement malades, les rapports soudains de nouveaux décès dus à la COVID-19 pouvaient être le signe d'une épidémie non détectée beaucoup plus importante. Cela a été confirmé le 19 février lorsque l'Iran a déclaré deux décès dus au virus, les premiers cas connus dans ce pays. Deux jours plus tard, l'Italie a signalé une épidémie localisée dans le nord de la Lombardie. De nombreuses personnes étaient déjà gravement malades, ce qui laissait supposer une autre épidémie majeure sous-jacente.

Le problème des données fragmentaires et des cas non détectés allait être récurrent. Le 27 février, l'Espagne a signalé sa première épidémie locale ; deux semaines plus tard, la capacité d'accueil maximale de certains hôpitaux de Madrid était atteinte[7]. Le Royaume-Uni a, quant à lui, annoncé le 10 mars qu'un membre du Parlement avait été infecté, et cinquante-quatre nouveaux cas ont été signalés ce jour-là. Mes collègues ont estimé par la suite qu'en réalité, le nombre de nouvelles infections s'élevait alors à plus de cinq mille[8]. À travers toute l'Europe, des épidémies se déclenchaient silencieusement lors d'événements et de rassemblements, dans les stations de ski et les entreprises, les maisons et les hôpitaux[9].

Chaque année, fin février et courant mars, j'interviens auprès d'étudiants en master sur le thème de la propagation et du contrôle des maladies infectieuses. Dans ce cadre, ils doivent investiguer une épidémie pendant trois jours. On leur annonce que des personnes sont tombées malades et charge à eux de rassembler diverses informations

– des symptômes aux contacts sociaux – afin comprendre ce qui s'est passé. Pendant que les étudiants analysaient cette épidémie fictive, notre équipe travaillait avec les agences sanitaires, les gouvernements et les organisations humanitaires internationales pour tenter de faire de même pour la COVID-19. Que savions-nous de l'infection ? Quels étaient les avantages et les inconvénients des différentes mesures de contrôle ? Quelles étaient nos lacunes ?

Parmi toutes ces incertitudes, il ne faisait pas de doute que notre vie à tous allait changer, et ce pour une très longue période. L'analyse que nous avions menée sur la première épidémie de Wuhan suggérait que seulement 5 % environ de la population avaient été infectés à la fin du mois de janvier[10]. Si toutes les mesures de contrôle étaient levées et si la contagion se propageait à nouveau librement, la ville compterait encore un grand nombre de personnes susceptibles d'être infectées. Le 17 mars, je suis intervenu lors d'un événement de santé mondial, transformé à la hâte en visio-conférence suite à l'entrée en vigueur des mesures de contrôle au Royaume-Uni[11]. J'ai esquissé deux scénarios, qui me semblaient plausibles quant à l'avenir de la COVID-19. Le scénario A était le plus pessimiste : en l'absence d'un vaccin ou d'un traitement efficace, les pays pourraient devoir s'appuyer sur des mesures sporadiques de type *shutdown* (arrêt total des activités) pour éviter que les épidémies ne submergent leurs systèmes de santé. Le scénario B était plus optimiste : certains pays pourraient être en mesure d'intensifier les tests ciblés à grande échelle et de les combiner avec un isolement strict et un contrôle des infections afin que les épidémies demeurent modérées – et donc loin des personnes les plus à risque – sans trop perturber le reste de la société. Au final, l'année 2020 dépendrait des choix que les gouvernements imposeraient à leurs populations. Utiliseraient-ils la surveillance électronique pour identifier les personnes infectées et s'assurer qu'elles restent isolées, comme en Corée du Sud et à Taïwan ? Ou procéderaient-ils à des fermetures de frontières comme au Vietnam et en Nouvelle-Zélande ? Ou tenteraient-ils de s'appuyer sur des mesures moins strictes comme le télétravail et la restriction de la taille des rassemblements, comme en Suède ?

L'un des aspects de la COVID-19 qui m'a le plus surpris a été l'extrême diversité des réponses à travers le monde. Le virus a poussé chaque pays à décider de l'aspect que prendrait sa société au cours de l'année à venir – au moins – et les réponses ont été très variées. Politiques individualistes ou politiques collectivistes. Mesures volontaires ou mesures obligatoires. Surveillance basée sur l'utilisation des données ou protection de la vie privée. Bouleversements sporadiques ou durables.

La pandémie allait demander des choix difficiles, clivants, qui se répercuteraient à travers tout le tissu social. En effet, l'impact de la COVID-19 dépasserait largement le cadre de la maladie. Outre le coronavirus, plusieurs autres formes de contagion se propageraient dans les populations au cours de l'année 2020. La désinformation saboterait les conseils donnés en matière de santé et alimenterait la polarisation politique. Les perturbations causées par les mesures de contrôle du virus engendreraient des troubles économiques et sociaux. Les nouveaux travailleurs à distance seraient victimes de cyberattaques et de logiciels malveillants[12]. Cependant, de ces bouleversements émergeraient aussi des motifs d'optimisme. La découverte de vaccins. Des innovations en matière de traitements. De nouvelles connaissances. De l'espoir.

Nous avons tendance à associer la *contagion* aux maladies infectieuses ou à la viralité des contenus en ligne. Mais les épidémies peuvent surgir sous de nombreuses formes. Elles peuvent aller de pair avec des conséquences négatives – comme la violence, les logiciels malveillants ou les crises financières – ou positives – comme des innovations technologiques ou des progrès scientifiques. Certaines commenceront par des infections tangibles, comme des agents biologiques pathogènes et des virus informatiques, d'autres par des idées abstraites et des croyances. Les épidémies se développeront parfois de façon rapide ; parfois, il leur faudra un certain temps. Certaines donneront lieu à des schémas inattendus qui, alors que nous serons dans l'expectative, susciteront de l'excitation, de la curiosité, voire de la peur. Alors, pourquoi les épidémies commencent-elles et pourquoi déclinent-elles ?

*

Trois ans et demi après le début de la Première Guerre mondiale, une nouvelle menace mortelle fit son apparition. Pendant que l'armée allemande lançait son offensive de printemps en France, de l'autre côté de l'Atlantique, on avait commencé à compter les morts à Camp Futson, une base militaire très fréquentée du Kansas. Un nouveau type de virus grippal, potentiellement passé des animaux aux humains dans une ferme des alentours, était à l'origine de ces décès. Entre 1918 et 1919, cette infection allait devenir une épidémie mondiale – ou pandémie – et tuer plus de cinquante millions de personnes. Le nombre total de victimes serait le double de celui de la Première Guerre mondiale[13].

Au cours du siècle suivant, il y aurait quatre autres pandémies de grippe. Avant la COVID-19, on me demandait parfois à quoi ressemblerait la prochaine pandémie. C'est malheureusement difficile à prédire car même les épidémies de grippe diffèrent toutes légèrement. Il y a plusieurs souches de virus et les épidémies frappent certaines zones plus fortement que d'autres. À vrai dire, dans mon domaine, on a l'habitude de dire : « Si tu as vu une pandémie, tu as vu… une pandémie »[14].

Que l'on étudie la propagation d'une maladie, un effet de mode sur Internet ou autre chose, nous rencontrons le même problème : une épidémie ne ressemblera pas forcément à une autre. Il nous faut isoler les caractéristiques spécifiques d'une épidémie donnée des principes sous-jacents de la contagion. Une manière de voir au-delà des explications simplistes pour découvrir ce qui se cache vraiment derrière les modèles épidémiques que nous observons.

C'est l'objectif de ce livre : en explorant la contagion dans les différents domaines de notre vie, nous découvrirons ce qui fait que quelque chose se propage et pourquoi les épidémies prennent tel ou tel aspect. Nous verrons les connexions qui émergent entre des problèmes en apparence sans lien : des crises bancaires à la violence armée et aux *fake news*, en passant par l'évolution des maladies, la dépendance aux opioïdes et les inégalités sociales. Nous aborderons les idées susceptibles de nous aider à combattre les épidémies, mais nous nous intéresserons également aux situations inhabituelles qui modifient notre conception des modèles d'infections, nos convictions et nos comportements. La première édition (en anglais) de ce livre a été écrite avant la pandémie de COVID-19 ; j'ai finalisé les épreuves début décembre 2019, peu avant que les premiers cas ne soient signalés à proximité d'un marché de fruits de mer à Wuhan. Bien que j'aie procédé à certaines mises à jour suite aux événements de 2020, les principes centraux que je traite n'ont pas changé. Il ne s'agit pas de l'histoire d'un seul virus ou d'une seule épidémie, mais bien du phénomène de contagion qui influence toute notre vie et des possibilités d'y remédier.

Commençons avec la forme des épidémies. Quand, en tant que chercheurs en épidémiologie, nous avons vent d'une nouvelle menace, l'une des premières choses que nous faisons est de tracer ce que nous appelons une « courbe épidémique », une représentation graphique du nombre de cas en fonction du temps. Bien que la forme puisse énormément varier, elle comprendra classiquement quatre stades principaux : le démarrage, la croissance, le pic et le déclin. Dans certains cas, ces stades apparaîtront à plusieurs reprises ; lorsque la pandémie de grippe porcine est arrivée au Royaume-Uni en 2009, elle a rapidement augmenté au début de l'été, a atteint un pic en juillet, avant de croître de nouveau et d'atteindre un nouveau pic vers la fin du mois d'octobre (nous découvrirons pourquoi plus tard dans ce livre ; voir p. 251).

Bien qu'une épidémie passe par différents stades, on se concentre toujours sur le premier : les gens veulent savoir pourquoi et comment elle a démarré, et qui est responsable. *A posteriori*, il est tentant de chercher à justifier l'épidémie, comme s'il était possible de l'anticiper et de prévoir la prochaine. Mais si nous nous contentons de dresser la liste des caractéristiques des infections ou des modes qui marchent, nous obtenons une vision incomplète de la manière dont les épidémies fonctionnent vraiment.

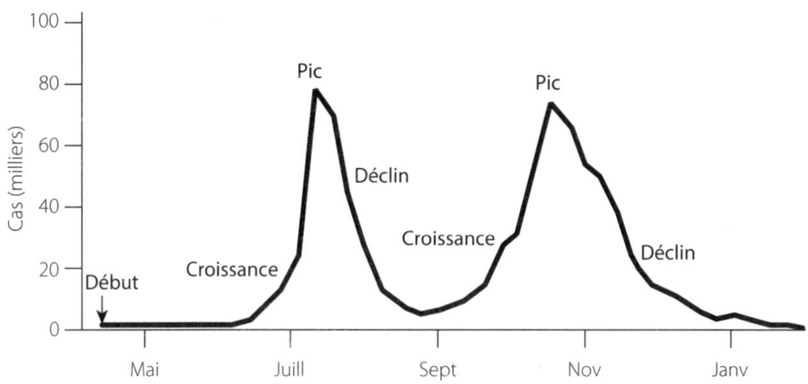

Pandémie de grippe au Royaume-Uni, 2009. Source : Public Health England.

Le plus souvent, il n'y a pas de démarrage : pour chaque virus grippal qui passe de l'animal à l'humain et se propage à l'échelle mondiale, des millions d'autres n'infectent personne. Pour chaque tweet qui devient viral, bien plus ne le sont pas.

Même si une épidémie démarre, ce n'est qu'un début. Essayez de vous représenter la forme d'une épidémie en particulier. Cela peut être une maladie épidémique ou la diffusion d'une nouvelle idée. À quelle vitesse croît-elle ? Pourquoi croît-elle à cette vitesse ? Quand atteint-elle son pic ? N'y en a-t-il qu'un seul ? Combien de temps dure la phase de déclin ?

Plutôt que d'envisager les épidémies en se demandant si elles décollent ou non, il nous faut réfléchir à la manière de les mesurer et de les prévoir. Prenez l'épidémie d'Ebola en Afrique de l'ouest en 2014. Après s'être propagée de la Guinée au Sierra Leone et au Liberia, le nombre de cas a commencé à augmenter fortement. Les premières analyses menées par notre équipe ont suggéré que l'épidémie doublait tous les quinze jours[15]. Cela signifiait que si, à un moment donné, il y avait cent cas, il y en aurait deux cents deux semaines plus tard, et encore quatre cents de plus après un mois. La réponse des agences sanitaires devait donc être rapide : plus elles mettraient de temps à s'attaquer à l'épidémie, plus il leur faudrait fournir d'efforts pour la contrôler. En substance, ouvrir tout de suite un nouveau centre de traitement équivalait à en ouvrir quatre un mois plus tard.

Certaines épidémies enflent sur des échelles de temps encore plus courtes. En mai 2017, le virus informatique WannaCry a infecté des ordinateurs du monde entier, y compris ceux des systèmes du NHS, le système de santé publique du Royaume-Uni. Au départ, la taille de l'attaque doublait presque toutes les heures, pour finalement toucher plus de deux cent mille ordinateurs dans cent cinquante pays[16]. D'autres types de technologies ont eu besoin de plus de temps pour se propager. Quand les magnétoscopes sont devenus populaires au début des années 1980, le nombre de propriétaires ne doublait que tous les quatre cent quatre-vingts jours environ[17].

À la question de la vitesse, s'ajoute celle de la taille : une contagion qui se propage rapidement ne donnera pas nécessairement une épidémie globale plus vaste. Alors pourquoi une épidémie atteint-elle son pic ? Et que se passe-t-il après ce pic ? Cette question est pertinente pour de nombreuses activités, de la finance à la politique, de la technologie à la santé. Cependant, face aux épidémies, les réactions varient. Mon épouse travaille dans la publicité : alors que mes recherches visent à endiguer la transmission des maladies, elle cherche de son côté à faire en sorte que les idées et les messages se propagent. Bien que ces deux perspectives semblent très différentes, la mesure et la comparaison de la contagion entre les secteurs d'activité sont de plus en plus réalisables, les idées d'un domaine de notre vie nous aidant à en comprendre un autre. Dans de ce livre, nous verrons pourquoi les crises financières ressemblent aux infections sexuellement transmissibles, pourquoi il est facile pour les épidémiologistes de prévoir l'évolution des jeux comme l'*Ice Bucket Challenge* (ou défi du seau d'eau glacée) et comment les idées qui ont permis de mettre un terme à la variole nous aident à stopper la violence armée. Nous nous intéresserons aussi aux techniques qui sont à notre disposition pour ralentir ou prolonger – dans le cas du marketing – une transmission.

Au cours des dernières années, notre connaissance de la contagion a énormément progressé, et pas uniquement dans le champ de la recherche sur les maladies, qui est le mien. Grâce à des données précises sur les interactions sociales, les chercheurs découvrent comment des infox peuvent évoluer pour gagner en crédibilité et être partagées, pourquoi certaines épidémies connaissent plusieurs pics – comme celle de la grippe en 2009 – et comment les relations entre des amis éloignés peuvent permettre à certaines idées de se répandre largement (tout en freinant pourtant la propagation d'autres). Dans le même temps, nous en apprendrons plus sur la manière dont les rumeurs naissent et se répandent, sur les raisons pour lesquelles certaines épidémies sont plus difficiles à expliquer que d'autres, et sur la manière dont les algorithmes nous influencent et empiètent sur notre vie privée.

Il en résulte que des idées issues de l'épidémiologie contribuent désormais à faire face à des menaces dans d'autres domaines. Les banques centrales utilisent ces méthodes pour prévenir de futures crises financières, tandis que les entreprises technologiques conçoivent de nouvelles défenses contre des logiciels malveillants. Ce faisant, les chercheurs réinterrogent des idées de longue date sur le fonctionnement des épidémies.

Quand on parle de contagion, les événements passés nous ont montré que les idées que l'on se fait de la propagation ne correspondent pas toujours à la réalité. Au Moyen Âge par exemple, on attribuait le retour régulier des épidémies à des influences astrologiques ; *influenza*, par exemple, veut aussi dire *influence* en italien[18].

Les explications répandues concernant les épidémies continuent d'être bouleversées par les découvertes scientifiques. La recherche déchiffre les mystères de la contagion en nous montrant comment éviter les analyses simplistes et les solutions inefficaces. Mais, en dépit de ces progrès, le traitement des informations sur les épidémies a encore tendance à rester flou : on entend simplement dire que quelque chose est contagieux ou est devenu viral. On sait rarement pourquoi l'augmentation a été si rapide (ou si lente), ce qui a déclenché le pic, et à quoi nous attendre la fois suivante. Que l'on cherche à répandre des idées et des innovations ou à stopper les virus et la violence, nous devons identifier le véritable moteur de la contagion. Et, parfois, cela implique de remettre en cause tout ce que nous savons des infections.

Chapitre 1

Une théorie des événements

À trois ans, j'ai perdu l'usage de mes jambes. C'est d'abord arrivé progressivement : quelques difficultés pour me lever par-ci, un manque d'équilibre par-là. Mais mon état s'est rapidement détérioré. J'ai commencé à avoir du mal à parcourir de courtes distances et je n'arrivais presque plus à monter les pentes et les escaliers. En avril 1990, un vendredi après-midi, mes parents nous ont emmenés, moi et mes jambes défaillantes, au Royal United Hospital de la ville de Bath. Dès le lendemain matin, je rencontrai un neurologue. Au départ, on suspecta une tumeur de la moelle épinière. S'ensuivirent plusieurs jours de tests : des rayons X, des prises de sang, des stimulations nerveuses et une ponction lombaire pour extraire du liquide rachidien. Quand les résultats tombèrent, le diagnostic s'orienta vers une maladie rare, connue sous le nom de syndrome de Guillain-Barré (SGB). Du nom des neurologues français Georges Guillain et Jean Alexandre Barré, le SGB est dû à un dysfonctionnement du système immunitaire. Celui-ci, au lieu de protéger mon corps, avait commencé à attaquer mes nerfs, et une paralysie se propageait.

Comme l'écrivit Alexandre Dumas, la sagesse humaine se résume parfois à ces trois mots : « attendre et espérer[1] ». Et c'est bien ce en quoi allait consister mon traitement, attendre et espérer. On remit à mes parents un sifflet en papier multicolore pour vérifier la force de mon souffle (aucun matériel médical à domicile n'était suffisamment petit pour un si jeune enfant). Si, quand je soufflais, le sifflet ne se déroulait pas, alors cela signifierait que la paralysie aurait atteint les muscles chargés de faire pénétrer l'air dans mes poumons.

Sur une photo de l'époque, on me voit, assis sur les genoux de mon grand-père. Il est en fauteuil roulant. À vingt-cinq ans, il avait attrapé la polio en Inde, et n'avait jamais pu remarcher. Je l'avais toujours connu ainsi, ses bras puissants faisant rouler des jambes qui refusaient de coopérer. En un sens, cela rendit familière une situation inhabituelle. Et pourtant, ce qui nous liait nous distinguait aussi. Notre symptôme était le même, mais l'empreinte de sa maladie était là pour toujours ; le SGB, malgré son lot de souffrances, finissait en général par guérir.

Alors nous avons attendu et espéré. Le sifflet se déroula toujours et une longue guérison commença. Mes parents me disaient que SGB – ou GBS en anglais – signifiait *Getting Better Slowly*, guérir petit à petit. Il me fallut douze mois pour remarcher et douze autres pour réussir à plus ou moins courir. Pendant des années, j'allais souffrir de troubles de l'équilibre.

Mes symptômes s'estompèrent peu à peu, mes souvenirs aussi. Cet épisode s'éloigna, fragment d'une autre vie. Je ne me souviens pas des carrés de chocolat que mes parents me donnaient avant les piqûres. Ni de la façon dont je refusais ensuite de les manger – même un jour normal – tant je redoutais ce qui allait suivre. Disparus aussi, les souvenirs des parties de chat perché à l'école primaire, quand je passais toute la récréation du midi à jouer le chat, mes jambes trop faibles ne me permettant pas encore d'attraper les autres enfants. Pendant les vingt-cinq années qui suivirent ma maladie, je ne parlai jamais vraiment du SGB. Après l'école, j'entrai à l'université, j'obtins mon doctorat. Le SGB semblait trop rare et insignifiant pour être mentionné. Guillain quoi ? Barré qui ? Cette histoire, que de toutes façons je ne racontais jamais, appartenait pour moi au passé.

Sauf que finalement non, pas tout à fait. En 2015, j'étais à Suva, capitale des Îles Fidji, lorsque je croisais de nouveau le SGB, dans un cadre professionnel cette fois. J'étais venu participer à une étude sur une récente épidémie de dengue[2]. Transmis par les moustiques, le virus de la dengue est à l'origine d'épidémies sporadiques sur les îles comme Fidji. Le plus souvent, les symptômes sont modérés, mais la dengue peut s'accompagner d'une forte fièvre, susceptible de nécessiter une hospitalisation. Au cours des premiers mois de 2014, les centres médicaux de Fidji avaient accueilli plus de vingt-cinq mille personnes suspectées d'être atteintes de la dengue, ce qui avait fortement impacté le système de santé.

Si vous imaginez un bureau sur une plage baignée de soleil, alors ce n'est pas Suva. Contrairement à la partie occidentale de Fidji, bondée de complexes hôteliers, la capitale est une cité portuaire située au sud-est de l'île principale, Viti Levu. Ses deux routes principales descendent en boucle vers la péninsule, en forme de fer à cheval, où la partie centrale attire énormément de pluie. Les locaux qui connaissaient le climat de la Grande-Bretagne m'avaient dit que je ne serais pas dépaysé.

Un autre souvenir de chez moi, bien plus ancien, n'allait pas tarder à refaire surface. Lors d'une des premières réunions, un collègue de l'Organisation mondiale de la Santé (OMS) indiqua que des *clusters* (ou foyers) de SGB avaient fait leur apparition dans les Îles du Pacifique. Des *clusters* inhabituels. Les chiffres annuels pour cette maladie étaient d'un ou deux cas pour cent mille personnes, mais à certains endroits ces chiffres avaient doublé[3].

Personne ne sut jamais pourquoi j'avais contracté le SGB. Il fait parfois suite à une infection – on l'a corrélé à la grippe et à la pneumonie, ainsi qu'à d'autres maladies[4] – mais il arrive qu'aucun élément déclencheur ne soit clairement identifié. Dans mon cas, le syndrome n'avait été qu'une goutte d'eau, un phénomène marginal aléatoire dans le grand ordre des choses de la santé humaine. Mais dans le Pacifique, en 2014-2015, le SGB était un signal, comme les malformations congénitales le seraient bientôt en Amérique Latine.

Derrière ces nouveaux signaux, se cachait le virus Zika, du nom de la forêt de Zika, au sud de l'Ouganda. Proche du virus de la dengue, le virus Zika fut d'abord identifié en 1947 chez les moustiques de cette forêt. Dans la langue locale, Zika signifie *envahi*[5], et le virus allait, en effet, s'avérer envahissant, de l'Ouganda à Tahiti en passant par Rio de Janeiro et au-delà. Les signaux dans le Pacifique et en Amérique Latine en 2014 et 2015 allaient peu à peu se préciser. Les chercheurs trouvèrent des preuves de plus en plus évidentes du lien entre l'infection du virus Zika et les affections neurologiques : comme le SGB, il semblait entraîner des complications de grossesse. L'inquiétude principale était liée à la microcéphalie, quand le cerveau des bébés se développe moins que d'habitude, donnant une boîte crânienne de plus petite taille[6]. Cela peut entraîner une multitude de problèmes de santé, notamment des convulsions et des troubles mentaux.

En février 2016, le virus Zika étant susceptible d'engendrer des microcéphalies[7], l'OMS déclara que l'infection était une urgence de santé publique de portée internationale (USPPI). Les premières études avaient suggéré que pour cent contaminations par le virus Zika pendant la grossesse, entre un et vingt bébés pouvaient être atteints de microcéphalie[8]. Si la microcéphalie allait devenir la principale source d'inquiétude liée au virus, ce fut d'abord le SGB qui attira l'attention des agences de santé, et la mienne. Installé dans mon bureau provisoire de Suva en 2015, je réalisai que je ne savais pour ainsi dire rien de ce syndrome qui avait tant marqué mon enfance. J'étais en grande partie responsable de mon ignorance, avec la complicité (bien compréhensible) de mes parents : des années s'étaient écoulées avant qu'ils ne me révèlent que le SGB pouvait être fatal.

À la même période, le monde de la santé était plongé dans une ignorance encore plus grande. Le virus Zika soulevait une foule de questions, avec peu de réponses à ce stade. « Rarement les scientifiques se sont-ils lancés dans un nouveau programme de recherche avec un tel sentiment d'urgence et si peu de connaissances disponibles », a observé l'épidémiologiste Laura Rodrigues début 2016[9]. Pour moi, le premier défi était de comprendre la dynamique de ces épidémies de virus Zika. Avec quelle facilité la contamination se répandait-elle ? Les épidémies étaient-elles similaires à celles de la dengue ? À combien de cas nous attendre ?

Pour répondre à ces questions, notre groupe de recherche commença par développer des modèles mathématiques des épidémies. De telles approches sont désormais classiques en santé publique, et on les voit apparaître dans d'autres domaines de recherche. Mais d'où viennent ces modèles ? Et comment marchent-ils vraiment ? L'histoire commence en 1883 et met en scène un jeune chirurgien militaire, un baril d'eau et un officier d'état-major colérique.

Ronald Ross voulait être écrivain mais son père l'avait poussé à faire médecine. Les poèmes, le théâtre et la musique l'occupaient presque plus que ses études à l'université St Bartholomew à Londres ; et lorsqu'il passa ses examens d'aptitude en 1879, il n'en réussit qu'un, celui de chirurgie. Il ne lui était donc pas possible de rejoindre le service médical indien colonial (Indian Medical Service) comme l'aurait voulu son père[10].

Ne pouvant pratiquer la médecine générale, Ross passa l'année suivante sur l'Atlantique, officiant comme chirurgien sur un navire. Il finit par réussir ses derniers examens de médecine et entra de justesse à l'Indian Medical Service en 1881. Après deux années passées à Madras, Ross prit un poste de médecin de garnison à Bangalore en septembre 1883. À travers sa confortable lorgnette de colon, il affirmait que la ville était « l'image même du plaisir », une cité du soleil, avec jardins et villas à piliers. Le seul problème, de son point de vue, tenait aux moustiques. Il lui semblait que son nouveau bungalow en attirait beaucoup plus que ses autres logements de l'armée. Il pressentit un lien avec le baril d'eau placé devant sa fenêtre et entouré de ces insectes.

Pour y remédier, il retourna le baril, détruisant ainsi l'aire de reproduction des moustiques. Cela parut fonctionner : en l'absence d'eau stagnante, les insectes le laissèrent tranquille. Encouragé par cette expérience réussie, il demanda à son officier d'état-major si l'on pouvait aussi supprimer tous les autres barils d'eau. Et tant qu'on y était, pourquoi ne pas en profiter pour se débarrasser également de tous les pots et boîtes de conserve qui traînaient dans le mess ? Sans endroit pour se reproduire, les moustiques seraient obligés de partir. L'officier ne lui accorda pas la moindre attention. « Il s'est montré très méprisant et a refusé d'autoriser les hommes à s'en occuper », écrivit Ross plus tard, « car il disait que cela bouleverserait l'ordre de la nature, et que comme les moustiques avaient été créés dans un but, notre devoir était de les supporter. »

Cette expérience serait la première d'une vie consacrée à l'analyse des moustiques. La deuxième aurait lieu dix ans plus tard, à la suite d'une conversation, à Londres. En 1894, Ross était revenu passer une année sabbatique en Angleterre. Depuis sa dernière visite, la ville avait beaucoup changé : la construction du Tower Bridge était achevée, le Premier ministre William Gladstone venait de démissionner et le pays s'apprêtait à ouvrir sa première salle de cinéma[11]. Quand Ross arriva, il avait d'autres préoccupations en tête. Il voulait savoir où en étaient les dernières recherches sur le paludisme, aussi appelé malaria. La maladie touchait souvent la population en Inde, elle pouvait déclencher de la fièvre, des vomissements et, parfois, être fatale.

Le paludisme est l'une des maladies connues les plus anciennes. À vrai dire, il se pourrait qu'elle ait toujours fait partie de l'histoire de notre espèce[12]. Elle doit cependant son nom à l'Italie médiévale. Quand on avait de la fièvre, on disait souvent que c'était à cause du *mal aria*, le *mauvais air*[13]. Le nom resta, le reproche aussi. Un parasite appelé *Plasmodium* serait plus tard identifié comme étant à l'origine de la maladie, mais lorsque Ross arriva en Angleterre on ignorait encore à quoi était due la contagion.

À Londres, Ross rendit visite au biologiste Alfredo Kanthack à St Bartholomew. Il espérait en apprendre plus sur les dernières avancées qu'il aurait manquées pendant son séjour en Inde. Kanthack lui dit que, s'il voulait en savoir plus sur les parasites comme le paludisme, il devait aller voir un médecin nommé Patrick Manson. Manson avait étudié les parasites dans le sud-est de la Chine pendant plusieurs années. Il y avait découvert comment la population était infectée par une famille particulièrement pénible de vers microscopiques appelés *filaires*. Ces parasites étaient suffisamment petits pour s'infiltrer dans les vaisseaux sanguins d'une personne et infecter ses ganglions lymphatiques, entraînant une accumulation de fluide dans le corps. Dans les cas les plus sévères, les membres pouvaient considérablement augmenter de volume, plusieurs fois leur taille normale : une maladie appelée éléphantiasis. En plus d'identifier comment les filaires étaient à l'origine de la maladie, Manson avait aussi démontré que lorsque les moustiques se nourrissaient de sang humain infecté, ils pouvaient aussi aspirer les vers[14].

Manson invita Ross dans son laboratoire, il lui apprit comment repérer des parasites comme celui du paludisme chez des patients contaminés. Il conseilla aussi à Ross de récentes publications académiques parues lors de son séjour en Inde. « Je lui rendis souvent visite et j'appris tout ce qu'il avait à me dire », se souvint Ross plus tard. Un après-midi d'hiver, alors qu'ils descendaient Oxford Street, Manson fit une remarque qui allait changer le cours de la carrière de Ross. « Vous savez, dit-il, j'ai élaboré une théorie selon laquelle les moustiques transportent le paludisme tout comme ils transportent les filaires. »

Ailleurs dans le monde, on soupçonnait depuis longtemps un lien possible entre les moustiques et le paludisme. Le géographe britannique Richard Burton remarqua qu'en Somalie on disait souvent que les piqûres de moustiques déclenchaient des fièvres mortelles, mais Burton lui-même n'y croyait pas. « Cette superstition est sans doute due au fait que les moustiques et les fièvres soient nombreux à peu près aux mêmes périodes », écrivit-il en 1856[15]. Des traitements contre le paludisme avaient même été développés, sans pourtant que l'origine de la maladie ne soit connue. Au IVe siècle, l'érudit chinois Ge Hong décrivit comment la plante Qinghao pouvait faire tomber la fièvre. Des extraits de cette plante sont maintenant à la base des traitements actuels contre le paludisme[16]. (D'autres tentatives rencontrèrent moins de succès : le terme *abracadabra* vient d'un sortilège romain destiné à conjurer la maladie[17].)

Ross avait entendu parler de l'idée selon laquelle moustiques et paludisme seraient liés, mais ce fut l'argument de Manson qui le convainquit vraiment pour la première fois. De la même manière que les moustiques ingéraient ces petits vers en se nourrissant de sang humain, Manson pensait qu'ils pouvaient aussi aspirer les parasites du paludisme. Ceux-ci se reproduisaient alors dans le moustique avant de repasser chez les humains, d'une manière ou d'une autre. Manson suggéra que l'eau potable pourrait être à l'origine de l'infection. De retour en Inde, Ross décida de tester cette idée, avec une expérience qui aurait peu de chances d'être aujourd'hui approuvée par un comité d'éthique[18]. Il fit en sorte que des moustiques se nourrissent du sang d'un patient contaminé puis plaça les œufs dans une bouteille d'eau ; après leur éclosion, il paya trois personnes pour boire cette eau. À sa grande déception, aucun d'eux ne contracta le paludisme. Mais alors, comment les parasites pénétraient-ils dans le corps humain ?

Ross finit par écrire à Manson avec une nouvelle théorie, suggérant que la contamination puisse se propager par les piqûres de moustiques. À chaque piqûre, le moustique injectait de la salive : peut-être cela suffisait-il à faire entrer les parasites ? À défaut de trouver suffisamment de volontaires humains pour une nouvelle étude, Ross utilisa des oiseaux. Il commença par rassembler des moustiques et les faire se nourrir du sang d'un oiseau contaminé. Il laissa ensuite ces moustiques piquer des oiseaux sains, qui furent eux aussi rapidement contaminés. Enfin, il disséqua les glandes salivaires des moustiques contaminés, où il trouva les parasites du paludisme. Une fois découverte la véritable voie de transmission, il réalisa l'absurdité de leurs précédentes théories. « Ni les hommes ni les oiseaux ne mangent de moustiques morts », dit-il à Manson.

En 1902, il reçut le Prix Nobel de médecine, le deuxième jamais décerné, pour ses travaux sur le paludisme. Malgré sa contribution, Manson ne partagea pas cette récompense. Il apprit la nouvelle dans les journaux[19]. Ce qui avait été à une époque une amitié entre un mentor et un élève se transforma peu à peu en une vive animosité. Bien qu'il fût un brillant scientifique, Ross pouvait être un collègue conflictuel. Il se fâcha avec bon nombre de ses rivaux, allant souvent jusqu'au tribunal. En 1912, il menaça même de poursuivre Manson pour diffamation[20]. Pourquoi ? Parce que Manson avait rédigé une lettre de recommandation pour un autre chercheur qui reprenait une chaire occupée peu avant par Ross. Manson choisit de s'excuser, plutôt que de riposter. Comme il le dirait plus tard : « Il faut être deux pour se disputer. »[21]

Ross allait poursuivre ses travaux sur le paludisme, sans Manson. En chemin, il trouverait de nouveaux exutoires à son obstination tenace, et une nouvelle série d'adversaires. Après avoir découvert comment se propageait le paludisme, il voulait montrer qu'il était possible d'y mettre un terme.

À une époque, le paludisme était beaucoup plus répandu qu'aujourd'hui. Durant des siècles, la maladie s'étendit à travers l'Europe et l'Amérique du Nord, d'Oslo à Ontario. Même quand les températures chutèrent pendant ce qu'on appelle le Petit Âge glaciaire aux XVIIe et XVIIIe siècles, au froid mordant de l'hiver, succédaient toujours les piqûres de moustiques de l'été[22]. Le paludisme était endémique dans beaucoup de pays tempérés, avec une transmission constante et un flux régulier de nouveaux cas d'une année sur l'autre. Huit pièces de Shakespeare mentionnent l'*ague*, un terme utilisé au Moyen Âge pour désigner la fièvre liée au paludisme. Les marais salants de l'Essex, au nord-est de Londres, étaient réputés depuis des siècles pour être sources de maladies ; encore étudiant, Ross avait soigné une femme qui avait contracté le paludisme là-bas.

Ayant fait le lien entre les insectes et les infections, Ross affirma que supprimer les moustiques était la clé pour contrôler le paludisme. Ses expériences en Inde – comme celle du baril d'eau à Bangalore – l'avaient convaincu de la possibilité de réduire le nombre de moustiques. Mais cette idée allait à l'encontre de la sagesse populaire. On disait qu'il était impossible de se débarrasser de tous les moustiques, qu'il resterait donc toujours des insectes, et que le paludisme pourrait se propager. Ross reconnaissait qu'il resterait des moustiques, mais il pensait possible de mettre un terme à la transmission du paludisme. De Freetown à Calcutta, au mieux on ignora ses suggestions, au pire on s'en moqua. Plus tard, il se souvint : « Partout, on railla ma proposition de réduire le nombre de moustiques dans les villes. »

En 1901, Ross partit au Sierra Leone avec une équipe afin de tenter de mettre en pratique ses idées de contrôle des moustiques. Ils évacuèrent des camions entiers de boîtes de conserve et de bouteilles. Ils empoisonnèrent les eaux stagnantes où les moustiques aimaient se reproduire. Et ils comblèrent les nids-de-poule pour que les « flaques mortifères », comme les appelait Ross, ne puissent pas se former sur les routes. Les résultats furent encourageants : lorsque Ross revint un an plus tard, il y avait moins de moustiques. Cependant, il avait prévenu les autorités de santé que l'effet ne perdurerait que si l'on poursuivait les mesures de contrôle. L'opération de nettoyage avait été financée par un riche donateur de Glasgow. Quand l'argent vint à manquer, l'enthousiasme retomba et le nombre de moustiques augmenta de nouveau.

Ross eut plus succès lorsqu'il conseilla la Compagnie du canal de Suez l'année suivante. Environ deux mille cas de paludisme avaient été comptabilisés en un an dans la ville égyptienne d'Ismaïlia. Après de gros efforts pour réduire le nombre de moustiques, ce nombre diminua de façon drastique. Le contrôle des moustiques faisait aussi ses preuves ailleurs. Quand les Français avaient essayé de construire un canal au Panama dans les années 1880, des milliers de travailleurs étaient morts du paludisme et de la fièvre jaune, une autre infection transmise par les moustiques. En 1905, avec les Américains à la tête du projet du Panama, le colonel de l'armée américaine William Gorgas supervisa une campagne intensive de contrôle des moustiques, rendant possible la finalisation du canal[23]. Pendant ce temps, plus au sud, les médecins Oswaldo Cruz et Carlos Chagas étaient les fers de lance de programmes antipaludiques au Brésil, contribuant à diminuer le nombre de cas parmi les ouvriers[24].

En dépit de ces projets, nombreux étaient ceux qui demeuraient sceptiques quant au contrôle des moustiques. Pour convaincre ses pairs, Ross avait besoin d'un argument plus solide. Pour faire valoir son point de vue, il allait finalement se tourner vers les mathématiques. Pendant ses premières années à l'Indian Medical Service, il s'était déjà forgé des connaissances en la matière. L'artiste en lui admirait cette élégance. Il suggéra plus tard qu'« une hypothèse démontrée était comme un tableau parfaitement équilibré. » « Une série infinie s'évanouissait dans le futur comme les longues variations d'une sonate. » En réalisant à quel point il aimait les mathématiques, il regretta de ne pas les avoir mieux étudiées à l'école. Désormais, il était trop avancé dans sa carrière pour changer de cap ; à quoi donc auraient pu servir les mathématiques à quelqu'un qui travaillait dans la médecine ? Comme il le disait, « c'était la passion malheureuse d'un homme marié pour une femme magnifique mais inaccessible. »

Pendant un temps, Ross laissa de côté cette aventure intellectuelle, mais il y revint après sa découverte liée aux moustiques. Cette fois, il parvint à mettre son intérêt pour les mathématiques au service de son travail. Il lui fallait répondre à une question essentielle : était-il vraiment possible de contrôler le paludisme sans se débarrasser de tous les moustiques ? Pour le savoir, il développa un modèle conceptuel simple de la transmission de la maladie. Il commença par calculer combien de nouveaux cas d'humains infectés par le paludisme pouvaient apparaître chaque mois, en moyenne, dans une zone géographique donnée. Cela revenait à décomposer le processus de transmission en composants de base. Il se dit que pour qu'il y ait transmission, il fallait qu'au moins un humain dans cette zone puisse transmettre le paludisme. À titre d'exemple, il choisit un scénario où, dans un village de mille personnes, une était infectée. Pour que cette infection soit transmise à un autre humain, il fallait qu'un moustique Anophèle pique cet humain infecté. Ross estima que seul un moustique sur quatre parvenait à piquer quelqu'un. Donc, si une zone comptait quarante-huit mille moustiques, il s'attendait à ce que seuls douze mille piquent quelqu'un. Et parce que seule une personne sur mille était initialement infectée, en moyenne seuls douze des douze mille moustiques piqueraient cette personne infectée et récupéreraient le parasite.

Le parasite du paludisme a besoin de temps pour se reproduire dans un moustique : il faudrait donc que ces insectes survivent suffisamment longtemps pour être infectieux. Ross supposa que seul un moustique sur trois atteindrait ce stade, ce qui signifiait que sur les douze moustiques porteurs du parasite, seuls quatre seraient finalement contagieux. Enfin, il faudrait que ces moustiques piquent un autre humain pour transmettre l'infection. Si, de nouveau, seul un sur quatre se nourrissait de sang humain, il ne resterait qu'un seul moustique contagieux pour transmettre le virus. Les calculs de Ross montraient que même si la zone comptait quarante-huit mille moustiques, en moyenne une seule nouvelle personne serait infectée.

Selon cette logique, avec plus de moustiques, ou plus d'humains infectés, il faudrait s'attendre à plus de nouvelles infections chaque mois. Cependant, un second processus contrebalançait cet effet : Ross évalua à environ 20 % le nombre d'humains atteints de paludisme qui guérissaient chaque mois. Pour que le paludisme reste endémique dans une population, il fallait que ces deux processus – infection et guérison – s'équilibrent l'un l'autre. Si les guérisons dépassaient le taux de nouvelles infections, le niveau de la maladie finirait par être nul.

Telle était son idée phare. Il n'était pas nécessaire de se débarrasser de tous les moustiques pour contrôler le paludisme : il existait une densité critique de moustiques, et une fois que leur population tomberait sous ce seuil, la maladie disparaîtrait d'elle-même. Comme le disait

Ross, « le paludisme ne peut pas durer dans une communauté, sauf si les Anophèles sont si nombreux que le nombre de nouvelles infections compense le nombre de guérisons. »

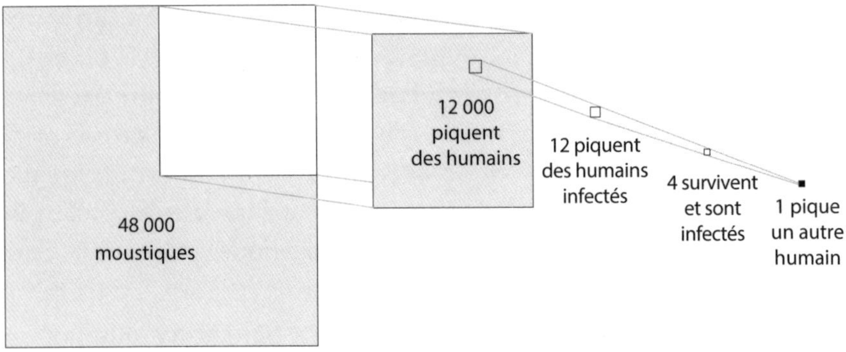

Ross calcula que même avec 48 000 moustiques dans un village où une personne était contaminée par le paludisme, il pourrait n'y avoir qu'un seul cas humain supplémentaire.

Lorsqu'il rédigea son analyse dans son ouvrage de 1910 *The Prevention of Malaria*, Ross reconnut que ses lecteurs ne saisiraient peut-être pas tous ses calculs. Pourtant, il pensait qu'ils seraient en mesure d'en comprendre les conséquences. « Le lecteur devra faire une étude attentive de ces idées », écrivait-il, « et il les comprendra, je pense, sans difficulté, même s'il a sans doute oublié la plupart de ses connaissances en mathématiques. » Pour rester dans l'esprit des mathématiques, il appela sa découverte le *théorème du moustique*.

Son analyse montrait comment le paludisme pouvait être contrôlé mais elle comportait aussi une vision beaucoup plus pointue, qui allait révolutionner notre regard sur la contagion. Pour Ross, il y avait deux manières d'aborder l'analyse de la maladie. Appelons-les les méthodes *descriptive* et *mécaniste*. Dans le domaine de Ross, la plupart des études utilisaient le raisonnement descriptif qui consistait à partir de données réelles et à travailler à rebours pour identifier des schémas prédictifs. Prenez l'analyse de William Farr sur une épidémie de variole à Londres à la fin des années 1830. En tant que statisticien au service du gouvernement, Farr avait remarqué que l'épidémie augmentait rapidement au départ mais qu'ensuite cette croissance ralentissait jusqu'à atteindre le pic de l'épidémie, puis qu'elle commençait à décliner. La phase de déclin était presque l'image miroir de la phase de croissance. Farr traça une courbe à partir de données issues de cas pour saisir la forme générale ; lorsqu'une nouvelle épidémie se déclara en 1840, il découvrit qu'elle suivait à peu près le même tracé[25]. Dans son analyse, Farr ne tenait pas compte de la mécanique de transmission de la maladie. Il n'utilisait aucun taux d'infection ni de guérison. Ce n'est pas surprenant car, à l'époque, on ne savait pas encore que la variole était due à un virus. La méthode de Farr se concentrait donc sur la forme prise par les épidémies, non sur les raisons de cette forme[26].

À l'inverse, Ross opta pour une approche mécaniste. Plutôt que de prendre des données et de trouver des modèles pour décrire les tendances observées, il commença pour mettre en relief les principaux processus qui influençaient la transmission. Grâce à sa connaissance du paludisme, il décrivit la manière dont les personnes étaient infectées, comment elles en infectaient d'autres et à quelle vitesse elles guérissaient. Il résuma son modèle conceptuel de la transmission avec des équations mathématiques, qu'il analysa ensuite pour tirer des conclusions sur des modèles probables d'épidémie.

Comme son analyse incluait des hypothèses précises sur le processus de transmission, Ross pouvait les faire évoluer pour voir ce qui se passerait si la situation changeait. Quel serait l'effet d'une diminution des moustiques ? Si la transmission déclinait, à quelle vitesse la maladie disparaîtrait-elle ? L'approche de Ross lui permettait de se projeter et de se demander *que se passerait-il si ?* plutôt que de se contenter de chercher des modèles dans des données existantes. Si d'autres chercheurs avaient déjà plus ou moins tenté ce type d'analyse auparavant, ce fut Ross qui synthétisa ces idées en une théorie claire et complète[27]. Il montra comment étudier les épidémies de manière dynamique, en les prenant comme un ensemble de processus en interaction plutôt que comme un ensemble de modèles statiques.

En théorie, les méthodes descriptive et mécaniste – l'une tournée vers le passé, l'autre vers le futur – devraient converger vers la même réponse. Prenez l'approche descriptive. Avec suffisamment de données réelles, il serait possible d'évaluer l'effet du contrôle des moustiques : renversez un baril d'eau ou débarrassez-vous des moustiques d'une autre manière et vous pouvez observer ce qui se passe. Réciproquement, dans l'analyse mathématique de Ross, l'effet prévu du contrôle des moustiques devrait dans l'idéal correspondre à l'impact réel de telles mesures. Si une stratégie de contrôle fonctionne vraiment, les deux méthodes doivent nous le montrer. La différence, c'est qu'avec l'approche mécaniste de Ross, il n'est pas nécessaire de renverser des barils d'eau pour évaluer cet effet.

Les modèles mathématiques comme celui de Ross sont souvent perçus comme opaques ou complexes. Mais, en substance, une modélisation n'est qu'une simplification du monde destinée à nous aider à comprendre ce qui pourrait arriver dans une situation donnée. Les modèles mécanistes sont particulièrement utiles pour les questions auxquelles les expériences n'apportent pas de réponse. Si une agence de santé veut savoir quelle a été l'efficacité d'une stratégie de contrôle d'une maladie, elle ne peut pas remonter le temps et recommencer l'épidémie sans elle. De la même manière, si nous voulons savoir à quoi pourrait ressembler une future pandémie, nous ne pouvons pas délibérément lâcher un nouveau virus et observer la manière dont il se répand. Les modèles nous donnent la possibilité d'examiner les épidémies sans interférer avec la réalité. Il nous est possible d'étudier comment des choses comme la transmission et la guérison impactent la propagation de l'infection. On peut ajouter différentes mesures de contrôle – de la suppression des moustiques à la vaccination – et voir quelle pourrait être leur efficacité selon le contexte.

Au début du XXe siècle, cette approche convenait parfaitement à Ross. Lorsqu'il annonça que les moustiques Anophèles propageaient le paludisme, la plupart de ses pairs doutèrent de l'efficacité du contrôle des moustiques sur la diminution de la maladie. Cela rendait problématique l'analyse descriptive : difficile d'évaluer une mesure de contrôle qui n'est pas utilisée. Cependant, grâce à son nouveau modèle, Ross était convaincu qu'une réduction à long terme du nombre de moustiques fonctionnerait. Son prochain challenge était d'en convaincre les autres.

Vu d'aujourd'hui, il peut sembler étonnant que les idées de Ross aient rencontré une telle opposition. Même si l'épidémiologie se développait, instaurant de nouvelles manières d'analyser les modèles de maladie, la communauté médicale ne voyait pas le paludisme comme

Ross. Au fond, deux philosophies s'opposaient. La plupart des médecins considéraient le paludisme en termes descriptifs : quand ils observaient des épidémies, ils raisonnaient en classifications plutôt qu'en calculs. Mais Ross était convaincu qu'il fallait quantifier les processus des maladies épidémiques. « L'épidémiologie est en réalité un sujet mathématique », écrivait-il en 1911, « et l'on commettrait moins d'erreurs absurdes (par exemple à propos du paludisme) si l'on accordait plus d'importance à une étude mathématique du sujet[28]. »

De nombreuses années allaient s'écouler avant que le contrôle des moustiques ne soit largement adopté. Ross n'assisterait pas aux diminutions les plus importantes des cas de paludisme : la maladie demeura présente en Angleterre jusque dans les années 1950 et ne disparut d'Europe continentale qu'en 1975[29]. Bien que ses idées finissent par devenir populaires, il déplora le retard pris. « Il faut au moins dix ans pour que le monde comprenne une nouvelle idée, même importante ou simple », écrivit-il un jour.

Il n'y eut pas que les efforts concrets de Ross qui se propagèrent au fil du temps. L'un des membres de l'expédition de 1901 au Sierra Leone était Anderson McKendrick, un médecin de Glasgow récemment diplômé. McKendrick avait été major à ses examens de l'Indian Medical Service et devait prendre son nouveau poste en Inde après son séjour au Sierra Leone[30]. Sur le bateau qui les ramenait en Angleterre, McKendrick et Ross discutèrent longuement de l'usage des mathématiques contre les maladies. Ils continuèrent à échanger leurs points de vue au cours des années suivantes. Finalement, McKendrick atteindrait une maîtrise suffisante des maths pour tenter de pousser plus loin les analyses de Ross. « J'ai pris connaissance de votre travail dans votre livre » dit-il à Ross en août 1911. « Je tente de parvenir aux mêmes conclusions à partir d'équations différentielles, mais c'est un procédé très aléatoire, et il me faut étendre les mathématiques dans de nouvelles directions. Je doute d'obtenir ce que je veux mais "il faut vouloir saisir plus qu'on ne peut étreindre[31]." »

McKendrick allait cultiver une attitude cinglante envers les statisticiens comme Karl Pearson, qui s'appuyaient largement sur les analyses descriptives plutôt que d'adopter les méthodes mécanistes de Ross. « Comme d'habitude, les pearsoniens ont fait n'importe quoi de tout cela », dit-il après avoir lu une analyse erronée sur les infections de paludisme. « Je n'ai aucune sympathie pour eux, ni pour leurs méthodes[32]. » Les approches traditionnelles descriptives étaient – et demeurent – une composante importante de la médecine mais elles atteignent leurs limites quand il s'agit de comprendre le processus de transmission. Pour McKendrick, l'avenir de l'analyse des épidémies consistait en une manière de penser plus dynamique. Ross partageait ce point de vue. « Nous finirons par instaurer une nouvelle science », dit-il un jour à McKendrick. « Mais commençons vous et moi par ouvrir la voie et, alors, quiconque le souhaite pourra s'y engouffrer[33]. »

Un soir d'été de 1924, l'expérience de William Kermack explosa, projetant de la solution alcaline dans ses yeux. Chimiste de formation, Kermack s'intéressait aux méthodes habituellement utilisées pour étudier le liquide cérébrospinal. Ce soir-là, il travaillait seul au laboratoire du Royal College of Physicians d'Édimbourg. Ses blessures l'obligeraient finalement à passer deux mois à l'hôpital. À vingt-six ans, il perdit la vue suite à cet accident[34].

Pendant son séjour à l'hôpital, Kermack demanda à des amis et aux infirmières de lui lire des mathématiques. Conscient de ne plus pouvoir lire, il voulait s'entraîner à obtenir des informations par un autre biais. Il était doté d'une mémoire exceptionnelle et pouvait résoudre des problèmes mathématiques de tête. William McCrea, l'un de ses collègues, observa : « C'était incroyable de découvrir tout ce qu'il pouvait faire sans rien écrire. »

Après avoir quitté l'hôpital, Kermack poursuivit sa carrière dans le domaine des sciences mais s'intéressa à d'autres sujets. Délaissant ses expériences de chimie, il développa de nouveaux projets. Il commença notamment à travailler sur des questions mathématiques avec Anderson McKendrick, promu responsable du laboratoire d'Édimbourg. Après avoir passé près de vingt ans en Inde, McKendrick avait quitté l'Indian Medical Service en 1920 pour s'installer en Écosse avec sa famille.

Ensemble, ils appliquèrent les idées de Ross aux épidémies en général. Ils se concentrèrent sur l'une des questions les plus importantes de la recherche sur les maladies infectieuses : qu'est-ce qui fait que les épidémies cessent ? Tous deux remarquèrent que deux explications étaient en vogue à l'époque. La transmission s'arrêtait soit faute de personnes susceptibles d'être infectées, soit parce que l'agent pathogène lui-même devenait moins infectieux au fur et à mesure de la progression de l'épidémie. Il s'avérerait finalement que, dans la plupart des situations, aucune de ces deux solutions ne serait correcte[35].

À l'instar de Ross, Kermack et McKendrick commencèrent par développer un modèle mathématique de la contagion. Pour simplifier, ils posèrent l'hypothèse selon laquelle les populations se mélangeaient de manière aléatoire. Comme des billes que l'on secouerait dans un bocal, chaque personne dans la population a donc les mêmes chances de rencontrer les autres. Dans ce modèle, l'épidémie démarre avec un certain nombre de personnes infectées, et toutes les autres sont susceptibles de l'être. Une fois qu'une personne a guéri, elle est immunisée. La population peut donc être répartie en trois groupes, sur la base de leur état :

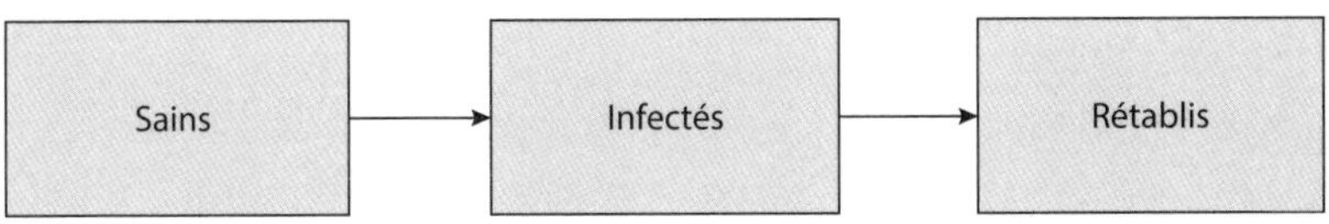

Ce modèle est souvent appelé le SIR, du fait du nom des trois groupes. Imaginons qu'un cas de grippe se déclare dans un groupe de dix mille personnes. En utilisant le modèle SIR pour simuler une épidémie du type grippe, on obtient le modèle suivant :

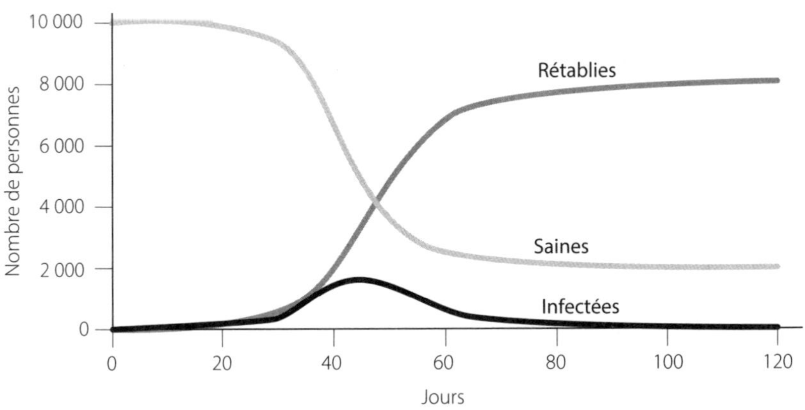

Simulation d'une épidémie de grippe avec le modèle SIR.

L'épidémie simulée met un moment à prendre de l'ampleur car une seule personne est infectée au départ, mais elle atteint tout de même son pic en cinquante jours. Et après quatre-vingts jours, c'est loin d'être fini. À la fin de l'épidémie, il reste encore des personnes saines susceptibles d'être infectées. Si l'ensemble de la population avait été infectée, alors les dix mille personnes auraient fini par rejoindre le groupe des *rétablis*. Le modèle de Kermack et McKendrick suppose que cela n'arrive pas : les épidémies peuvent s'éteindre avant que tout le monde ne soit infecté. Comme ils l'indiquent, « en général, une épidémie s'achève avant qu'il ne reste plus de population saine. »

Pourquoi est-ce que tout le monde n'est pas infecté ? À cause d'une transition qui s'opère à mi-épidémie. Aux premiers stades d'une épidémie, le nombre de personnes saines est important. Par conséquent, le nombre de personnes infectées chaque jour est supérieur au nombre de guéris, et l'épidémie grossit. Au fil du temps, cependant, le réservoir de personnes saines se réduit. Quand ce réservoir est suffisamment petit, la situation s'inverse : le nombre quotidien de guérisons est supérieur au nombre de nouvelles infections, et l'épidémie commence donc à diminuer. Il reste des personnes saines qui pourraient être infectées, mais leur nombre est si faible qu'une personne infectée a plus de chance de guérir que d'en croiser une.

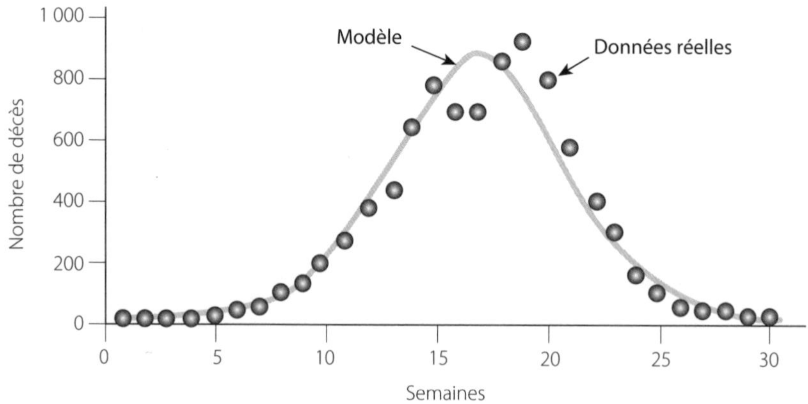

L'épidémie de peste à Bombay en 1906, avec le modèle SIR comparé aux données réelles.

Pour illustrer cet effet, Kermack et McKendrick montrèrent comment le modèle SIR pouvait reproduire la dynamique d'une épidémie de peste à Bombay (devenue Mumbai) en 1906. Dans ce modèle, l'agent pathogène est toujours aussi infectieux au fil du temps ; c'est l'évolution du nombre de personnes saines et infectées qui est à l'origine de la croissance puis de la diminution.

C'est au pic de l'épidémie que s'opère le changement crucial. À ce point, il y a tellement de personnes immunisées – et si peu de saines – que l'épidémie ne peut pas continuer à augmenter. Elle va par conséquent s'inverser et commencer à décliner.

Lorsque suffisamment de personnes sont immunisées pour éviter la transmission, on dit que la population a acquis une *immunité collective* ou *de groupe* (*herd immunity* en anglais). Nous devons ce terme au statisticien Major Greenwood au début du XXe siècle (Major était son prénom et il était capitaine dans l'armée[36]). Les psychologues avaient déjà utilisé le terme *herd instinct* ou *instinct grégaire* pour décrire des groupes dont le comportement collectif l'emportait sur le comportement individuel[37]. De la même manière, l'immunité collective signifie que la population dans son ensemble peut faire barrière à la transmission, même si certains individus sont encore sains.

Le concept d'immunité collective deviendrait populaire plusieurs décennies plus tard, lorsque l'on réaliserait qu'il pouvait être un puissant outil de contrôle des maladies. Pendant une épidémie, les gens quittent naturellement le groupe de la population saine quand ils sont infectés. Mais beaucoup d'agences de santé sont en mesure de sortir les personnes de ce groupe de façon délibérée, en les vaccinant. De même que Ross supposait qu'il était possible de contrôler le paludisme en retirant tous les moustiques, l'immunité collective rend possible le contrôle des infections sans vacciner l'ensemble de la population. Souvent, certaines personnes ne peuvent pas être vaccinées – comme celles dont le système immunitaire est défaillant ou les nouveau-nés – mais l'immunité collective fait que les personnes vaccinées protègent ces groupes vulnérables non vaccinés tout en se protégeant elles-mêmes[38]. Et si les maladies peuvent être contrôlées grâce à la vaccination, elles peuvent potentiellement être éradiquées. Voilà pourquoi l'immunité collective s'est retrouvée au cœur de la théorie des épidémies. Comme l'a dit un jour l'épidémiologiste Paul Fine, « ce concept a une aura particulière[39]. »

En plus d'étudier ce qui fait qu'une épidémie s'arrête, Kermack et McKendrick s'intéressaient aussi à l'aspect apparemment aléatoire de l'apparition d'épidémies. En analysant leur modèle, ils découvrirent que la transmission était extrêmement sensible à de petites différences dans les caractéristiques de l'agent pathogène ou de la population humaine. Cela explique pourquoi de grosses épidémies peuvent sembler surgir de nulle part. Selon le modèle SIR, trois éléments sont nécessaires pour que les épidémies décollent : un agent pathogène suffisamment infectieux, beaucoup d'interactions entre de nombreuses personnes et une quantité suffisante de personnes saines susceptibles d'être infectées dans la population. À l'approche du seuil de l'immunité collective, un petit changement de l'un de ces facteurs peut faire la différence entre une poignée de cas et une épidémie majeure.

La première épidémie connue du virus Zika a démarré début 2017 sur les Îles Yap, en Micronésie. Jusqu'alors, seuls quatorze cas humains avaient été confirmés, disséminés en Ouganda, au Nigeria et au Sénégal. Mais l'épidémie des Îles Yap était différente. Elle était exponentielle (la majorité de l'île étant atteinte) et complètement inattendue.

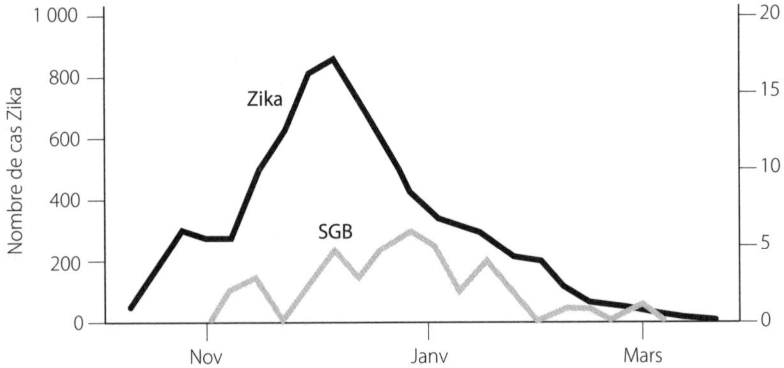

Cas de virus Zika et de syndrome de Guillain-Barré en Polynésie française, 2013-2014.
Source : Ministère de la santé de la Polynésie française[40].

Le virus jusque-là méconnu semblait entrer dans une nouvelle ère. L'épidémiologiste Mark Duffy et ses collègues concluaient ainsi leur rapport sur l'épidémie : « Les responsables de la santé publique devraient être conscients du risque d'une poursuite de l'expansion de la transmission du virus Zika[41]. »

À Yap, le virus Zika avait plus suscité de la curiosité qu'il n'avait été pris comme une menace sérieuse. Même si de nombreuses personnes avaient souffert de fièvres ou d'éruptions cutanées, aucune n'avait dû être admise à l'hôpital. Les choses ont changé lorsque le virus a atteint les îles beaucoup plus grandes de la Polynésie française fin 2013. Pendant l'épidémie qui a suivi, l'hôpital de la ville principale de Papeete, sur la côte nord de Tahiti, a accueilli quarante-deux personnes atteintes du syndrome de Guillain-Barré. Les cas de SGB sont apparus quelques temps après l'épidémie principale du virus Zika, ce qui correspondait à nos prévisions pour un syndrome qui se manifeste environ deux semaines après l'infection. L'hypothèse d'un possible lien a été confirmée lorsque la scientifique locale Van-Mai Cao-Lormeau et ses collègues ont découvert que presque tous les cas de SGB avaient récemment été contaminés par le virus Zika[42].

Comme à Yap, l'épidémie avait été très importante en Polynésie française, avec la majorité de la population touchée. Et comme à Yap, elle avait été très brève, l'essentiel des cas étant apparus en quelques semaines. Notre équipe ayant consacré les années 2014-2015 au développement de modèles mathématiques pour analyser la dengue dans le Pacifique, nous avons décidé de nous intéresser aussi au virus Zika. Contrairement aux Anophèles de couleur unie qui peuvent parcourir des kilomètres pour diffuser le paludisme, la dengue et le virus Zika sont tous deux véhiculés par les moustiques Aedes, reconnaissables à leur aspect tigré et indolent (en latin *aedes* signifie au singulier *le foyer, la pièce où l'on fait du feu*). Par conséquent, l'infection se diffuse en général quand les humains se déplacent d'un endroit à un autre[43].

En utilisant nos simulations pour reproduire la dynamique du virus Zika en Polynésie française, il nous est apparu que le taux de diffusion avait dû être important, comme celui de la dengue, pour engendrer une épidémie aussi exponentielle[44]. La brièveté de l'épidémie était d'autant plus flagrante si l'on tenait compte des délais nécessaires au processus de contamination. Pendant chaque cycle de transmission, le virus doit passer d'un humain à un moustique puis de nouveau à un autre humain.

En analysant les taux de transmission en Polynésie française, nous avons également estimé le nombre de personnes déjà infectées quand les premiers cas ont été signalés en octobre 2013. Notre modèle suggérait qu'il y avait alors plusieurs centaines d'infections, ce qui signifiait que le virus était probablement entré dans le pays des semaines, voire des mois auparavant. Ce résultat allait ouvrir la porte à un autre mystère : comment le virus Zika était-il arrivé en Amérique latine ? Après le signalement des premiers cas au Brésil en mai 2015, beaucoup d'hypothèses ont été formulées sur le moment et l'origine de l'introduction du virus sur le continent. L'une des premières pointait la coupe du monde de football, qui s'était tenue au Brésil entre juin et juillet 2014 et avait attiré plus de trois millions de fans venus des quatre coins du globe. On envisageait aussi le championnat du monde de va'a, les pirogues polynésiennes, qui s'était déroulé à Rio de Janeiro en août 2014. Contrairement à la coupe du monde de la FIFA, une équipe de Polynésie française avait participé à cet événement de taille plus modeste. Alors, laquelle de ces explications était la plus plausible ?

Pour le biologiste évolutionniste Nuno Faria et ses collègues, aucune de ces théories ne tenait vraiment la route[45]. En se basant sur la diversité génétique des virus Zika circulant en Amérique latine en 2016, ils ont estimé que l'infection avait été introduite bien plus tôt qu'on ne le pensait. Le virus avait sans doute touché le continent vers le milieu ou la fin de l'année 2013. Trop tôt pour les championnats de canoë ou de football, cette fenêtre coïncidait avec la Coupe des confédérations, une compétition de football régionale organisée en 2013. Qui plus est, la Polynésie française faisait partie des équipes en compétition.

Cette théorie n'avait qu'un écueil : la Coupe des confédérations s'était déroulée cinq mois avant que les premiers cas de virus Zika ne soient signalés en Polynésie française. Mais si l'épidémie avait en réalité commencé avant octobre 2013 – comme le suggérait notre analyse – il était assez plausible qu'elle se soit répandue en Amérique latine cet été-là. (Bien sûr, il importe de rester prudent et de ne pas essayer à tout prix de trouver un prologue lié au sport pour l'histoire du virus Zika : il est toujours possible que ce soit juste une personne au hasard du Pacifique qui ait pris n'importe quel vol pour le Brésil à un moment donné en 2013.)

En plus de permettre d'analyser les épidémies passées, les modèles mathématiques peuvent servir à regarder ce qui pourrait arriver dans le futur. Cela peut être particulièrement utile aux agences de santé qui doivent prendre des décisions difficiles pendant une épidémie. Cela a été le cas en décembre 2015 lorsque le virus Zika a touché l'île de la Martinique. L'une des préoccupations principales portait sur la capacité de l'île à gérer les cas de SGB : si les poumons des patients défaillaient, il faudrait les mettre sous respirateurs artificiels. À ce moment-là, la Martinique ne disposait que de huit respirateurs pour une population de trois cent quatre-vingt mille personnes. Cela suffirait-il ?

Pour le savoir, des chercheurs de l'Institut Pasteur à Paris ont développé un modèle de transmission du virus Zika sur l'île[46]. Leur objectif principal était de savoir quelle était la courbe globale de l'épidémie. Un malade atteint de SGB ayant besoin d'un respirateur restait en général sous assistance respiratoire pendant plusieurs semaines ; une épidémie brève avec un pic large pouvait submerger le système de santé, ce qui ne serait pas le cas d'une épidémie plus longue, avec une courbe plus plate. Comme les cas étaient peu nombreux au tout début de l'épidémie en Martinique, l'équipe a utilisé des données de la Polynésie française comme point de départ. Sur les quarante-deux cas de SGB confirmés là-bas en 2013-2014, douze avaient eu besoin de respirateurs. Si l'on s'en tenait au modèle de l'Institut Pasteur, cela signifiait qu'un sérieux problème pouvait se poser. Si l'épidémie en Martinique suivait le même modèle qu'en Polynésie française, l'île aurait sans doute besoin de neuf respirateurs, un de plus que ce qui était disponible.

Heureusement, l'épidémie en Martinique allait être différente. Avec l'arrivée de nouvelles données, il est devenu évident que le virus se propageait moins vite qu'en Polynésie française. Au pic de l'épidémie, les chercheurs s'attendaient à ce qu'environ trois cas de SGB aient besoin d'un respirateur. Même dans le pire scénario, ils estimaient que sept respirateurs suffiraient. Ils avaient vu juste : au pic de l'épidémie, il y eut cinq cas de SGB sous respirateur. En tout pendant l'épidémie, on a recensé trente cas de SGB, dont deux décès. Sans les installations médicales adéquates, ces chiffres auraient été bien pires[47].

Ces études du virus Zika ne sont que quelques exemples de la manière dont les méthodes de Ross ont influencé notre compréhension des maladies infectieuses. De la prévision de la courbe d'une épidémie à l'évaluation des mesures de contrôle, les modèles mécanistes sont devenus un élément fondamental de la façon dont nous étudions aujourd'hui la contagion. Les chercheurs utilisent des modèles pour aider les agences de santé à faire face à de nombreuses épidémies, du paludisme au virus Zika et du VIH à Ebola, dans des lieux allant d'îles isolées à des zones de conflit.

Il y a fort à parier que Ross aurait été satisfait de voir l'influence de ses idées. Bien qu'il ait été couronné d'un Prix Nobel pour avoir découvert que les moustiques transmettent le paludisme, il n'y voyait pas sa plus grande réussite. « À mon sens, mon principal travail a été d'établir des lois générales pour les épidémies », écrivit-il un jour[48]. Et il ne pensait pas seulement aux maladies épidémiques.

Même si Kermack et McKendrick allaient par la suite étendre l'application du théorème du moustique de Ross à d'autres types d'infections, les ambitions de Ross étaient plus grandes encore. « L'infection n'étant que l'un des nombreux types d'événements qui arrivent (*happen*, en anglais) à de tels organismes, nous devrions nous occuper des *événements (happenings*, en anglais) en général », écrivit-il dans la seconde édition de son ouvrage *The Prevention of Malaria*. Ross proposa une *théorie des happenings*, ou *théorie des événements*, pour décrire comment le nombre de personnes affectées par quelque chose – qu'il s'agisse d'une maladie ou d'un autre évènement – pouvait évoluer au cours du temps.

Ross suggéra qu'il existe deux types principaux d'événements. Le premier touche les gens de façon indépendante : si cet évènement vous arrive, en général, cela n'augmentera ni ne diminuera la probabilité qu'il arrive à quelqu'un d'autre ensuite. Pour Ross, cela pouvait englober des choses comme les maladies non infectieuses, les accidents ou les divorces[49]. Imaginez par exemple qu'une nouvelle maladie puisse toucher n'importe qui de façon aléatoire, mais qu'au départ personne ne l'ait. Si chaque personne a une certaine probabilité d'être atteinte chaque année – et de le rester ensuite – on s'attendrait à observer un modèle croissant au fil du temps.

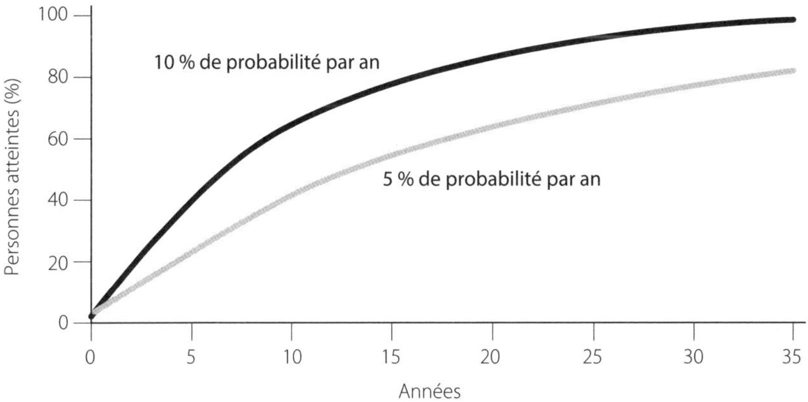

Croissance d'un événement indépendant au fil du temps. L'exemple montre ce qui arriverait si chacun avait 5 ou 10 % de probabilité d'être affecté chaque année.

La courbe s'aplatit cependant progressivement car la taille du groupe non affecté diminue avec le temps. Chaque année, une partie des personnes qui jusqu'alors n'avaient pas été touchées par l'événement sont atteintes, mais parce que le nombre de ces personnes diminue au fil du temps, le total global n'augmente pas tellement ensuite. Si le risque d'être touché chaque année diminue, la courbe augmentera plus doucement au départ, mais elle finira toujours par former un plateau. En réalité, la courbe ne se stabilisera pas forcément à 100 % : le nombre final de personnes touchées dépendra de qui est initialement *sensible*, ou *susceptible*, vis-à-vis de l'évènement.

Prenons l'exemple de l'accession à la propriété au Royaume-Uni. Parmi les personnes nées en 1960, très peu étaient propriétaires à vingt ans, mais la majorité avait acheté une maison avant trente ans. En revanche, les personnes nées en 1980 ou 1990 avaient beaucoup moins de chances de devenir propriétaires entre vingt et trente ans. Si l'on détermine la proportion de personnes qui deviennent propriétaires, nous pouvons voir la rapidité à laquelle augmente l'accession à la propriété dans les différents groupes d'âge.

Bien sûr, l'accession à la propriété n'est pas totalement aléatoire – des facteurs comme l'héritage influent sur les chances qu'une personne achète – mais le modèle global rejoint le concept de Ross d'évènement indépendant.

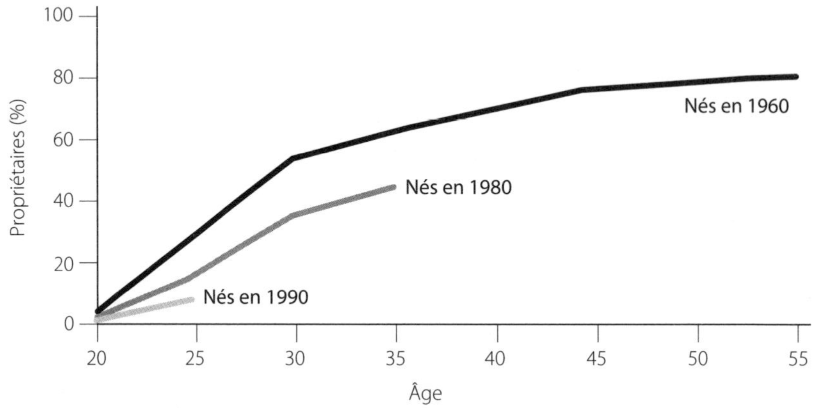

Pourcentage de personnes propriétaires à un âge donné, selon leur année de naissance. Source : Council of Mortgage Lenders[50].

En moyenne, le fait qu'une personne âgée de vingt ans devienne propriétaire aura peu d'effet sur le fait qu'une autre grimpe sur l'échelle de la propriété. Tant que les événements surviennent de façon indépendante à un rythme relativement régulier, ce modèle global variera peu. Que l'on prévoie le nombre de propriétaires ou les chances que votre bus arrive après un temps donné, nous obtenons une vue d'ensemble similaire.

Les événements indépendants sont un point de départ simple, mais cela devient plus intéressant lorsque les événements sont contagieux. Ross les appelait des *événements dépendants* (*dependent happenings* en anglais) car ce qui arrive à une personne dépend du nombre d'autres personnes touchées à ce moment. Le type d'épidémie le plus simple est celui dans lequel les personnes touchées transmettent la maladie aux autres et qu'une fois touchées, elles le restent. Dans ce cas, l'évènement va peu à peu se diffuser dans la population. Ross observa que la courbe de ces épidémies suivait une forme en « S très étiré ».

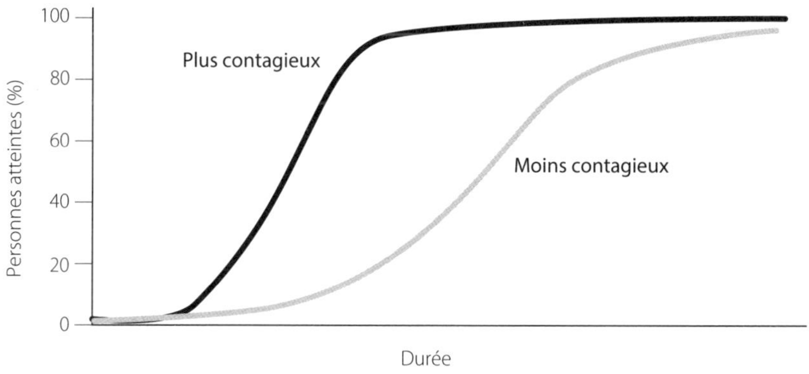

Illustration d'une croissance en forme de S d'un événement dépendant, basée sur le modèle de Ross. Le tracé montre les croissances de deux événements, plus et moins contagieux.

Le nombre de personnes atteintes commence par augmenter de façon exponentielle, le nombre de nouveaux cas augmentant de plus en plus vite au fil du temps. Puis cette croissance finit par diminuer et par se stabiliser.

L'hypothèse selon laquelle les personnes restent atteintes pour toujours ne s'applique en général pas aux maladies infectieuses, car nous pouvons en guérir, bénéficier d'un traitement ou en mourir. Mais elle peut s'appliquer à d'autres types de propagations. La courbe en S allait devenir populaire un peu plus tard, lorsqu'Everett Rogers l'inclurait dans son livre de 1962, *Diffusion of Innovations*[51]. Il observa que l'adoption de nouvelles idées et produits suit généralement cette courbe. Au milieu du XXe siècle, la diffusion des produits, comme les radios et les réfrigérateurs, suivait toujours une courbe en S ; ce serait également le cas par la suite pour les télévisions, les micro-ondes et les téléphones mobiles.

D'après Rogers, quatre types différents de personnes sont responsables de la croissance d'un produit : les premiers à l'adopter sont les *innovateurs*, suivis des *premiers adeptes* (ou *early adopters)*, puis de la majorité de la population, et enfin des *retardataires*. Ses travaux de recherche sur les innovations ont principalement suivi cette approche descriptive, en commençant avec la courbe en S et en essayant de trouver des explications.

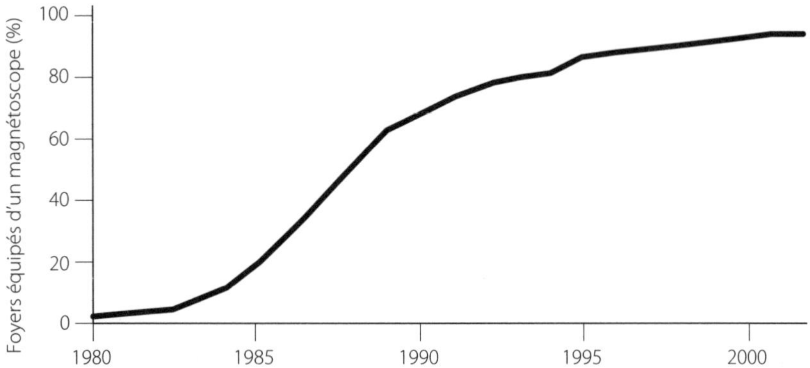

Propriétaires de magnétoscopes au fil du temps aux États-Unis.
Source : Consumer Electronics Association.

Ross avait travaillé dans l'autre sens. Il s'était servi de son raisonnement mécaniste pour calculer la courbe en partant de zéro, en montrant que la contagion de tels événements aboutirait de façon inévitable à ce modèle. Le modèle de Ross nous offre également une explication des raisons pour lesquelles l'adoption de nouvelles idées diminue peu à peu. Alors que de plus en plus de personnes adoptent une idée, il devient de plus en plus difficile de rencontrer quelqu'un qui n'en a pas encore entendu parler. Bien que le nombre global d'adeptes continue à augmenter, il y a de moins en moins de personnes à l'adopter à chaque moment. Par conséquent, le nombre de nouvelles adoptions commence à décliner.

Dans les années 1960, le chercheur en marketing Frank Bass a développé ce qui consistait pour l'essentiel en une version étendue du modèle de Ross[52]. À la différence de l'analyse descriptive de Rogers, Bass a utilisé son modèle pour observer l'échelle de temps de l'adoption en plus de la forme globale de la courbe. En réfléchissant à la manière dont les innovations étaient susceptibles d'être adoptées, Bass était capable de prévoir l'adoption d'une nouvelle technologie. Dans la courbe de Rogers, les innovateurs sont responsables des premiers 2,5 % des adoptions, et toutes les autres personnes correspondent aux 97,5 % restants. Ces valeurs sont quelque peu aléatoires : dans la mesure où Rogers s'appuyait sur une méthode descriptive, il lui fallait connaître la forme globale de la courbe en S ; il ne pouvait catégoriser les personnes qu'une fois une idée totalement adoptée. À l'inverse, Bass pouvait se servir du début de la forme de la courbe d'adoption pour évaluer les rôles relatifs des innovateurs et des autres, qu'il appelait les *imitateurs*. Dans un document de travail de 1966, il prévoyait que les ventes des nouveaux téléviseurs en couleurs – qui étaient alors encore en augmentation – atteindraient leur niveau le plus élevé en 1968. « Les prévisions du secteur étaient bien plus optimistes que les miennes », remarqua-t-il plus tard, « et l'on pouvait sans doute s'attendre à ce que mon pronostic ne soit pas bien accueilli »[53]. La prévision de Bass n'avait pas été très appréciée mais elle était au final bien plus proche de la réalité. Les nouvelles ventes ont en effet ralenti puis ont atteint leur pic, exactement comme l'avait suggéré son modèle.

En plus d'observer comment l'intérêt pour quelque chose atteint un plateau, nous pouvons également nous intéresser aux premières étapes d'adoption. En publiant la courbe en S au début des années 1960, Everett Rogers suggérait qu'une nouvelle idée avait *pris* ou *décollé* une fois que 20 à 25 % de la population l'avait adoptée. « Au-delà de ce point, même si on le souhaite, il est sans doute impossible de mettre un point d'arrêt à la diffusion d'une nouvelle idée », argumentait-il. En se basant sur la dynamique des épidémies, nous pouvons aboutir à une définition plus précise de ce point de décollage. On peut en particulier calculer à quel moment le nombre de nouvelles adoptions augmente le plus rapidement. Au-delà de ce point, le nombre insuffisant de personnes saines va commencer à ralentir la contagion et l'épidémie finira par atteindre un plateau. Dans le modèle simple de Ross, la croissance la plus rapide s'effectue quand un tout petit peu plus de 21 % de la cible potentielle a adopté l'idée. De façon incroyable, c'est ce qui arrive quelle que soit la facilité avec laquelle l'innovation se diffuse[54].

L'approche mécaniste de Ross est utile car elle nous montre à quoi pourraient ressembler les différents types d'événements dans la vraie vie. Réfléchissez à la comparaison entre la courbe d'adoption des magnétoscopes et celle de l'accession à la propriété : les deux finissent par atteindre un plateau mais la courbe des magnétoscopes commence par monter de façon exponentielle. Les modèles simples de contagion prévoiront en général ce type de croissance, car chaque nouvelle adoption engendre encore plus d'adoptions, ce qui ne sera pas le cas des modèles d'événements indépendants. Cela ne signifie pas qu'une croissance exponentielle est toujours un signe de contagiosité – d'autres raisons peuvent expliquer l'adoption d'une technologie – mais cela montre comment différents processus d'infection peuvent impacter la forme d'une épidémie.

Si nous réfléchissons à la dynamique d'une épidémie, nous pouvons aussi identifier des formes qui seraient en réalité très improbables. Prenez une maladie épidémique qui augmente de façon exponentielle jusqu'à ce que toute la population soit touchée. Que faudrait-il pour obtenir une courbe de cette forme ?

Dans le cas des grandes épidémies, en général, la transmission ralentit du fait du nombre insuffisant de personnes saines susceptibles d'être infectées. Pour que l'épidémie continue à augmenter de plus en plus vite, il faudrait que les personnes contaminées se mettent à chercher à être en contact de façon active avec les personnes restées saines dans les stades plus tardifs de l'épidémie. C'est comme si vous attrapiez un rhume, que vous alliez voir tous vos amis qui ne sont pas encore enrhumés et que vous toussiez exprès sur eux jusqu'à ce qu'ils soient contaminés. Le scénario le plus connu qui aboutirait à ce genre d'épidémie est un scénario de fiction : un groupe de zombies qui traque les derniers hommes survivants.

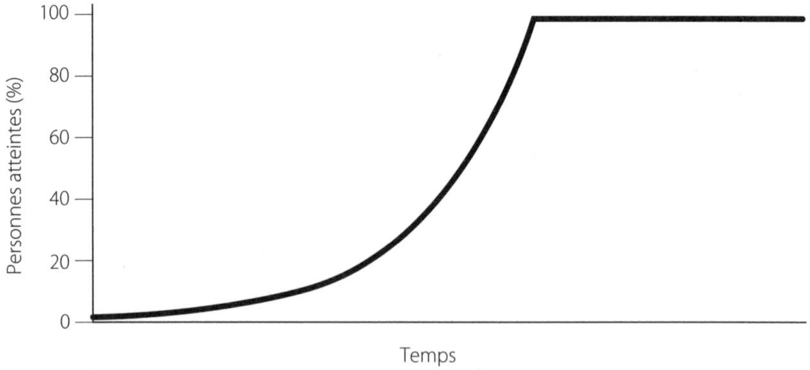

Exemple de la courbe d'une épidémie qui augmente de façon exponentielle jusqu'à ce que tout le monde soit touché.

Dans la vraie vie, les infections qui, en touchant leur hôte, augmentent la transmission, sont rares. Les animaux atteints par la rage sont souvent plus agressifs, ce qui contribue à une propagation du virus par les morsures[55], et les personnes atteintes de paludisme peuvent dégager une odeur qui attire plus les moustiques[56]. Mais ces effets sont en général insuffisants pour compenser la baisse du nombre de personnes saines susceptibles d'être infectées dans les derniers stades d'une épidémie. D'ailleurs, beaucoup d'infections ont un effet inverse sur le comportement, entraînant une certaine léthargie et une baisse d'activité, ce qui diminue le risque de transmission[57]. Qu'il s'agisse d'innovations ou d'infections, les épidémies ralentissent presque toujours de façon inévitable quand les personnes saines se raréfient.

Ronald Ross avait prévu d'étudier toute une variété d'épidémies mais au fur et à mesure que ses modèles gagnaient en complexité, l'aspect mathématique se complexifiait lui aussi. Il savait décrire les processus de transmission, mais pas analyser les dynamiques qui en découlaient. C'est alors qu'il se tourna vers Hilda Hudson, maître de conférences au West Ham Technology Institute de Londres[58]. Fille de mathématicien, elle avait publié son premier article de recherche dans la revue *Nature* à l'âge de dix ans[59]. Plus tard, elle étudia à l'université de Cambridge, où elle fut la seule femme de sa promotion à obtenir une mention très bien en mathématiques. Bien que ses résultats fussent au niveau de l'étudiant classé septième, sa performance n'apparut pas dans la liste officielle (il fallut attendre 1948 pour que les femmes puissent être diplômées de l'université de Cambridge[60]).

Grâce à Hudson, la théorie des événements put être étendue, en représentant les schémas que pouvaient donner les différents modèles. Certains événements disparaissaient peu à peu au fil du temps, touchant tout le monde progressivement. D'autres augmentaient brutalement avant de retomber. Certains engendraient de grandes épidémies puis se stabilisaient à un plus faible niveau épidémique. Certaines épidémies arrivaient par vagues constantes, croissant et décroissant selon les saisons, et d'autres revenaient de façon sporadique. Pour Ross et Hudson, ces méthodes couvraient la plupart des situations réelles. « De ce que nous pouvons voir aujourd'hui, l'augmentation et la chute des épidémies peuvent s'expliquer par les lois générales des événements », suggéraient-ils[61].

Malheureusement, les travaux de Hudson et Ross sur la théorie des événements allaient se limiter à trois publications. La Première Guerre mondiale fut leur premier frein. En 1916, Hudson dut contribuer à l'effort de guerre britannique en participant à la conception d'avions, un travail qui lui vaudrait plus tard d'être nommée Officier de l'Empire Britannique (OBE)[62]. Après la guerre, ils durent faire face à un nouvel obstacle : l'indifférence du public cible de leurs publications. « Les *autorités de santé* leur accordèrent si peu d'intérêt que je pensais qu'il était inutile d'aller plus loin », écrivit Ross plus tard.

Quand Ross avait commencé à travailler sur la théorie des événements, il espérait qu'elle permettrait de traiter des « questions en lien avec les statistiques, la démographie, la santé publique, la théorie de l'évolution et même le commerce, la politique ainsi que les questions d'État[63]. » Son ambitieuse vision finirait par transformer notre conception de la contagion. Et pourtant, même dans le secteur des recherches liées aux maladies épidémiques, plusieurs décennies devaient s'écouler avant que ces méthodes ne deviennent populaires. Et il faudrait encore plus de temps pour que ces idées ne se fraient un chemin jusqu'à d'autres domaines de notre vie.

Chapitre 2

Paniques et pandémies

« Je sais calculer le mouvement des corps célestes, mais pas la folie des foules. » La légende veut qu'Isaac Newton ait prononcé ces mots après s'être ruiné en investissant dans la South Sea Company. Fin 1719, il achète des parts et son placement commence par prospérer, ce qui le convainc de vendre. La valeur du titre continue cependant à grimper et Newton, regrettant sa vente hâtive, réinvestit. Lorsque la bulle éclate quelques mois plus tard, il perd 20 000 livres sterling, l'équivalent d'environ vingt-deux millions d'euros actuels[1].

Les plus brillants penseurs ont rencontré un succès mitigé sur les marchés financiers. Certains, comme les mathématiciens Edward Thorp et James Simons, ont réussi à créer des fonds d'investissement profitables et généré des profits conséquents. D'autres ont été moins chanceux. Comme le Long Term Capital Management (LTCM), un *hedge fund* qui a subi des pertes conséquentes suite aux crises financières asiatique et russe en 1997 et 1998. Avec deux lauréats du prix Nobel d'économie à son conseil d'administration et une bonne rentabilité de départ, la société était enviée de tout Wall Street. Les banques lui avaient accordé des prêts de plus en plus élevés pour mener à bien des stratégies d'investissement de plus en plus ambitieuses, à tel point que, lorsque le fonds s'est écroulé en 1998, il accusait un passif de plus de cent milliards de dollars[2].

Au milieu des années 1990, une nouvelle expression était en vogue chez les banquiers : la *contagion financière* faisait référence à la propagation de difficultés économiques d'un pays à un autre. La crise financière asiatique en était un parfait exemple[3]. Ce n'est pas la crise en elle-même qui a frappé les fonds comme LTCM ; ce sont les ondes de choc qui se sont propagées indirectement sur les autres marchés. Et parce qu'elles avaient tellement prêté à LTCM, les banques elles-mêmes se sont retrouvées en danger. C'est cette peur de la contagion qui a poussé certains des banquiers les plus puissants de Wall Street à se retrouver au dixième étage de la Federal Reserve Bank de New York, le 23 septembre 1998. Pour éviter que les difficultés de LTCM ne se propagent à d'autres institutions, ils s'accordèrent sur un plan de sauvetage de 3,6 milliards de dollars. La leçon, payée au prix fort, fut malheureusement vite oubliée. Dix ans plus tard, presque jour pour jour, les mêmes banques auraient les mêmes discussions sur la contagion financière. Et cette fois, ce serait bien pire.

Je passai mon été 2008 à réfléchir aux manières d'acheter et de vendre le concept statistique de corrélation. J'allais entrer en dernière année d'université et j'étais stagiaire dans une banque d'investissement du quartier d'affaires de Canary Wharf, à Londres. L'idée de base était assez simple. La corrélation mesure à quel point des éléments sont liés entre eux : si un marché boursier est fortement corrélé, les cours des actions auront tendance à monter et descendre ensemble ; s'il est décorrélé, certains pourront augmenter quand d'autres baisseront. Si vous pensez que les actions vont se comporter de la même manière par la suite, vous opterez dans l'idéal pour une stratégie boursière qui a profité de cette corrélation. Mon travail consistait à participer au développement d'une telle stratégie.

La corrélation allait au-delà du simple sujet de niche destiné à occuper un stagiaire fort en maths. Elle allait s'avérer indispensable pour comprendre pourquoi 2008 se transformerait en véritable crise financière. Elle permet aussi de comprendre de façon plus générale comment se propage la contagion, des comportements sociaux aux infections sexuellement transmissibles. Comme nous le verrons, ce lien mettrait l'analyse épidémique au cœur de la finance moderne.

Cet été-là, j'empruntais chaque matin le métro du Docklands Light Railway pour aller travailler. Juste avant de descendre à Canary Wharf, je longeais le gratte-ciel du 25 Bank Street qui abritait Lehman Brothers. Quand, fin 2017, j'avais postulé pour obtenir un stage, nous étions nombreux à espérer être retenus. La société faisait partie du groupe des banques *Bulge Bracket*, aux côtés de Goldman Sachs, JP Morgan et Merrill Lynch. Jusqu'à sa chute en 2008, Bear Stearns avait aussi fait partie du club.

Bear, comme disaient les banquiers, était tombé à cause de mauvais investissements sur le marché hypothécaire. Peu après, JP Morgan avait racheté ce qu'il en restait pour moins d'un dixième de sa valeur antérieure. À l'été, le secteur entier se demandait qui serait le prochain à faire faillite. Lehman semblait le mieux placé.

Pour un étudiant en mathématiques, un stage en finance représentait la voie royale. Aucun de mes camarades étudiants n'aurait laissé passer cette chance, quel que soit son choix de carrière. Mon stage avait débuté depuis environ un mois lorsque je changeai d'avis et décidai de me lancer dans un doctorat plutôt que d'accepter une offre d'emploi. Le cours d'épidémiologie que j'avais suivi plus tôt dans l'année avait été l'un des principaux éléments déclencheurs de ce choix. J'avais été fasciné par l'idée que les épidémies n'étaient pas nécessairement des événements si mystérieux ni imprévisibles. Avec de bonnes méthodes, on pouvait les décortiquer, mettre à jour ce qui se passait vraiment et, si tout se passait bien, agir.

Mais avant d'en arriver là, je voyais Canary Wharf en ébullition. Certes, je me destinais à une autre carrière, mais je voulais tout de même comprendre ce qui arrivait à l'industrie bancaire. Pourquoi des pans entiers de salles de marché s'étaient-ils vidés de leurs employés ? Pourquoi les vieilles convictions du monde de la finance s'écroulaient-elles soudain ? Et jusqu'où cela pouvait-il aller ?

J'étais affecté aux actions, j'analysais le cours des titres des sociétés, mais, depuis quelques années, c'était dans les placements sur les titres de crédits que se trouvait vraiment l'argent. Un investissement en particulier sortait du lot : les banques avaient rassemblé des crédits hypothécaires et d'autres types de crédits dans des titres de créance « collatéralisés » ou CDO (*collateralized debt obligations*). Ces produits permettent aux investisseurs d'absorber le risque de l'organisme prêteur en échange d'un gain financier[4]. Ces approches pouvaient être extrêmement lucratives. Sajid Javid, nommé ministre des finances britannique en 2019, aurait gagné près de trois millions de livres par an en vendant divers produits de crédit avant de quitter le secteur bancaire en 2009[5].

Les CDO reposent sur une idée venue du secteur de l'assurance vie. Les assureurs avaient remarqué que le risque de décès était plus élevé après la mort d'un conjoint, un impact social connu sous le nom de *syndrome du cœur brisé*. Au milieu des années 1990, ils avaient développé un moyen de prendre en compte cet impact dans leurs calculs de coûts d'assurances. Les banquiers n'avaient pas tardé à s'emparer de l'idée et à lui trouver une nouvelle application. Les banques ne s'intéressaient pas aux décès, mais à ce qui se produit lorsqu'une personne ne peut plus rembourser son prêt hypothécaire. Les autres ménages sont-ils contaminés ? En finance, comme dans d'autres secteurs, il est courant d'emprunter ainsi des modèles mathématiques. « Les hommes ont une capacité d'anticipation limitée et une grande imagination », a un jour remarqué le mathématicien financier Emanuel Derman, « de sorte que, inévitablement, un modèle aura des usages autres que ceux imaginés par son créateur[6]. »

Malheureusement, les modèles hypothécaires présentaient d'énormes défauts. Le principal problème tenait peut-être au fait qu'ils se basaient sur l'historique des prix de l'immobilier, qui avaient augmenté pendant presque deux décennies. Cette période donnait à penser que le marché des hypothèques n'était pas particulièrement corrélé : par exemple, le fait que quelqu'un en Floride ne verse pas un paiement ne signifiait pas nécessairement que la même chose se produirait en Californie. Certaines voix s'étaient élevées pour suggérer que l'immobilier était une bulle prête à exploser, mais les optimistes demeuraient nombreux. En juillet 2005, la chaîne de télévision américaine CNBC avait interviewé Ben Bernanke qui présidait le Council of Economic Advisers du Président George Bush et qui deviendrait peu après président de la Réserve fédérale des États-Unis. Quel serait, d'après lui, le pire scénario ? Que se passerait-il si les prix de l'immobilier s'effondraient dans tout le pays ? « C'est une hypothèse assez improbable » avait répondu Bernanke[7]. « À l'échelle nationale, il n'y a jamais eu de baisse des prix de l'immobilier. »

En février 2007, un an avant l'effondrement de Bear Stearns, la spécialiste du crédit Janet Tavakoli s'était exprimée au sujet de la hausse des produits d'investissement du type CDO. Elle s'était dite peu convaincue par les modèles utilisés pour évaluer les corrélations entre les prêts hypothécaires. Avec leurs hypothèses à ce point éloignées de la réalité, ces modèles avaient en effet créé une illusion mathématique, une manière de faire passer des prêts particulièrement risqués pour des placements peu risqués[8]. « Les opérations de corrélation se sont imposées dans l'inconscient des marchés financiers comme un virus, une pensée extrêmement infectieuse », avait observé Tavakoli. « Jusqu'à présent, les décès ont été peu nombreux, mais plusieurs victimes sont tombées malades et la maladie se propage rapidement[9]. » D'autres partageaient son scepticisme, considérant les méthodes de corrélation en vogue comme une façon bien trop simpliste d'analyser les produits hypothécaires. On raconte qu'un *hedge fund* de premier plan avait placé un boulier dans l'une de ses salles de réunion, à côté duquel on pouvait lire : *modèle de corrélation*[10].

Malgré les problèmes posés par ces modèles, les produits hypothécaires avaient toujours le vent en poupe. Puis la réalité reprit ses droits quand les prix de l'immobilier commencèrent à s'effondrer. Au cours de cet été 2008, j'acquis la conviction que nombreux avaient été ceux qui avaient eu conscience des potentielles répercussions à venir. La valeur des placements dégringolait de jour en jour, mais personne n'avait l'air de s'en soucier tant que de naïfs investisseurs étaient prêts à acheter. C'était comme si vous transportiez un sac rempli d'argent en le sachant percé mais sans vous en soucier puisque vous continuiez à le remplir de plus en plus.

Disons que c'était une stratégie… pleine de trous. En août 2018, les spéculations allaient bon train pour savoir à quel point les sacs étaient vides. Partout, les banques cherchaient des fonds à injecter, se battant pour courtiser les fonds souverains du Moyen-Orient. Je me souviens de traders qui attrapaient au vol des stagiaires pour leur montrer la dernière baisse du prix de l'action Lehman. Je passais devant des salles de bureaux vides où se trouvaient auparavant de rentables équipes de CDO, désormais licenciées. Certains de mes collègues jetaient des coups d'œil inquiets au passage du personnel sécurité, se demandant s'ils seraient les prochains sur la liste. La peur se propageait. Puis ce fut le krach.

La montée en puissance des produits financiers complexes – et la chute de fonds comme Long Term Capital Management – avait convaincu les banques centrales de la nécessité de comprendre l'enchevêtrement des échanges financiers. En mai 2006, la Federal Reserve Bank de New York organisa une réunion pour discuter du *risque systémique*. L'objectif était d'identifier les facteurs susceptibles d'impacter la stabilité du réseau financier[11].

Les participants étaient issus de différents domaines scientifiques. Parmi eux, l'écologiste George Sugihara. Son laboratoire de San Diego travaillait sur la conservation des milieux marins, en se servant de modèles pour comprendre la dynamique des populations de poissons. Sugihara n'était pas non plus étranger au monde de la finance puisqu'il avait passé quatre ans à la Deutsche Bank à la fin des années 1990. À cette période, les banques avaient rapidement augmenté la taille de leurs équipes, à la recherche d'experts en modèles mathématiques. Pour tenter de séduire Sugihara, la Deutsche Bank l'avait emmené dans une luxueuse propriété de la campagne anglaise. On raconte qu'au cours du dîner, un banquier senior aurait inscrit une proposition de salaire mirobolante sur une serviette en papier. Médusé, Sugihara n'aurait su que répondre. Prenant son silence pour du mépris, le banquier aurait repris la serviette pour y écrire un nombre encore plus élevé. Une autre pause aurait suivi, puis un autre nombre. Alors, Sugihara aurait accepté l'offre[12].

Ces années à la Deutsche Bank allaient profiter aux deux parties. Bien que les actions financières aient remplacé les poissons, l'expérience de Sugihara en matière de modèles prédictifs s'appliqua avec succès à ce nouveau domaine. Plus tard, il déclarerait à la revue *Nature* : « En gros, je modélisais la peur et la cupidité des masses qui faisaient des opérations boursières[13]. »

Parmi les autres participants à la table de la Federal Reserve, se trouvait Robert May, qui avait supervisé la thèse de Sugihara. Écologiste de formation, May avait beaucoup travaillé sur l'analyse des maladies infectieuses. Arrivé à la recherche financière par le plus grand des hasards, il allait pourtant publier plusieurs études sur le thème de la contagion sur les marchés financiers. En 2013, dans un article rédigé pour la revue scientifique médicale *The Lancet*, il avait observé l'apparente similitude entre les épidémies de maladies et les bulles financières. « La récente hausse des actifs financiers et le krach consécutif suivent de manière assez précise la même courbe que la montée et la chute classique du nombre de cas lors une épidémie de rougeole ou une autre infection », avait-il écrit. May soulignait que le développement d'une maladie épidémique infectieuse est une mauvaise nouvelle et son déclin, une bonne. À l'inverse, on voit généralement d'un bon œil la hausse du prix des actifs financiers. Mais, pour lui, cette différence était trompeuse : l'augmentation des prix n'était pas toujours bon signe. Comme il le disait : « Toute augmentation sans raison valable prouve vraiment que les gens sont fous[14]. »

L'une des bulles les plus connues de l'Histoire est celle de la *crise de la tulipe*, ou *tulipomanie*, qui s'était emparée des Pays-Bas dans les années 1630. Dans la culture populaire, c'est un grand classique de la folie financière. Tout un chacun, riche comme pauvre, s'était mis à investir dans les fleurs ; à tel point que les bulbes de tulipes se vendaient au prix des maisons. Un marin qui avait pris un bulbe pour un oignon avait été emprisonné. La légende veut que l'économie ait pâti de l'effondrement du marché en 1637, certains allant jusqu'à se jeter dans les canaux[15]. Pourtant, pour Anne Goldgar du Kings College de Londres, cette bulle du bulbe n'a pas vraiment existé. Elle n'a pas trouvé trace d'une seule personne qui aurait été ruinée par le krach. Seule une poignée de personnes fortunées ont fait des folies pour obtenir les tulipes les plus chères. L'économie est restée sauve. Et personne n'est mort noyé[16].

D'autres bulles ont eu un impact bien plus important. La première utilisation du terme *bulle* pour décrire des investissements surévalués remonte à la bulle des mers du Sud[17].

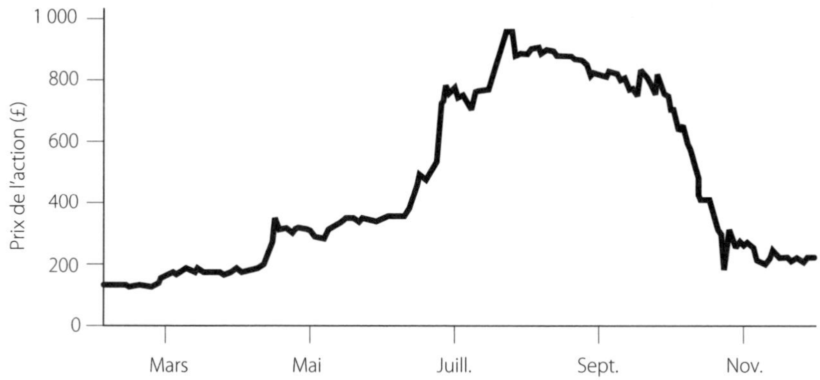

Prix de l'action de la Compagnie des mers du Sud, 1720. Source : Frehen *et al.*, 2013[18].

Créée en 1711, la Compagnie britannique des mers du Sud détenait le monopole de plusieurs contrats de commerce et de transport des esclaves en Amérique. En 1719, elle sécurisa un accord financier lucratif avec le gouvernement britannique. L'année suivante, le cours de son action bondit, multiplié par quatre en l'espace de quelques semaines, avant de retomber aussi vite deux mois plus tard[19].

Isaac Newton avait vendu l'essentiel de ses actions au printemps 1720, avant de réinvestir pendant l'été, au moment du pic. Pour le mathématicien Andrew Odlyzko, « Newton ne s'est pas contenté de goûter du bout des lèvres à la folie de la bulle, il y a bu à grandes gorgées. » Certains se montrèrent plus habiles dans le calendrier de leurs investissements. Le libraire Thomas Guy, investisseur de la première heure, vendit avant le pic et fonda le Guy's Hospital à Londres grâce aux bénéfices engrangés[20].

Depuis, il y a eu bien d'autres bulles, de la Railway mania britannique des années 1840 à la bulle Internet américaine de la fin des années 1990. En général, quand il y a bulle, les investisseurs se pressent au portillon, entraînant une hausse rapide des prix suivie d'un krach à l'éclatement de la bulle. Odlyzko appelle les bulles de *splendides illusions* qui font oublier la réalité aux investisseurs. Les prix peuvent alors s'envoler bien au-delà de valeurs rationnelles. Parfois, les gens investissent simplement parce qu'ils pensent que d'autres vont faire de même, contribuant ainsi à l'augmentation de la valeur de leur investissement[21]. Cela peut aboutir à ce qu'on appelle la *théorie du plus grand fou*, ou *théorie du survivant* : parfois, nous savons qu'il est imprudent d'acheter quelque chose de cher mais nous pensons que quelqu'un sera encore plus fou que nous, à qui nous pourrons le revendre à un prix encore plus élevé[22].

L'un des exemples les plus extrêmes de la théorie du plus grand fou est celui des systèmes de vente pyramidale. De formes variables, ils fonctionnent tous sur le même principe. Des recruteurs encouragent des personnes à investir dans le système en leur promettant qu'elles auront une part du montant total si elles parviennent à recruter d'autres personnes en nombre suffisant. Du fait de leur format figé, les pyramides sont relativement faciles à analyser. Imaginez qu'un système commence avec dix investisseurs et que chacun d'entre eux doive en recruter dix autres pour toucher leur part. S'ils y parviennent tous, on comptera cent nouvelles personnes.

Chaque nouvelle recrue devra en convaincre dix autres, ce qui augmentera de mille autres personnes la taille du système. L'étape suivante nécessiterait dix mille autres personnes, puis cent mille, puis un million. On voit aisément qu'une fois atteintes les dernières étapes, il n'y a tout simplement plus assez de personnes à convaincre : la bulle éclatera sans doute après quelques vagues de recrutements. Si l'on sait combien de personnes sont sensibles à l'idée et seraient susceptibles de signer, alors on peut prévoir combien de temps il faudra au système pour s'effondrer.

Parce qu'ils ne peuvent pas être pérennes, les systèmes de vente pyramidale sont en général illégaux. Mais leur potentiel de croissance rapide et l'argent que touchent ceux qui sont au sommet de la pyramide les rendent encore attractifs pour les escrocs, en particulier si le réservoir de participants potentiels est vaste. En Chine, certains systèmes de pyramide – que les autorités appellent des *business cults* – se jouent à grande échelle. Depuis 2010, plusieurs systèmes ont réussi à recruter plus d'un million d'investisseurs chacun[23].

Contrairement aux systèmes pyramidaux dont la structure est figée, l'analyse des bulles financières peut être plus complexe. Pour Jean-Paul Rodrigue, on peut toujours diviser une bulle en quatre étapes principales.

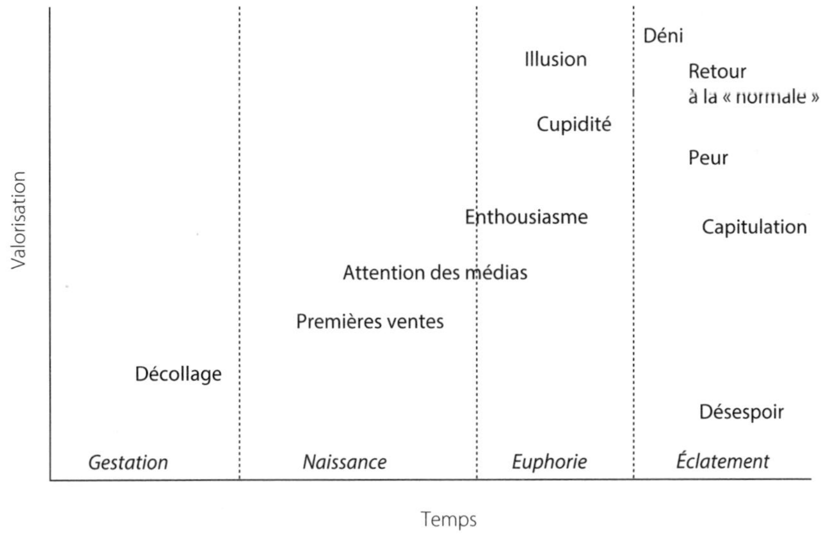

Les quatre étapes d'une bulle. Adapté du graphique d'origine de Jean-Paul Rodrigue.

Tout commence par une phase de gestation, une phase cachée au cours de laquelle des investisseurs avisés misent sur une nouvelle idée. Vient ensuite la phase de la naissance, qui implique un plus grand nombre d'investisseurs. Les premiers à avoir investi peuvent alors commencer à vendre, comme l'avait fait Newton dans les premières étapes de la bulle des mers du Sud. Quand l'idée gagne en notoriété, les médias et le grand public s'en emparent, faisant grimper encore plus les prix, dans une sorte d'euphorie. Enfin, la bulle atteint son pic et commence à décliner pendant une phase d'*éclatement*, parfois ponctuée de petits pics secondaires quand des investisseurs optimistes espèrent une autre hausse. Ces étapes sont comparables aux quatre stades d'une épidémie : le démarrage, la croissance, le pic et le déclin[24].

Les bulles se distinguent notamment par leur croissance rapide, avec une accélération des achats au fil du temps. Elles présentent souvent ce que l'on nomme une *croissance super exponentielle*[25] ; non seulement les achats s'accélèrent, mais l'accélération elle-même accélère. À chaque hausse du prix, le nombre d'investisseurs qui se positionnent augmente, faisant monter le prix. Et, comme pour une infection, plus une bulle grossit vite, plus elle se propage vite au sein de la population des personnes saines.

Malheureusement, il n'est pas toujours évident de connaître le nombre restant de personnes saines. C'est un problème fréquent dans l'analyse d'une épidémie : pendant la phase de croissance initiale, il est difficile de savoir à quel niveau d'avancement nous nous situons. Pour les épidémies de maladies infectieuses, cela dépend beaucoup du nombre d'infections qui se manifestent sous forme de cas. Imaginez que la plupart des infections passent inaperçues. Cela signifie que, pour chaque cas visible, un grand nombre d'autres infections vient réduire le nombre de personnes toujours saines. À l'inverse, si la majorité des infections se manifestent, beaucoup de personnes risquent encore l'infection. Pour contourner le problème, on peut prélever des échantillons de sang parmi la population. Si de nombreuses personnes ont déjà été infectées et ont développé une immunité contre la maladie, l'épidémie a peu de chances de durer. Bien entendu, il n'est pas toujours possible de collecter un grand nombre d'échantillons en un temps court. Pour autant, cela nous permet tout de même de nous prononcer sur la taille maximale que pourrait atteindre l'épidémie. Par définition, on ne peut pas avoir plus d'infections que de personnes dans la population.

Pour les bulles financières, c'est plus compliqué. Des effets de levier peuvent se créer lorsque les gens empruntent de l'argent pour couvrir de nouveaux investissements. Cela rend plus difficile l'estimation de la prédisposition, et donc l'évaluation du moment de la phase où l'on se situe. Il arrive cependant que l'on puisse repérer les signaux d'une croissance éphémère. Dans les années 1990, quand la bulle Internet grossissait, on justifiait souvent la hausse des prix par le doublement du trafic Internet tous les cent jours. Cela expliquait la valorisation des entreprises d'infrastructures à des centaines de milliards de dollars et les investissements massifs des investisseurs dans des fournisseurs Internet comme WorldCom. Mais ce scénario ne tenait pas la route. En 1998, Andrew Odlyzko, alors chercheur pour les laboratoires AT&T, avait découvert qu'Internet grossissait en réalité bien moins vite : il lui fallait environ un an pour doubler en taille[26]. Dans un communiqué de presse, WorldCom avait annoncé que la demande des utilisateurs augmentait de 10 % chaque semaine. Pour supporter cette croissance, il aurait fallu qu'en un an environ l'ensemble de la population mondiale soit active sur Internet vingt-quatre heures sur vingt-quatre[27]. Nous aurions tout simplement manqué de personnes saines.

La plus grosse bulle des dernières années a vraisemblablement été le Bitcoin qui utilise un registre commun de transactions connues et un puissant système de chiffrage pour créer une monnaie virtuelle décentralisée. Ou, pour reprendre les mots du comédien John Oliver : c'est « tout ce que vous n'avez jamais compris à la finance, mêlé à tout ce que vous n'avez jamais compris à l'informatique[28]. » La valeur du bitcoin a presque atteint vingt mille dollars en décembre 2017, avant de chuter à moins d'un cinquième de cette valeur un an plus tard[29]. Cela a été la dernière d'une série de mini-bulles ; depuis sa création en 2009, les prix du bitcoin avaient subi plusieurs hausses et krachs. (Les prix sont repartis à la hausse mi-2019.)

À chaque bulle de bitcoin, le nombre de personnes saines touchées augmentait, comme une épidémie qui serait progressivement passée d'un village à une ville et enfin, à une métropole. Au début, seul un petit groupe d'investisseurs était impliqué ; ils comprenaient la mécanique du Bitcoin et avaient confiance en sa valeur sous-jacente. Puis ils ont été rejoints par une plus grande variété d'investisseurs, augmentant les volumes d'argent et les prix. Enfin, le Bitcoin a touché le grand public, faisant la une des journaux et des publicités dans le métro. Le temps qui s'écoulait entre chacun des pics historiques du Bitcoin laisse à penser que l'idée ne se propageait pas de façon très efficace entre ces différents groupes. Si les populations saines sont fortement connectées, l'épidémie atteindra en général son pic de façon à peu près concomitante, plutôt que de prendre la forme d'une série de plus petites épidémies.

Pour Jean-Paul Rodrigue, c'est pendant la principale phase de croissance d'une bulle qu'un changement radical s'opère. La quantité d'argent disponible augmente, alors que le niveau moyen de connaissances diminue. « Le marché gagne en exubérance quand les "investisseurs" habituels bâtissent des *fortunes de papier* et que la cupidité s'installe »[30], dit-il. L'économiste Charles Kindleberger, co-auteur avec Robert Aliber de l'emblématique livre *Manias, Panics, and Crashes* en 1978 (*Histoire mondiale de la spéculation financière*) a souligné le rôle de la contagion sociale pendant cette phase : « Rien ne perturbe plus notre bien-être et notre jugement que de voir un ami s'enrichir[31]. » Le désir des investisseurs d'être partie prenante d'une tendance qui grossit peut même envoyer des signaux sur l'éclatement imminent d'une bulle. Pendant la Railway mania britannique des années 1840, des journaux comme *The Times* avaient prévenu que ce placement ferroviaire grossissait trop vite, créant un risque potentiel pour d'autres champs de l'économie. Mais cela n'avait fait qu'encourager les investisseurs, qui y avaient vu la preuve que le prix des actions de la compagnie ferroviaire allait continuer à augmenter[32].

Dans les dernières étapes d'une bulle, la peur peut se répandre à peu près comme l'enthousiasme. Le premier frémissement de la bulle immobilière de 2008 s'est fait sentir dès avril 2006, lorsque le prix des maisons aux États-Unis a atteint un pic[33]. De là, a émergé l'idée que les placements hypothécaires étaient beaucoup plus risqués que ce qu'on avait imaginé : cette idée allait se diffuser dans le secteur, entraînant dans son sillage la chute de banques entières. Lehman Brothers est tombé le 15 septembre 2008, environ une semaine après la fin de mon stage à Canary Wharf. Contrairement à Long Term Capital Management, cette fois, il n'y aurait pas de sauvetage. La chute de Lehman a suscité la crainte que tout le système financier mondial puisse s'écrouler. Aux États-Unis et en Europe, les gouvernements et les banques centrales ont apporté plus de quatorze milliards de milliards de dollars pour soutenir le secteur. L'ampleur de ces interventions a montré à quel point les investissements des banques s'étaient accrus au cours des dernières décennies. Entre les années 1880 et 1960, les actifs des banques britanniques représentaient environ la moitié de la taille de l'économie nationale. En 2008, c'était cinq fois plus[34].

Sur le moment je n'ai pas réalisé, mais en même temps que je quittais la finance pour une carrière en épidémiologie, un quartier de Londres symbolisait la jonction entre ces deux secteurs. Sur Threadneedle Street, la Banque d'Angleterre faisait tout son possible pour limiter les répercussions de la chute de Lehman[35]. Il était clair que la stabilité du réseau financier avait été surestimée par beaucoup. Les croyances populaires de solidité et de résilience avaient fait long feu ; la contagion était un problème bien plus important que ce qu'on avait imaginé.

C'est alors que les chercheurs spécialistes des maladies sont entrés en scène. Suite à la réunion de 2006 de la Federal Reserve Bank de New York, Robert May avait commencé à échanger avec d'autres scientifiques sur le sujet. Parmi eux, Nim Arinaminpathy, l'un de ses collègues de l'université d'Oxford. Arinaminpathy se souvient que le système financier était rarement étudié dans sa globalité avant 2007. « On croyait beaucoup à la capacité du vaste et complexe système financier à s'auto-corriger », dit-il. « La réaction était de dire "inutile de comprendre comment fonctionne le système, concentrons-nous plutôt sur les établissements bancaires". »[36] Malheureusement, les événements de 2008 allaient mettre à jour les failles de cette approche. Il devait sûrement exister une meilleure façon de procéder.

À la fin des années 1990, May avait été le conseiller scientifique en chef du gouvernement britannique. Dans le cadre de ses fonctions, il avait fait la connaissance de Mervyn King, qui deviendrait plus tard gouverneur de la Banque d'Angleterre. Quand la crise de 2008 avait frappé, May avait proposé de s'intéresser de plus près à la question de la contagion. Si une banque subissait un choc, comment se propagerait-il à travers le système financier ? May et ses collègues étaient bien placés pour s'attaquer au problème. Au cours des décennies précédentes, ils avaient étudié diverses infections – de la rougeole au sida – et développé de nouvelles méthodes pour accompagner les programmes de contrôle des maladies. Ces idées allaient finir par révolutionner l'approche de la contagion financière des banques centrales. Cependant, pour comprendre le fonctionnement de ces méthodes, il faut d'abord s'intéresser à une question plus fondamentale : comment savoir si une infection – ou une crise – va ou non se propager ?

Après l'annonce par William Kermack et Anderson McKendrick de leur travail sur la théorie des épidémies dans les années 1920, le secteur prit vraiment le virage des mathématiques. Le travail d'analyse des épidémies se poursuivait mais il gagnait en abstraction et en technicité. Des chercheurs comme Alfred Lotka publièrent de longs et complexes articles, où le champ épidémique prenait de la distance par rapport aux véritables épidémies. Ils réussirent à étudier des épidémies fictives avec des événements aléatoires, des processus de transmission complexes et des populations multiples. L'émergence des ordinateurs contribua à l'avancée de ces développements techniques ; on pouvait désormais simuler des modèles auparavant difficiles à analyser manuellement[37].

Puis les progrès s'essoufflèrent. Un traité du mathématicien Norman Bailey en 1957 faisait office d'obstacle. Dans l'esprit des années précédentes, il était presque uniquement tourné vers la théorie et quasiment dénué de données réelles. C'était une enquête impressionnante sur la théorie des épidémies, qui allait contribuer à attirer un certain nombre de jeunes chercheurs dans cette voie. Mais un problème se posait : Bailey avait omis une idée essentielle, qui s'avérerait être l'un des concepts les plus importants de l'analyse des épidémies[38].

L'idée en question avait émergé avec George MacDonald, un chercheur spécialiste du paludisme, basé au Ross Institute de la London School of Hygiene & Tropical Medecine. Au début des années 1950, MacDonald avait affiné le modèle du moustique de Ross, faisant en sorte d'y incorporer des données réelles comme la durée de vie et la fréquence des repas d'un moustique. En adaptant le modèle à des scénarios réels, MacDonald avait pu identifier l'étape du processus de transmission la plus vulnérable aux mesures de contrôle. Alors que Ross s'était concentré sur les larves de moustiques qui vivaient dans l'eau, MacDonald comprit que pour s'attaquer au paludisme, les agences sanitaires feraient mieux de s'intéresser aux moustiques adultes, qui constituaient les maillons faibles de la chaîne de transmission[39].

En 1955, l'Organisation mondiale de la Santé annonça pour la première fois des plans visant à éradiquer une maladie. S'inspirant de l'analyse de MacDonald, elle choisit de s'attaquer au paludisme. Par *éradication*, on entendait se débarrasser de toutes les infections dans leur ensemble – ce qui s'avérerait finalement plus difficile que prévu ; certains moustiques devinrent résistants aux pesticides et les mesures de contrôle étaient plus efficaces dans certaines zones que dans d'autres. Cela incita plus tard l'OMS à se concentrer plutôt sur la variole, qui serait éradiquée en 1980[40].

L'idée de MacDonald de cibler les moustiques adultes avait été cruciale pour la recherche, mais ce n'est pas celle que Bailey avait omise dans son traité. L'idée qui allait vraiment changer la donne s'était glissée en annexe de l'article de MacDonald[41]. Presque comme un ajout de dernière minute, il avait proposé une nouvelle manière d'envisager les infections. Plutôt que de regarder la densité critique des moustiques, il suggérait de réfléchir à ce qui se passerait si une seule personne infectée arrivait dans la population. Combien de contaminations supplémentaires s'ensuivrait-il ?

Il faudrait attendre encore vingt ans pour que le mathématicien Klaus Dietz revienne sur l'idée de l'annexe de MacDonald. Ce faisant, il contribuerait à faire sortir la théorie des épidémies de sa niche mathématique pour la faire passer dans le plus vaste monde de la santé publique. Dietz mit en avant une quantité que l'on appellerait le *nombre* ou *taux de reproduction de base*, ou R zéro (R_0). R_0 correspond au nombre moyen de personnes qu'une personne contagieuse peut infecter au sein d'une population non immunisée.

Par opposition aux taux et seuils utilisés par Kermack et MacKendrick, R_0 est une façon plus intuitive – et plus globale – de considérer la contagion. Cela permet de poser simplement la question : à combien de personnes un cas peut-il transmettre l'infection ? Comme nous le verrons plus tard, cette idée peut s'appliquer à un grand nombre d'épidémies, de la violence armée aux mèmes sur Internet.

Le taux de reproduction est très utile car il nous indique si l'on doit s'attendre à une épidémie de grande ampleur ou non. Si R_0 est inférieur à 1, alors, en moyenne, chaque personne infectée générera moins d'une contamination supplémentaire. Nous pouvons alors nous attendre à ce que le nombre de cas décline au fil du temps. Mais si R_0 est supérieur à 1, le niveau moyen de contaminations s'augmentera, ouvrant potentiellement la voie à une épidémie plus large.

Le R_0 de certaines maladies est relativement faible. Pour les grippes pandémiques, R_0 avoisine en général 1-2, ce qui correspond à peu près au taux des premiers stades de l'épidémie du virus Ebola de 2013-2016 en Afrique de l'ouest. Chaque cas atteint par le virus le transmettait en moyenne à deux autres personnes. Le taux de reproduction du SRAS, virus à l'origine d'épidémies en Asie début 2003, était de 2-3. Son cousin, le SRAS-COVID-19, qui s'est largement répandu début 2020, avait aussi un R_0 de 2-3 avant que ne soient prises des mesures de contrôle[42]. Le R_0 de la variole, seule épidémie éradiquée à ce jour, était de 4-6 dans une population entièrement susceptible d'être infectée. Ce taux est un peu plus élevé pour la varicelle, avec un R_0 qui avoisine les 6-8 si l'ensemble de la population est susceptible d'être infectée. Et pourtant, ces nombres restent peu élevés si l'on observe ce qui peut se produire avec la rougeole. En moyenne, dans une communauté entièrement susceptible, un seul cas de rougeole peut transmettre l'infection à plus de vingt personnes[43]. C'est pour l'essentiel dû à l'effet incroyablement persistant du virus de la rougeole : si vous êtes contaminé et que vous éternuez dans une pièce, le virus peut toujours être présent dans l'air deux heures plus tard[44].

En plus de mesurer la transmission à partir d'une seule personne infectée, le taux de reproduction R_0 peut nous donner des indications sur la vitesse à laquelle l'épidémie va grossir. Souvenez-vous comment le nombre de personnes augmentait à chaque étape du système pyramidal. À partir du R_0, on peut appliquer la même logique aux épidémies. Si le taux de reproduction R_0 est de 2, une première personne infectée en contaminera en moyenne deux autres. Ces deux nouveaux cas en généreront en moyenne deux de plus, etc. Continuez à ce rythme et au bout de la cinquième génération de l'épidémie, vous pouvez vous attendre à voir apparaître trente-deux nouveaux cas ; à la dixième, il y en aurait en moyenne mille vingt-quatre.

Parce que les épidémies ont tendance à croître de façon exponentielle au départ, une petite variation de R_0 peut avoir un impact énorme sur le nombre de cas attendus après quelques générations. Nous venons de voir qu'avec un taux de reproduction R_0 de 2 on s'attend à trente-deux cas une fois la cinquième génération de l'épidémie atteinte. Si R_0 avait été de 3 et non de 2, nous aurions pu nous attendre à deux cent quarante-trois cas au même moment.

La popularité du taux R_0 tient notamment au fait qu'il soit possible de l'évaluer à partir de données réelles. Du VIH au virus Ebola, R_0 permet de quantifier et de comparer la transmission entre différentes maladies. Une grande part de cette popularité revient à Robert May et à son collaborateur au long cours Roy Anderson. Leurs formations en écologie leur conféraient une approche plus pratique que leurs prédécesseurs mathématiciens. À la fin des années 1970, le duo avait contribué à faire connaître la recherche épidémiologique au grand public.

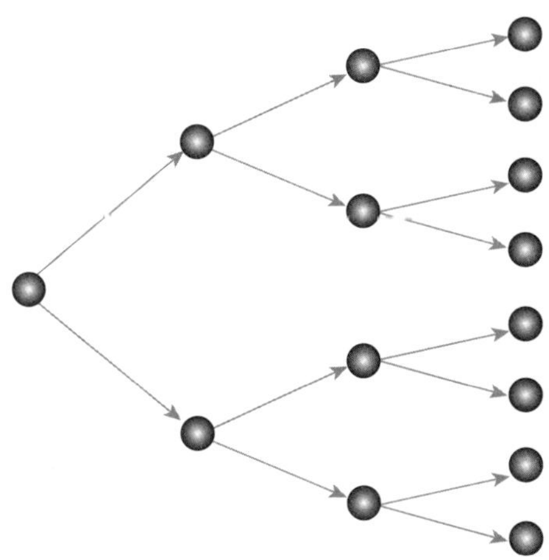

Exemple d'une épidémie où chaque cas contamine deux autres personnes.
Les cercles représentent les cas et les flèches symbolisent les chemins de transmission.

Ils s'intéressaient aux données et à la manière dont les modèles pouvaient s'appliquer à des situations réelles. En 1980, May lut un projet d'article de Paul Fine et Jacqueline Clarkson du Ross Institute dans lequel ils utilisaient une approche par taux de reproduction pour analyser les épidémies de rougeole[45]. Prenant conscience du potentiel de cette idée, May et Anderson l'avaient rapidement appliquée à d'autres problèmes, et la défendaient.

Il apparut rapidement que le taux de reproduction pouvait énormément varier selon les populations. Par exemple, une maladie comme la rougeole peut toucher un grand nombre de personnes si elle frappe une communauté faiblement immunisée, alors qu'il est rare que des épidémies touchent des pays au taux de vaccination élevé. Dans une population où tout le monde est à risque, le R_0 de la rougeole peut atteindre 20, là où, au sein de populations largement vaccinées chaque personne infectée génère moins d'un cas secondaire en moyenne. Autrement dit, R_0 est inférieur à 1 dans ces zones.

Nous pouvons par conséquent utiliser le taux de reproduction pour calculer combien de personnes doivent être vaccinées pour contrôler une infection. Imaginez une infection avec un R_0 de 5 dans une population entièrement susceptible d'être infectée – comme c'était le cas pour la variole – et supposez que l'on vaccine quatre personnes sur cinq. Avant la vaccination, on se serait attendu à ce que chaque personne infectée en contamine cinq autres. Si le vaccin est efficace à 100 %, en moyenne quatre de ces personnes seront désormais immunisées. Nous pourrons alors nous attendre à ce que chaque personne infectée ne génère plus qu'un seul nouveau cas.

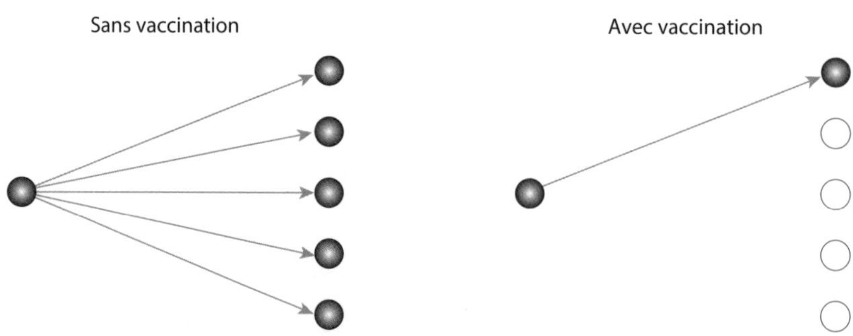

Comparaison de la transmission avec et sans 80 % de vaccination dans une population entièrement susceptible d'être infectée, avec un taux de reproduction R_0 de 5.

En revanche, si l'on vaccine plus des quatre cinquièmes de la population, le nombre moyen de cas secondaires sera inférieur à 1. Le nombre d'infections devrait alors décliner au fil du temps, ce qui permettra de contrôler la maladie. Selon la même logique, on peut calculer les cibles de vaccination pour d'autres infections. Si R_0 est de 10 dans une population entièrement susceptible, au moins neuf personnes sur dix devront être vaccinées. Si R_0 est de 20, comme cela peut être le cas pour la rougeole, il faut vacciner dix-neuf personnes sur vingt, ou plus de 95 % de la population pour stopper l'épidémie. Nous faisons souvent référence à ce pourcentage en parlant du *seuil d'immunité collective*. Cette idée s'inscrit dans le prolongement des travaux de Kermack et McKendrick : une fois ce seuil atteint, l'infection ne pourra plus se propager de façon efficace.

Réduire la sensibilité d'une population est peut-être la façon la plus évidente de faire baisser le taux de reproduction, mais ce n'est pas la seule. Quatre facteurs peuvent influencer sa valeur. Leur découverte a été essentielle à la compréhension du fonctionnement de la contagion.

Le 19 avril 1987, la princesse Diana inaugure une nouvelle unité de soins au Middlesex Hospital, à Londres. Ce jour-là, elle a un geste qui surprend tous les journalistes présents, et même les équipes médicales de l'hôpital : elle serre la main d'un patient. Cette unité était la première du pays dédiée aux personnes atteintes du sida. Cette poignée de main était symbolique car, en dépit des preuves scientifiques comme quoi la maladie ne se transmettait pas par le contact, cette croyance populaire demeurait encore bien ancrée[46].

La montée du VIH, ou sida, dans les années 1980 a souligné l'urgence à découvrir comment se propageait cette épidémie. Quelles étaient les caractéristiques de la maladie qui favorisaient la transmission ? Un mois avant la visite de Diana au Middlesex Hospital, Robert May et Roy Anderson avaient publié un article détaillant le taux de reproduction R_0 du VIH[47]. Ils avaient observé que R_0 est influencé par un certain nombre d'éléments. D'abord, la durée pendant laquelle une personne est contagieuse : moins l'infection dure longtemps, moins on a le temps de la transmettre à quelqu'un. En plus de la durée de l'infection, R_0 dépend du nombre de personnes avec qui une personne touchée interagit pendant qu'elle est contagieuse. En cas de contacts nombreux, les opportunités de propagation de l'infection seront nombreuses. Il dépend enfin de la probabilité que l'infection se transmette à chacune de ces rencontres, en supposant que l'autre personne soit susceptible d'être infectée.

R_0 dépend donc de quatre facteurs : la *durée* pendant laquelle une personne est contagieuse ; le nombre moyen d'*opportunités* qu'elle a de propager l'infection chaque jour où elle est contagieuse ; la probabilité qu'une occasion aboutisse à une *transmission* ; et la *susceptibilité* ou *sensibilité* moyenne de la population. J'aime appeler ces facteurs les *DOTS*, pour faire court. En les associant, nous obtenons la valeur du taux de reproduction :

$$R_0 = \text{Durée de la période contagieuse} \times \text{Opportunités de contacts sociaux} \times \text{Transmissibilité} \times \text{Susceptibilité}$$

En décomposant le taux de reproduction en ces facteurs (DOTS), nous pouvons voir comment les différents aspects de la transmission se comportent les uns par rapport aux autres. Cela peut nous permettre de trouver la meilleure manière de contrôler une épidémie, car certains aspects du taux de reproduction seront plus faciles à modifier que d'autres. Par exemple, une abstinence sexuelle généralisée réduirait le nombre d'*opportunités* de transmission du VIH, mais cette option n'est ni séduisante ni envisageable pour la plupart des personnes. Les agences de santé ont donc misé sur l'utilisation des préservatifs, qui réduisent les risques de *transmission* pendant l'acte sexuel. Ces dernières années, la soi-disant prophylaxie pré-exposition (PrEP) a aussi rencontré un vif succès : des personnes séronégatives prennent un traitement médicamenteux pour réduire leur *susceptibilité* à l'infection[48].

Selon la nature de l'infection, on s'intéressera à différents types d'opportunités de transmission. Pour le VIH et la gonorrhée, la transmission passe principalement par les rapports sexuels, tandis que des infections comme la COVID-19 et la variole peuvent se propager lors de conversations en face-à-face. Mais le principe sous-jacent demeure inchangé. Dans l'exemple de la COVID-19, isoler les personnes qui présentent des symptômes a pour effet la réduction de la *durée* ; limiter la taille des rassemblements réduit les *opportunités* de contacts sociaux ; les masques ou la distanciation sociale peuvent réduire la probabilité de *transmissibilité* ; et l'immunité après l'infection – ou la vaccination, si elle est disponible – pourrait réduire la *susceptibilité*.

L'équilibre entre les facteurs DOTS revient à dire que si quelqu'un est infectieux deux fois plus longtemps, c'est comme si, en termes de transmission, les contacts étaient multipliés par deux. Dans le passé, il est arrivé que la variole et le VIH aient tous les deux eu un R_0 proche de 5[49]. Cependant, on est en général infectieux pendant une période plus courte avec la variole, ce qui signifie que, pour compenser, il doit y avoir chaque jour plus d'opportunités de propager l'infection, ou un risque de transmission plus élevé à chaque opportunité.

Si le taux de reproduction est devenu un élément essentiel de la recherche actuelle sur les épidémies, une autre caractéristique de la contagion doit aussi être prise en compte. En s'intéressant au niveau moyen de transmission, R_0 ne tient pas compte d'événements inhabituels qui peuvent intervenir pendant l'épidémie. C'est ce qui s'est produit en mars 1972 lorsqu'un professeur serbe s'est présenté à l'hôpital de Belgrade avec une combinaison inhabituelle de symptômes. Son centre médical local lui avait prescrit de la pénicilline pour traiter une éruption cutanée mais il avait ensuite été victime de graves complications hémorragiques. Des dizaines d'étudiants et de personnels médicaux de l'hôpital étaient venus observer ce que l'on prenait pour une étrange réaction au traitement. Mais ce n'était pas une allergie. Quand le frère du patient est tombé malade à son tour, les membres du personnel ont compris la nature véritable du problème, et ce à quoi ils s'étaient exposés. L'homme avait contracté la variole et, avant que les infections ne cessent à Belgrade, trente-huit autres cas allaient suivre – tous contaminés par ce premier patient[50].

Même s'il faudrait encore attendre huit ans, en 1980, pour que la variole soit totalement éradiquée d'Europe, aucun cas n'avait été signalé en Serbie depuis 1930. Le professeur avait sans doute contracté la maladie auprès d'un religieux local récemment rentré d'Irak. Plusieurs flambées épidémiques similaires avaient eu lieu en Europe dans les années 1960 et 1970, la plupart liées à des voyages. En 1961, en Angleterre, une jeune fille de retour de Karachi (Pakistan) avait rapporté le virus de la variole à Bradford, contaminant sans le vouloir dix autres personnes. À Meschede, en Allemagne en 1969, une épidémie avait elle aussi pour point de départ un séjour à Karachi. Cette fois, il s'agissait d'un électricien allemand qui allait contaminer dix-sept autres personnes[51]. Ces événements restent cependant exceptionnels : à leur retour en Europe, la plupart des cas infectés n'ont contaminé personne.

Dans une population susceptible, le taux de reproduction de la variole est de 4-6. Cela correspond au nombre de cas secondaires que l'on s'attend à voir apparaître, mais cela reste une valeur moyenne : dans les faits, il peut y avoir de grandes variations selon les individus et les épidémies. Même si le taux de reproduction nous offre un résumé utile de la transmission globale, il ne nous révèle pas quelle part de cette transmission vient d'une poignée de ce que les épidémiologistes appellent les événements *super-contaminateurs*.

On croit souvent à tort que les épidémies grossissent de façon constante génération après génération, où chaque cas infecterait le même nombre de personnes. Si une infection se propage d'une personne à une autre, créant une chaîne de cas, on parle de *transmission propagée*. Les épidémies par propagation ne suivent cependant pas à la lettre le schéma du taux de reproduction, en augmentant exactement de façon égale à chaque génération. En 1997, un groupe d'épidémiologistes a proposé la *loi des 20/80* pour décrire la transmission des maladies. Pour les maladies comme le VIH ou le paludisme, ils ont découvert que 20 % des cas étaient responsables d'environ 85 % des transmissions[52]. Mais, comme souvent en biologie, il y avait des exceptions. Les chercheurs s'étaient concentrés sur les maladies sexuellement transmissibles (MST) et les infections transmises par les moustiques. Les autres épidémies ne suivaient pas toujours le même modèle. Après l'épidémie de SRAS en 2003 – qui avait compté plusieurs exemples de contaminations à grande échelle – la notion de super-contamination a de nouveau suscité l'intérêt. Elle semblait particulièrement importante pour le SRAS : 20 % des cas étaient à l'origine de près de 90 % des transmissions. Début 2020, notre groupe de recherche, comme d'autres, a considéré qu'il en allait de même pour la COVID-19[53]. À l'inverse, pour des maladies comme la peste, on relève moins d'événements super-contaminateurs, où 20 % des cas ne sont responsables que de 50 % des transmissions[54].

Il arrive parfois aussi que l'épidémie ne se propage pas du tout. Cela peut être lié à un mode de transmission de type *source commune*, où tous les cas proviennent du même endroit. L'intoxication alimentaire en est un bon exemple : nous pouvons souvent retracer l'origine des épidémies jusqu'à un plat ou une personne donnée. Le cas le plus tristement célèbre est celui de Mary Mallon, souvent appelée Mary Typhoïde et qui était porteuse du bacille de la typhoïde sans déclarer de symptômes. Au début du xxe siècle, Mary, qui travaillait comme cuisinière pour plusieurs familles des environs de New York, fut à l'origine de nombreux cas et de plusieurs décès[55].

Pendant les épidémies de source commune, les cas se déclarent souvent sur une période courte. En mai 1916, une épidémie de typhoïde se déclara en Californie quelques jours après un pique-nique d'écoliers. Comme Mary Mallon, la cuisinière qui avait préparé la glace ignorait qu'elle était porteuse de l'infection.

Nous pouvons donc envisager la propagation des maladies comme un continuum. D'un côté, une seule personne – comme Mary Mallon – peut être à l'origine de tous les cas. C'est l'exemple le plus extrême de super-contamination, avec une source responsable de 100 % de la propagation. De l'autre, nous avons des épidémies très cadencées où chaque cas génère toujours exactement le même nombre de cas secondaires. Le plus souvent, une épidémie se situera quelque part entre ces deux extrêmes.

Pour qu'il y ait des événements super-contaminateurs pendant une épidémie, il faut que certains groupes de personnes soient particulièrement importants. Quand les chercheurs ont compris que 20 % des cas étaient responsables de 80 % des transmissions du VIH, ils ont proposé de cibler les mesures de contrôle en direction de ces *groupes principaux*. Cependant, pour que ces approches soient efficaces, il faut réfléchir à la manière dont les individus sont connectés en réseau – et pourquoi certaines personnes peuvent être plus à risque que d'autres.

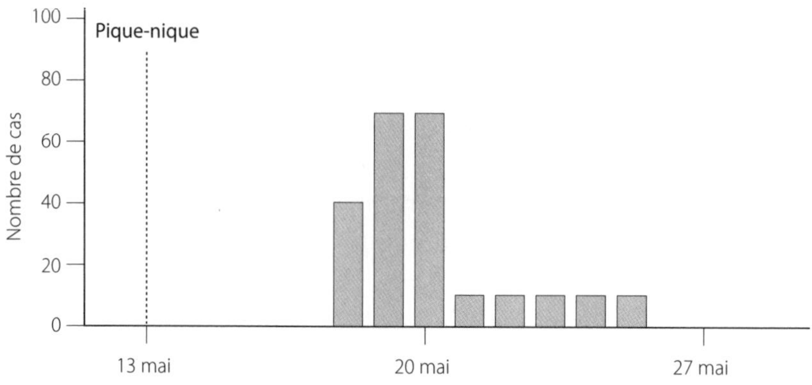

Épidémie de typhoïde suite à un pique-nique en Californie, 1916[56].

Le mathématicien le plus prolifique ayant jamais vécu était un universitaire nomade. Tout au long de sa carrière, Paul Erdős a parcouru le monde, sa vie tenant dans deux valises à demi remplies, sans carte de crédit ni chéquier. Il avait l'habitude de dire : « La propriété est un fléau. » Cependant, loin de vivre reclus, ses voyages lui permettaient de tisser un vaste réseau de collaborations de recherche. Tournant au café et aux amphétamines, il ponctuait son arrivée chez ses collègues d'un « mon cerveau est ouvert. » Quand il est mort en 1996, il avait publié environ 1 500 articles, avec plus de 8 000 co-auteurs[57].

Non seulement Erdős créait des réseaux, mais il les étudiait. Avec Alfréd Rényi, ils ont ouvert la voie à une analyse dans laquelle des *nœuds* individuels sont liés les uns aux autres de façon aléatoire. Ils étaient tout particulièrement intéressés par la probabilité que ces réseaux finissent par être entièrement connectés – avec un chemin possible entre deux nœuds quels qu'ils soient – plutôt qu'ils ne se séparent en des composantes distinctes. Une telle connexité a son importance pour les épidémies. Imaginez qu'un réseau représente les relations entre des partenaires sexuels. Si ce réseau est totalement connecté, une seule personne pourrait en théorie transmettre une MST à toutes les autres. Mais si le réseau est divisé en un grand nombre de composantes, il est impossible qu'une personne appartenant à une composante infecte quelqu'un dans une autre.

Qu'il y ait un ou plusieurs chemins dans le réseau peut aussi avoir un impact. Si les réseaux comportent des boucles fermées de contacts, la transmission des MST peut augmenter[58]. En cas de boucle, l'infection peut se propager dans le réseau de deux manières ; même si l'un des liens sociaux est rompu, un autre chemin reste disponible. Pour les MST, les épidémies sont donc plus susceptibles de se propager si le réseau comporte plusieurs boucles.

Bien que l'aléa des réseaux d'Erdős-Rényi soit pratique d'un point de vue mathématique, la vraie vie peut être bien différente : les amis se rassemblent, les chercheurs ont l'habitude de collaborer avec le même groupe de co-auteurs, on n'a souvent qu'un seul partenaire sexuel à la fois. Certains liens dépassent aussi ces groupes. En 1994, les épidémiologistes Mirjam Kretzschmar et Martina Morris ont modélisé la façon dont les MST se propageraient si certaines personnes avaient plusieurs partenaires à la fois. Sans surprise peut-être, elles ont trouvé que ces relations pouvaient conduire à une épidémie bien plus rapide car des liens se créaient entre différentes parties du réseau.

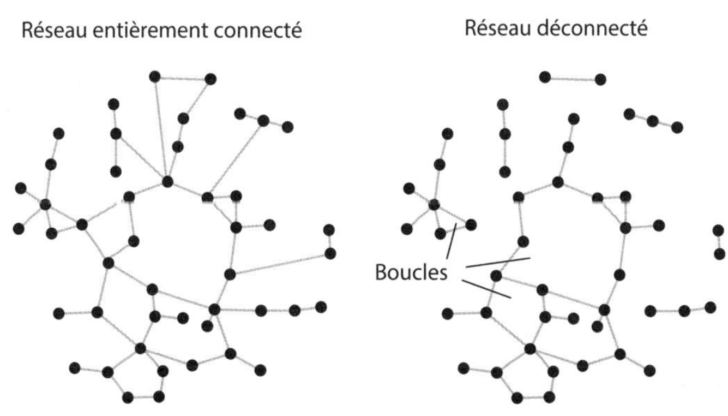

Exemples de réseaux d'Erdős-Rényi totalement connectés et déconnectés.

S'il pouvait refléter des connexions occasionnelles lointaines qui existent effectivement dans le monde réel, le modèle d'Erdős-Rényi ne pouvait pas reproduire le regroupement (ou *clustering*) d'interactions. Ce décalage a été comblé en 1998 quand les mathématiciens Duncan Watts et Steven Strogatz ont développé le concept de réseau de type *petit monde*. Dans ce réseau, les liens sont principalement locaux, mais ils peuvent parfois aussi être plus éloignés. Ils ont découvert que ces réseaux se retrouvent dans toutes sortes de contextes : le réseau électrique, les neurones dans les cerveaux des vers, les vedettes qui partagent la tête d'affiche d'un film, et même dans les collaborations académiques d'Erdős[59]. Cette découverte était remarquable et beaucoup d'autres allaient suivre.

Le concept du petit monde avait abordé la question du clustering et des liens éloignés, mais les physiciens Albert-László Barabási et Réka Albert ont remarqué un autre élément inhabituel présent dans les réseaux réels. Des collaborations dans le monde du cinéma au World Wide Web, ils ont observé que certains nœuds du réseau sont dotés d'un nombre très conséquent de connexions, bien plus que dans les réseaux d'Erdős-Rényi ou de type petit monde. En 1999, ils ont proposé un mécanisme simple pour expliquer cette extrême variabilité des connexions : les nouveaux nœuds qui rejoignent le réseau s'attachent de préférence à ceux qui sont déjà populaires[60]. Autrement dit, *les riches sont de plus en plus riches.*

L'année suivante, une équipe de l'université de Stockholm a montré que le nombre de partenaires sexuels en Suède semblait aussi obéir à cette règle : la grande majorité des personnes n'avaient pas eu de relations avec plus d'une personne au cours de l'année précédente, alors que d'autres comptabilisaient des dizaines de partenaires. Depuis, les chercheurs ont trouvé des modèles similaires dans les comportements sexuels de pays allant du Burkina Faso au Royaume-Uni[61].

Quel est l'impact de cette extrême variabilité du nombre de partenaires sur les épidémies ? Dans les années 1970, le mathématicien James Yorke et ses collègues ont identifié une anomalie dans l'épidémie de gonorrhée qui sévissait aux États-Unis. Elle persistait en effet de façon improbable. Pour que la maladie continue à se propager, il fallait que le taux de reproduction soit supérieur à un. Cela signifiait qu'une personne contaminée devait en moyenne avoir eu récemment deux partenaires sexuels : l'un qui lui aurait transmis l'infection, l'autre à qui elle l'aurait transmise. Mais une étude des patients atteints de gonorrhée avait montré qu'en moyenne ils n'avaient eu que 1,5 partenaire récent[62]. Même si la probabilité de transmission pendant le rapport sexuel était très élevée, cela laissait supposer que le nombre de rapports était tout simplement insuffisant pour que la maladie subsiste. Que se passait-il ?

En ne tenant compte que du nombre moyen de partenaires, on met de côté le fait que tout le monde n'a pas la même vie sexuelle. Cette variabilité est importante : si une personne a beaucoup de partenaires, on s'attend à ce qu'elle soit plus susceptible à la fois d'être contaminée et de transmettre l'infection. Par conséquent, on doit faire apparaître le fait qu'elle puisse contribuer à la transmission de ces deux manières différentes. Pour Yorke et ses collègues, cela pouvait expliquer cette épidémie de gonorrhée, malgré une moyenne peu élevée de partenariats : les personnes avec un grand nombre de contacts pouvaient contribuer de façon disproportionnée à la propagation, faisant s'élever le taux de reproduction au-dessus de 1. Plus tard, Anderson et May montreraient que plus il y a de variations dans le nombre de partenaires, plus on peut s'attendre à ce que le taux de reproduction soit élevé.

Identifier les personnes qui sont les plus à risque – et trouver des moyens de réduire ce risque – peut contribuer à stopper une épidémie dès ses premiers stades. À la fin des années 1980, Anderson et May ont suggéré que les MST allaient commencer par se propager rapidement dans des groupes à haut risque, même si l'épidémie globale serait moins importante que si tout le monde se mélangeait de façon aléatoire[63].

En réduisant la contagion à ses facteurs DOTS de base – la durée, les opportunités de contacts sociaux, la transmissibilité et la susceptibilité – et en réfléchissant à la manière dont la structure du réseau impacte la contagion, on peut aussi évaluer le risque que présente une nouvelle MST. En 2008, après avoir passé un mois au Sénégal, un scientifique américain est rentré chez lui, au Colorado. Une semaine plus tard, il est tombé malade, il a souffert de maux de tête, d'une grande fatigue et d'une éruption cutanée sur le torse. Peu après, sa femme, qui n'avait pas voyagé, a développé les mêmes symptômes. Les tests réalisés en laboratoire ont alors révélé qu'ils avaient tous deux été exposés au virus Zika. Les précédentes recherches sur ce virus s'étaient concentrées sur la transmission par les moustiques, mais cet incident laissa entrevoir que le virus avait accès à un autre chemin : il pouvait infecter les personnes lors de rapports sexuels[64]. Alors que le virus Zika se propageait dans le monde en 2015-2016, d'autres signalements de transmissions sexuelles suivraient, alimentant les spéculations sur un nouveau type d'épidémie. En 2016, une tribune publiée dans le *New York Times* interrogeait : *Zika : la MST des Millenials ?*[65]

Grâce aux DOTS, notre groupe de recherche a estimé que le taux de reproduction pour la transmission sexuelle du virus Zika était inférieur à 1 ; le virus n'allait donc probablement pas engendrer d'épidémie de MST. Le virus Zika pouvait potentiellement donner lieu à de petites épidémies dans des groupes ayant beaucoup de contacts sexuels mais il était peu probable qu'il représente un risque important dans des zones sans moustiques[66]. Il n'en alla malheureusement pas de même pour d'autres MST.

Gaëtan Dugas était steward, canadien, blond, plein de charme et il faisait beaucoup l'amour. Il est mort du sida quelques semaines après avoir fêté ses 31 ans, en mars 1984. Au cours de l'année précédente, il avait eu des relations sexuelles avec plus de deux cents hommes. Trois ans plus tard, le journaliste Randy Shilts l'a fait apparaître dans son livre best-seller *And the Band Played On*. Pour Shilts, Dugas avait joué un rôle clé dans le début de la propagation de la maladie. Il l'a qualifié de *patient zéro*, un terme toujours employé aujourd'hui pour désigner le tout premier cas d'une épidémie. Le livre de Shilts a alimenté la spéculation sur le fait que ce soit Dugas qui ait introduit l'épidémie en Amérique du Nord. Le *New York Post* l'a désigné comme *l'homme qui nous a apporté le sida* ; la *National Review* a dit qu'il avait été *le Christophe Colomb du sida.*

L'idée que Dugas soit le patient zéro a certainement marqué les esprits et on l'a souvent entendue depuis. Mais c'était en réalité une pure fiction. En 2016, une équipe de chercheurs a publié une analyse des virus du VIH faite à partir d'un ensemble de patients, incluant des hommes à qui l'on avait diagnostiqué le sida dans les années 1970 – dont Dugas. Sur la base de la diversité génétique de ces virus et du taux d'évolution du VIH, l'équipe a estimé que le virus était arrivé en Amérique du Nord en 1970 ou 1971. Elle n'a cependant trouvé aucune preuve comme quoi Dugas l'aurait introduit aux États-Unis. Il n'était qu'un cas parmi d'autres dans une épidémie bien plus vaste[67].

Mais alors, d'où vient cette appellation de *patient zéro* ? Dans l'investigation initiale de l'épidémie, Dugas n'avait en fait pas été désigné comme *patient 0* (*patient zéro*) mais comme *patient O*, avec un *O* pour *Outside California* (hors Californie). En 1984, William Darrow, chercheur pour un Centre pour le contrôle et la prévention des maladies (CDC), avait été chargé d'investiguer un cluster de décès parmi des hommes homosexuels de Los Angeles[68]. Le CDC attribuait en général un numéro aux cas selon l'ordre dans lequel ils étaient signalés, mais pour l'analyse de Los Angeles, les cas avaient été renommés. Avant que Dugas ne soit lié au cluster de Los Angeles, il n'était que le *patient 057*.

Quand les enquêteurs ont retracé les liens entre les différents cas, il leur a semblé qu'une MST encore inconnue pouvait être à l'origine des décès. Dans le réseau, Dugas ressortait tout particulièrement : il était en lien avec de multiples cas à New York et Los Angeles. Cela s'expliquait en partie parce qu'il avait essayé d'aider les investigateurs en donnant les noms de soixante-douze de ses partenaires sur les trois années précédentes. Darrow a souligné que le but de l'investigation avait toujours été de comprendre ce qui liait les cas, bien plus que de trouver qui avait déclenché l'épidémie. Plus tard, il a déclaré : « Je n'ai jamais dit qu'il était le premier cas des États-Unis. »

Quand on investigue une épidémie, on se trouve confronté à l'écart entre ce que l'on veut savoir et ce que l'on peut mesurer. Dans l'idéal, nous disposerions de données sur toutes les manières dont les personnes sont liées et sur la façon dont l'infection s'est ainsi répandue. Dans les faits, ce que l'on peut mesurer est très différent. Une investigation classique d'épidémie va reconstituer certains liens entre des personnes contaminées. Selon les cas et les liens signalés, le réseau obtenu ne ressemblera pas forcément au véritable chemin de transmission. Certaines personnes pourront apparaître de façon plus proéminente qu'elles ne l'ont vraiment été, en même temps que des événements de transmission pourront être omis.

Quand Randy Shilts a découvert le diagramme du CDC pendant les travaux préparatoires de son livre, son attention a été attirée par Dugas. Plus tard il s'est souvenu : « au milieu de cette étude, il y avait un cercle, avec un O à côté, et j'ai toujours pensé que cela signifiait Patient O. »

« Quand je suis allé au CDC, ils ont commencé à parler du Patient 0. Je me suis dit *Oh, ça sonne bien*[69]. »

Les histoires dont le coupable est tout désigné se vendent mieux. Selon l'historien Phil Tiemeyer, c'est Michael Denneny, l'éditeur de Shilts, qui a proposé de faire de Dugas le méchant de l'histoire et le centre de la campagne de promotion du livre. Denneny a raconté à Tiemeyer : « Randy détestait cette idée. Il m'a fallu presque une semaine pour la lui faire accepter. » C'est parce que les médias accordaient si peu d'attention au sida que cette décision – que Denneny a dit regretter par la suite – a été prise. « Personne n'aurait parlé d'un livre qui accusait l'administration Reagan et le corps médical[70]. »

Quand on parle d'épidémies avec des événements super-contaminateurs, nous avons tendance à se focaliser sur les personnes qui semblent occuper une place centrale. Qui sont ces *super-contaminateurs* ? Qu'est-ce qui les rend différents ? Prenez l'histoire du professeur de Belgrade qui se présenta à l'hôpital avec la variole. En soi, ni lui ni son comportement n'étaient exceptionnels. Il avait contracté la maladie lors d'une rencontre fortuite, il avait essayé de se faire soigner au bon endroit – un hôpital – et l'épidémie s'était propagée car, au départ, personne n'avait soupçonné la variole. Voilà ce qui se passe pour beaucoup d'épidémies : prévoir le rôle d'un individu en particulier est souvent difficile.

Même si nous identifions des situations propices à créer un risque de transmission de maladie, elles n'aboutiront pas nécessairement au résultat attendu. Le 21 octobre 2014, alors que l'épidémie d'Ebola battait son plein en Afrique de l'ouest, une petite fille de deux ans a été admise à l'hôpital de la ville de Kayes, au Mali. Après la mort de son père, qui travaillait dans le secteur médical, elle avait parcouru plus de mille deux cents kilomètres avec sa grand-mère, son oncle et sa sœur depuis la Guinée voisine. À l'hôpital, on l'a déclarée positive à Ebola et elle est décédée le lendemain. C'était le premier cas d'Ebola au Mali et les autorités sanitaires ont commencé à chercher les personnes qui avaient pu être en contact avec elle. Pendant son voyage, elle avait pris au moins un bus et trois taxis, interagissant potentiellement avec des dizaines, si ce n'est des centaines de personnes. À son arrivée à l'hôpital, elle présentait déjà des symptômes ; du fait de la nature du virus Ebola, la probabilité était forte qu'elle ait pu le transmettre. Les investigateurs ont réussi à trouver la trace de plus d'une centaine de personnes avec qui elle avait été en contact : elles ont été placées en quarantaine par mesure de précaution. Pourtant, aucune n'a contracté Ebola. Malgré son long voyage, la fillette n'avait contaminé personne[71].

À l'occasion des événements super-contaminateurs d'Ebola en 2014-2015, une caractéristique a attiré l'attention de notre équipe, sans que nous ne puissions malheureusement en tirer grand-chose : les cas qui avaient le plus de chances d'être impliqués dans une super-contamination étaient ceux que l'on ne pouvait pas lier à des chaînes de transmission existantes. Autrement dit, les personnes motrices de l'épidémie étaient en général celles dont les autorités sanitaires n'avaient pas entendu parler. On ne les détectait pas, jusqu'au moment où elles déclenchaient une nouvelle vague d'infections, rendant quasiment impossible la prévision d'événements super-contaminateurs[72].

On peut souvent, si on y consacre suffisamment d'efforts, retracer en partie le chemin de l'infection pendant une épidémie et reconstituer qui a pu contaminer qui. On peut aussi être tenté de reconstituer une histoire, en spéculant sur les raisons pour lesquelles certaines personnes ont été à l'origine de plus de transmissions que d'autres. Et pourtant, ce n'est pas parce qu'une infection est capable de super-contamination que les mêmes personnes sont toujours des super-contaminatrices. Deux personnes peuvent se comporter de façon presque identique, mais, de façon aléatoire, l'une va propager l'infection, l'autre non. Au moment d'écrire l'histoire, on accuse la première et on ignore la seconde. Les philosophes parlent de *chance morale* : nous avons tendance à considérer les actions aux conséquences malheureuses comme étant moins bonnes que des actions équivalentes sans répercussions[73].

Il arrive parfois que les comportements des personnes impliquées dans une épidémie varient, mais pas nécessairement comme nous pourrions nous y attendre. Dans son livre *Le point de bascule : comment faire une différence avec de très petites choses*, Malcom Gladwell a décrit une épidémie de gonorrhée à Colorado Springs, dans le Colorado aux États-Unis, en 1918. Dans le cadre de l'investigation de l'épidémie, l'épidémiologiste John Potterat et ses collègues s'étaient entretenus avec

769 cas auxquels ils avaient demandé avec qui ils avaient récemment eu des contacts sexuels. Parmi eux, 168 personnes avaient au moins deux contacts également contaminés. Cela laissait entrevoir qu'ils occupaient une place disproportionnée dans l'épidémie. « Qui étaient ces 168 personnes ? », avait demandé Gladwell. « Ce ne sont pas des gens comme vous et moi. Ce sont des personnes qui sortent tous les soirs, qui ont beaucoup plus de partenaires sexuels que la norme, des personnes dont les vies et le comportement sortent complètement de l'ordinaire. »

Ces personnes faisaient-elles preuve à ce point de légèreté et sortaient-elles vraiment de l'ordinaire ? Je n'en suis pas si sûr : les chercheurs ont découvert que ces cas déclaraient des rapports sexuels avec en moyenne 2,3 autres personnes contaminées. Cela sous-entend qu'une autre personne leur avait transmis l'infection et qu'elles l'avaient transmise à une ou deux autres. Les cas étaient le plus souvent des personnes noires ou d'origine hispanique, jeunes et en lien avec le monde militaire ; presque la moitié connaissaient leurs partenaires sexuels depuis plus de deux mois[74]. Dans les années 1970, Potterat avait commencé à remarquer que la promiscuité n'était pas une explication valable pour les épidémies de gonorrhée à Colorado Springs. « Ce qui était particulièrement frappant, c'était la différence de résultats entre des tests de gonorrhée de femmes blanches, sexuellement libérées, issues d'une université locale de classe moyenne supérieure et des femmes noires du même âge, avec une vie sexuelle limitée et un faible niveau d'éducation »[75], avait-il remarqué. « On diagnostiquait rarement la gonorrhée aux premières contrairement aux secondes ». Une étude plus attentive des données de Colorado Springs a suggéré que la transmission était probablement due à l'accès plus tardif de certains groupes sociaux au traitement plutôt qu'à un niveau inhabituellement élevé d'activité sexuelle.

Considérer les personnes à risque comme spéciales ou différentes risque d'encourager une attitude du type *eux contre nous*, et d'aboutir à des phénomènes de ségrégation et de stigmatisation. Réciproquement, cela peut compliquer le contrôle des épidémies. Du VIH à Ebola, les accusations – et la crainte d'être accusé – ont rendu invisibles de nombreuses épidémies. Beaucoup de patients et leur famille risquent d'être mis sur le ban de leur communauté locale à cause de la suspicion qui entoure la maladie[76]. Les malades hésitent alors à la déclarer, ce qui, en retour, augmente la transmission car l'accès aux individus les plus importants est plus difficile.

Début février 2020, un Britannique qui s'était rendu à Singapour a été considéré comme « super-contaminteur » de la COVID-19 : il avait infecté plusieurs personnes dans un chalet de montagne en France, avant de rentrer au Royaume-Uni. Quelques semaines plus tard, alors que le Royaume-Uni signalait sa première transmission locale, les médias se sont à nouveau mis en quête d'un responsable. Le 1er mars, le *Sunday Times* titrait : « Coronavirus : à la recherche du patient zéro, vecteur de propagation du virus en Grande-Bretagne »[77]. Avec un tel titre, qui pourrait vouloir être ce patient ? Et, par conséquent, combien de personnes n'iraient pas se faire tester pour cette légère toux qui les gênait depuis leur retour d'un récent voyage à la montagne, dans le nord de l'Italie ?

Malheureusement, cette volonté de désigner des coupables a dépassé le cadre des gros titres. De Londres à Los Angeles, des attaques à caractère racial ont fait suite à des reportages qui mentionnaient le « coronavirus de Wuhan » et la « grippe chinoise ». Depuis, plusieurs personnalités (dont des politiciens et des journalistes américains) ont suggéré que l'emploi de tels termes était justifié, prétextant que les États-Unis auraient pu se préparer si la Chine avait signalé plus tôt l'ampleur de l'épidémie. Et pourtant, début mars 2020 – cinq semaines après que l'OMS a qualifié l'épidémie croissante d'urgence de santé publique de portée internationale –, une enquête menée par *The Atlantic* n'a pu comptabiliser que 1 895 personnes testées pour le virus aux États-Unis (à titre de comparaison, le Royaume-Uni avait déjà testé plus de 20 000 personnes à cette date)[78]. Comme lors des premiers stades de la pandémie de sida, certains politiques et médias ont préféré attribuer la responsabilité de la crise à une communauté spécifique plutôt que d'assumer leurs manquements.

Accuser certains groupes d'être à l'origine d'épidémies n'est pas un phénomène nouveau. Au XVIe siècle, les Anglais pensaient que la syphilis – ou vérole – venait de France, ils l'appelaient donc la *French pox* (la *vérole française*). Les Français, persuadés qu'elle venait de Naples, l'appelaient la maladie napolitaine. En Russie, c'était la maladie polonaise, en Pologne elle était turque et en Turquie, elle était chrétienne[79].

Ce genre d'accusation peut perdurer. On fait toujours référence à la pandémie grippale de 1918, qui a tué dix millions de personnes au total, comme étant la *grippe espagnole*. Ce nom a fait son apparition pendant l'épidémie car la presse laissait entendre que l'Espagne était le pays le plus durement touché d'Europe. La réalité est cependant assez différente. À l'époque, malgré la guerre, les médias espagnols n'étaient pas censurés, contrairement à l'Allemagne, au Royaume-Uni et à la France qui étouffaient toutes les informations sur la maladie par peur de démoraliser les populations. Le silence médiatique dans ces pays donnait ainsi l'impression que le nombre de cas en Espagne était supérieur au reste du continent. (De leur côté, les médias espagnols tentaient de rejeter la responsabilité de la maladie sur les Français[80].)

Pour éviter d'associer les noms des maladies à des noms de pays, mieux vaut proposer des alternatives. Un dimanche matin de mars 2003, un groupe d'experts s'est rassemblé au siège de l'OMS, à Genève, pour parler d'une infection récemment découverte en Asie[81]. Des cas étaient déjà apparus à Hong Kong, en Chine et au Vietnam et un autre venait d'être signalé à Francfort ce matin-là. L'OMS s'apprêtait à annoncer la menace au monde entier, mais d'abord il leur fallait un nom. Ils voulaient quelque chose de facile à mémoriser, qui ne stigmatise pas les pays impliqués. Finalement, ils optèrent pour le *syndrome respiratoire aigu sévère*, ou SRAS.

L'épidémie de SRAS allait se traduire par plus de huit mille cas et plusieurs centaines de morts à travers le monde. Bien que maîtrisée en juin 2003, on a estimé son coût total à quarante milliards de dollars. Ce chiffre ne correspondait pas uniquement au coût direct pour traiter les personnes atteintes, il prenait également en compte l'impact économique de la fermeture des lieux de travail, des hôtels vides et des annulations de contrats commerciaux.

D'après Andy Haldane, désormais économiste en chef de la Banque d'Angleterre, on peut comparer les effets de l'épidémie de SRAS au sens large avec les répercussions de la crise financière de 2008. « Les ressemblances sont frappantes », a-t-il déclaré dans une allocution de 2009[82].

« Un évènement externe frappe. La peur s'empare du système qui, par conséquent se grippe. Les dommages collatéraux qui en résultent sont étendus et profonds. »

Haldane a suggéré que la réponse classique à une épidémie peut prendre deux formes : fuir ou se cacher. Dans le cas d'une maladie infectieuse, fuir revient à tenter de quitter une zone infectée dans l'espoir d'éviter la contamination. Étant donné les restrictions de déplacements et autres mesures de contrôle, ce n'était généralement pas possible pendant l'épidémie de SRAS[83]. Si les personnes infectées avaient voyagé – plutôt que d'être identifiées et isolées par les autorités sanitaires – le virus aurait pu se répandre sur encore plus de territoires. En finance aussi, on peut répondre par la fuite. Face à un krach, les investisseurs peuvent limiter leurs pertes et vendre leurs actifs, accentuant la baisse des prix. Ou alors, pendant une épidémie, les gens peuvent « se cacher », en évitant les situations susceptibles de les mettre en contact avec l'infection. Si l'épidémie est liée à une maladie, ils pourront se laver les mains plus souvent ou limiter le nombre de leurs interactions sociales. En finance, les banques pourront se cacher en accumulant de l'argent plutôt que de risquer d'en prêter à d'autres institutions. Haldane a cependant souligné l'énorme différence entre se cacher pour une épidémie ou une crise financière. Se cacher va généralement contribuer à réduire la transmission de la maladie, même si cela a un coût. À l'inverse, en accumulant de l'argent, les banques peuvent aggraver les difficultés, comme cela a été le cas avec le *credit crunch* qui a frappé les économies pendant la période précédant la crise de 2008.

Si le concept de *credit crunch* allait faire la une des journaux en 2007-2008, le terme avait été utilisé par les économistes dès 1966. Cet été-là, les banques américaines avaient brusquement cessé de prêter. Les années précédentes, la demande de prêts avait été forte et les banques avaient octroyé de plus en plus de crédits pour garder le rythme. On en était finalement arrivés au point où les gens n'épargnaient pas suffisamment pour que les banques puissent continuer à prêter, alors les prêts avaient cessé. Ce n'était pas juste parce que les banques avaient augmenté leurs taux d'intérêt. Elles ne prêtaient plus du tout. Par le passé, elles avaient déjà restreint la possibilité d'emprunter – on trouve plusieurs exemples de *resserrement du crédit* dans les années 1950 aux

États-Unis – mais, en 1966, certains, trouvèrent le terme *resserrement* trop faible pour décrire la soudaineté de l'impact. « Un *crunch* [un *craquement* en anglais], c'est différent », écrivit alors l'économiste Sydney Homer. « Par définition, il fait mal. Il peut même briser des os[84]. »

Andy Haldane avait déjà réfléchi à la contagion dans les systèmes financiers avant la crise de 2008[85]. « Je me souviens avoir écrit une note en 2004-2005 sur notre entrée dans l'ère du *risque super-systémique* suite à ce type d'infections. » Il y suggérait que le système financier puisse être solide dans certaines situations et extrêmement fragile dans d'autres. L'idée avait déjà fait son chemin en écologie : la structure d'un réseau peut lui permettre de résister à de petits chocs, mais, soumise à suffisamment de pression elle peut aussi le rendre vulnérable à un effondrement total. Prenez une équipe. Si la plupart des membres qui la composent travaillent bien, les moins bons peuvent faire des erreurs car ils sont liés à ceux qui performent. Mais si une grande partie de l'équipe est en difficulté, ces mêmes liens vont avoir l'effet inverse et tirer les plus forts vers le bas. « Le point fondamental était que toute cette intégration réduisait en effet le risque de mini-krachs », dit Haldane, « tout en augmentant le risque de maxi-krachs. »

Cette idée, quoique visionnaire, trouva peu d'écho. « Malheureusement, cette note ne déboucha sur rien », dit-il, « jusqu'à ce qu'arrive la grosse crise. » Pourquoi cette idée ne retint-elle pas l'attention ? « À ce moment-là, il était difficile de donner des exemples de risque systémique. On ne voyait pas de grosses vagues à l'horizon. » Cela allait changer à l'automne 2008. Après la chute de Lehman Brothers, on se mit à réfléchir en termes épidémiques dans l'industrie bancaire. D'après Haldane, c'était même la seule manière d'expliquer ce qui s'était passé. « On ne pouvait pas parler des raisons pour lesquelles Lehman avait fait s'écrouler le système financier sans parler de contagion. »

Si vous dressez une liste des caractéristiques d'un réseau capables d'amplifier un phénomène de contagion, vous découvrirez que le système bancaire coche la plupart des cases. Commençons par la répartition des liens entre les banques. Plutôt qu'une répartition équitable des connexions, une poignée de sociétés dominent le réseau, créant des conditions extrêmement favorables à une super-contamination.

En 2006, des chercheurs travaillant avec la Federal Reserve Bank de New York ont décortiqué la structure du réseau de paiement américain Fedwire. En observant les 1,3 billion de transferts effectués quotidiennement entre les milliers de banques américaines, ils ont découvert que 75 % des paiements n'impliquaient que soixante-six institutions[86].

La variabilité des liens n'était pas le seul problème. Il y avait aussi la manière dont ces grosses banques s'inséraient dans le reste du réseau. En 1989, l'épidémiologiste Sunetra Gupta a mené une étude montrant comment la dynamique des infections pouvait changer selon qu'un réseau soit, selon les termes employés par les mathématiciens, *assortatif* ou *dissortatif*. Dans un réseau assortatif, les individus fortement connectés sont principalement liés à d'autres personnes fortement connectées. Cela donne une épidémie qui se propage rapidement parmi ces clusters d'individus à haut risque et qui a du mal à atteindre les autres parties moins connectées du réseau. À l'inverse, dans un réseau dissortatif, les personnes à haut risque sont principalement en lien avec des personnes à faible risque : au départ, l'épidémie se propage moins vite mais au final elle est globalement plus importante[87].

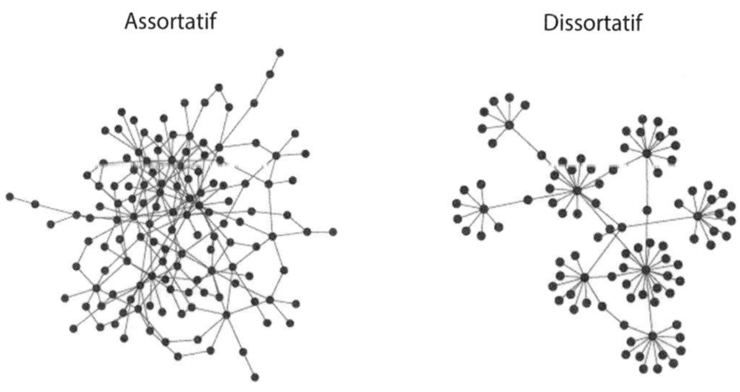

Exemples de réseaux assortatifs et dissortatifs. Adapté de Hao *et al.*, 2011, *PLOS ONE*.

Bien sûr, le réseau bancaire s'avéra être dissortatif. Une banque aussi importante que Lehman Brothers pouvait donc largement propager la contagion ; au moment de sa chute, Lehman entretenait des relations commerciales avec plus d'un million de contreparties[88]. « Ils étaient empêtrés dans cet enchevêtrement de risques – dérivés et liquides – et personne n'avait la moindre idée de qui devait quoi à qui », dit Haldane.

La tâche était encore complexifiée par les innombrables boucles, souvent cachées dans le réseau plus vaste, qui créaient de multiples chemins de transmission depuis Lehman vers d'autres sociétés et marchés. De plus, ces chemins pouvaient être très courts. Dans les années 1990 et 2000, le réseau financier était devenu un petit monde. En 2008, chaque pays n'était qu'à quelques encablures de la crise affectant une autre nation[89].

En février 2009, dans sa lettre annuelle adressée aux actionnaires, l'investisseur Warren Buffett mettait en garde contre « l'effrayante toile de dépendance mutuelle » tissée entre les grandes banques[90]. « Ceux qui cherchent à éviter les ennuis se retrouvent face au même problème que quelqu'un qui chercherait à éviter une maladie vénérienne », écrivait-il. « La question n'est pas seulement de savoir avec qui vous couchez, mais aussi de savoir avec qui couchent les personnes avec qui vous couchez. » En plus de mettre en péril des institutions réputées prudentes, Buffet suggérait que la structure du réseau puisse aussi encourager de mauvais comportements. En cas d'intervention du gouvernement pour apporter son aide pendant une crise, les premières sociétés sur la liste seraient celles susceptibles d'en contaminer beaucoup d'autres. « Pour filer la métaphore, coucher à droite et à gauche peut s'avérer très utile aux gros courtiers en produits financiers dérivés car cela leur garantit l'aide du gouvernement en cas de soucis. »

Étant donné l'apparente fragilité du réseau financier, les banques centrales et les régulateurs se devaient de comprendre la crise de 2008. Quels avaient été les autres moteurs de la transmission ? La Banque d'Angleterre avait déjà travaillé sur des modèles financiers de contagion avant la crise mais, avec les événements de 2008, ce travail prit une nouvelle dimension de réalité et d'urgence. « Nous avons commencé la mise en pratique quand la crise a éclaté », a dit Haldane. « Pas simplement pour comprendre ce qui se passait mais surtout pour savoir ce que nous pouvions faire pour éviter que cela ne reproduise. »

Quand une banque prête de l'argent à une autre, un lien tangible se crée entre elles : si l'emprunteur tombe, le prêteur perd son argent. En théorie, on doit pouvoir reconstituer ce réseau pour comprendre le risque épidémique, comme pour les MST. Mais c'est en réalité beaucoup plus complexe. Nim Arinaminpathy a souligné que les réseaux de crédits n'étaient qu'un problème parmi d'autres en 2008. « C'est presque comme le VIH », a-t-il dit. « La transmission peut se faire par des contacts sexuels, comme par des échanges de seringues ou des transfusions sanguines. Les chemins de transmission sont multiples. » En finance, la contagion peut aussi venir de plusieurs sources différentes. « Il ne s'agit pas juste de relations d'emprunteur à prêteur, mais aussi d'actifs partagés et d'autres risques. »

En finance, on pense depuis longtemps que la diversification peut permettre aux banques de réduire leur risque global. En détenant un éventail de placements, les risques individuels s'équilibrent les uns les autres, favorisant la stabilité de la banque. Dans la période précédant 2008, la plupart des banques avaient opté pour cette approche. Elles avaient aussi choisi de le faire de la même manière, en ciblant les mêmes types d'actifs et les mêmes placements. Si, individuellement, chaque banque avait diversifié ses placements, à l'échelle collective, la diversité était faible.

Pourquoi cette similitude dans les comportements ? Pendant la Grande Dépression qui avait suivi le krach de Wall Street en 1929, l'économiste John Maynard Keynes avait remarqué à quel point nous sommes incités à faire comme les autres. « Un bon banquier, hélas, n'est pas un banquier qui anticipe le danger et l'évite », écrivit-il un jour, « mais un banquier qui, quand il est ruiné, l'est de la même manière que ses camarades, de sorte qu'on ne puisse pas vraiment l'accuser[91]. » L'incitation fonctionne aussi dans l'autre sens. Un peu avant 2008, beaucoup de sociétés ont commencé à investir dans des produits financiers à la mode comme des CDO (*collateralized debt obligations*), qui dépassaient largement leur domaine d'expertise. Janet Tavakoli a observé que les banques avaient laissé faire avec plaisir, contribuant à faire gonfler encore plus la bulle. « Comme on dit au poker, si tu ne repères pas le pigeon autour de la table, alors c'est que c'est toi[92]. »

Lorsque de nombreuses banques investissent dans le même actif, un potentiel chemin de transmission se crée entre elles. Si une crise frappe et qu'une banque commence à vendre ses actifs, toutes les autres sociétés détentrices de ces placements vont être impactées. Plus les grosses banques diversifient leurs placements, plus il y a de risques de contagion. Plusieurs études ont montré que pendant une crise financière, la diversification peut déstabiliser le réseau élargi[93].

Robert May et Andy Haldane ont remarqué que, par le passé, les plus grosses banques avaient détenu des montants de capitaux moins élevés que leurs homologues de plus petite taille. On avait l'habitude de dire que parce que leurs investissements étaient plus diversifiés, elles présentaient moins de risques ; elles n'avaient pas vraiment besoin de se protéger pour faire face à des pertes imprévues. La crise de 2008 a mis au jour les failles de ce raisonnement. Les grosses banques ne couraient pas moins de risques de faire défaut que les plus petites. Qui plus est, ces banques occupaient une place disproportionnée dans l'équilibre du réseau financier. « Ce qui compte n'est pas de savoir à quel point une banque est proche du gouffre, mais de quelle hauteur elle va tomber[94]. » ont écrit May et Haldane en 2011.

Deux jours après la chute de Lehman, John Authers, un journaliste du *Financial Times*, passe dans une agence de la Citibank à l'heure du déjeuner. Il veut retirer de l'argent de son compte. Une partie est alors garantie par un organisme gouvernemental d'assurance-dépôts, mais seulement jusqu'à une certaine hauteur ; si la Citibank s'effondre elle aussi, il perdra le reste. D'autres ont eu la même idée. « Devant Citi, il y avait une longue file de Wall-Streeters bien habillés »[95], a-t-il écrit plus tard. À la banque, on l'aide à ouvrir de nouveaux comptes au nom de sa femme et de ses enfants, pour réduire le risque. Authers est stupéfait de découvrir que c'est ce à quoi les employés ont passé leur matinée. « J'ai commencé à avoir du mal à respirer. La panique bancaire s'emparait du quartier des affaires de New York. Ceux qui paniquaient étaient les Wall-Streeters qui comprenaient mieux que quiconque ce qui était en train de se passer. » Doit-il parler de ce qui se produit ? Étant donné la gravité de la crise, Authers se dit que cela ne ferait qu'empirer les choses. « Une histoire comme celle-ci à la une du *Financial Times* aurait pu suffire à faire basculer le système. » Dans les autres rédactions, ses homologues aboutissent à la même conclusion et personne n'en parle.

L'analogie entre la contagion financière et biologique est un bon point de départ, sauf dans un cas. Pour être contaminé pendant une épidémie, il faut être exposé à un agent pathogène. La contagion financière peut aussi se propager par le biais de risques tangibles, comme un prêt entre banques ou le fait d'investir sur le même actif que quelqu'un d'autre. Mais, en finance, la différence tient au fait que les sociétés n'ont pas toujours besoin d'être directement exposées au risque pour tomber malades. « Il y a une différence par rapport à tous les autres réseaux que nous avons vus », dit Nim Arinaminpathy. « Des institutions apparemment en bonne santé peuvent s'écrouler. » Si les gens pensent qu'une banque va faire faillite, ils peuvent essayer d'en retirer tout leur argent d'un coup, faisant plonger n'importe quelle banque, même en bonne santé. De même, quand les banques n'ont plus confiance dans le système financier – comme cela a été le cas en 2007-2008 – elles vont souvent stocker l'argent plutôt que de le prêter. La rumeur et les spéculations qui circulent entre les traders peuvent ainsi faire tomber des sociétés qui, sinon, auraient survécu à la crise.

En 2011, Arinaminpathy et Robert May ont collaboré avec Sujit Kapadia de la Banque d'Angleterre pour investiguer non seulement la transmission directe par le biais de prêts irrécouvrables ou de placements communs, mais aussi l'effet indirect de la peur et de la panique. Ils ont découvert que si les banques commencent à stocker de l'argent quand elles perdent confiance dans le système, cela peut avoir pour effet d'exacerber la crise : des banques qui, en temps normal, auraient eu assez de capitaux pour s'en sortir vont faire défaut. Quand de grosses banques sont impliquées, les dommages sont bien pires car elles ont tendance à se situer au centre du réseau financier[96]. Cela laisse entendre que, plutôt que de se contenter de regarder la taille des banques, les régulateurs devraient aussi prendre en compte la question de savoir qui se trouve au cœur du système. On ne parle pas simplement de banques qui sont « trop grosses pour faire faillite » ; mais plutôt qui sont « trop centrales pour faire faillite. »

Ce genre de points de vue issus de la théorie des épidémies est désormais mis en pratique : Haldane parle d'un *changement de philosophie* dans notre manière d'envisager la contagion financière. L'un des principaux changements a été d'amener les banques qui occupent une place importante dans le réseau à détenir plus de capitaux, pour diminuer leur sensibilité à l'infection. S'est alors posée la question des liens du réseau qui ont les premiers transmis l'infection. Pourraient-ils être eux aussi dans le viseur des régulateurs ? « Là où les choses se compliquaient », dit Haldane, « c'est quand nous posions des questions du type : "Devrions-nous modifier la structure même du réseau ?" À ce moment-là, les gens commençaient à faire tout un tas d'histoires car nous intervenions de façon plus intrusive dans leur modèle économique. »

En 2011, une commission présidée par John Vickers a préconisé un *cloisonnement* des activités les plus risquées des plus grandes banques britanniques[97]. Cela contribuerait à éviter que les retombées de mauvais placements ne se propagent aux activités de détail des banques, en charge des services de proximité, comme nos comptes d'épargne. « Le cloisonnement contribuerait à isoler les banques britanniques de détail des chocs externes », suggérait la commission. « Un réseau d'interdépendance du système financier – et donc de contagion – serait sécurisé. » Le gouvernement britannique a fini par mettre cette recommandation en œuvre, obligeant les banques à séparer leurs activités. Cette politique étant difficile à mettre en place, elle n'a pas été répliquée ailleurs ; le cloisonnement a été proposé dans d'autres pays européens[98], sans être mis en place[99].

Outre le cloisonnement, d'autres stratégies sont possibles pour réduire la transmission. Les opérations sur des produits dérivés financiers réalisées par les banques se font souvent de gré à gré, directement d'une société à l'autre, sans passer par une bourse centrale. Ce type d'activités représentait presque six cents milliards de milliards de dollars en 2018[100]. Cependant, depuis 2009, les plus importants contrats dérivés ne se négocient plus directement entre les principales banques. Elles doivent passer par des plateformes centrales qui ont pour effet de simplifier la structure du réseau.

Le danger, bien sûr, est que si l'une de ces plateformes fait défaut, elle peut devenir un super-contaminateur. « En cas de choc, c'est pire, car le risque est concentré »[101], dit Barbara Casu, une économiste de la Cass Business School. « Elles devraient faire office de tampon face au risque, mais, dans les situations les plus extrêmes, elles pourraient en être les caisses de résonance. » Pour se prémunir contre ce problème, les plateformes ont accès à des liquidités d'urgence fournies par les participants qui les utilisent. Cette approche mutuelle a donné lieu à des critiques de la part des financiers qui sont plus favorables à un style bancaire fondé sur le *chacun pour soi*[102]. Mais, en supprimant l'enchevêtrement de boucles cachées du réseau, les plateformes devraient être synonymes d'un nombre réduit de risques de contagion et de moins d'incertitudes quant à savoir qui est vulnérable.

Malgré les progrès réalisés pour comprendre la contagion financière, il reste encore à faire. « C'est comme la modélisation des maladies infectieuses dans les années 1970 et 1980 », dit Arinaminpathy. « Il y a eu beaucoup de grandes théories et les données ont dû suivre. » L'accès aux informations relatives aux négociations représente un obstacle majeur. Les banques ont une tendance naturelle à protéger leurs activités commerciales : les chercheurs ont donc du mal à avoir une vision d'ensemble des liens précis entre les institutions, surtout à l'échelle globale. Cela rend difficile l'évaluation d'une possible contagion. Les scientifiques spécialistes des réseaux ont découvert que, lorsque l'on étudie la probabilité qu'une crise survienne, de petites erreurs dans notre connaissance du réseau de prêt peuvent engendrer de grosses erreurs dans l'évaluation du risque encouru par le système dans son ensemble[103].

Pourtant, il ne s'agit pas seulement d'une question liée aux informations sur les négociations. En plus de l'étude de la structure des réseaux, nous devons encore réfléchir à la *folie des foules* évoquée par Newton. Il nous faut étudier la manière dont se forgent les convictions et les comportements, et comment ils peuvent se propager. Cela implique de penser aux agents pathogènes mais aussi aux personnes. Des innovations aux infections, la contagion est souvent un processus social.

Chapitre 3

Mesurer l'amitié

Les termes du pari étaient simples. Si John Ellis perdait sa partie de fléchettes, il devrait placer le terme pingouin dans son prochain article scientifique. Nous étions en 1977. Ellis et ses collègues s'étaient retrouvés dans un pub à côté du CERN, le laboratoire physique des particules, aux portes de Genève. Ellis affrontait Melissa Franklin, une étudiante qui dut s'éclipser avant la fin de la partie. Un autre chercheur la remplaça et l'emporta. « Malgré tout », dit plus tard Ellis[1], « je me sentis obligé d'exécuter mon gage. »

Se posa donc la question de savoir comment glisser un pingouin dans un article de physique. Ellis travaillait alors sur un texte qui décrivait le comportement d'un certain type de particule subatomique – en l'occurrence le *quark bottom*. Comme souvent en physique, il traça un schéma où des flèches et des boucles montraient comment les particules passaient d'un état à un autre. Les physiciens utilisaient souvent ces *diagrammes de Feynman*, inventés en 1948 par Richard Feynman. C'est alors qu'Ellis trouva l'inspiration. « Un jour après le travail, en rentrant du CERN, je passai voir des amis à Meyrin et je fumai des substances illégales », se souvint-il. « Plus tard, une fois rentré chez moi, je me remis à travailler sur l'article ; j'eus alors un flash : ce célèbre diagramme avait une allure de pingouin. »

Son idée allait avoir du succès. Depuis la publication de l'article, des milliers de physiciens ont cité ses *diagrammes pingouins*. Ces derniers sont toutefois largement moins répandus que les schémas qui les ont inspirés. Après leur apparition en 1948, les diagrammes de Feynman se sont rapidement diffusés et ont transformé la physique. Pour expliquer cet engouement, il faut aller voir du côté de l'Institute for Advanced Study de Princeton (New Jersey). Il était alors dirigé par J. Robert Oppenheimer, auparavant en charge du développement de la bombe atomique pour le compte des États-Unis. Oppenheimer parlait de l'institut comme de son *hôtel intellectuel* ; il y faisait venir pour deux ans des chercheurs en début de carrière[2]. Les jeunes têtes pensantes arrivaient du monde entier car Oppenheimer voulait encourager la circulation des idées à l'échelle mondiale. Comme il le disait, « le meilleur moyen de faire circuler une information, c'est par une personne. »

La diffusion des concepts scientifiques allait inspirer certaines des premières recherches sur la transmission des idées. Au début des années 1960, le mathématicien américain William Goffman a suggéré l'existence de similitudes entre les transferts d'informations et les épidémies[3]. De même que les maladies comme le paludisme se propagent d'une personne à une autre par les moustiques, la recherche scientifique passe souvent de scientifique en scientifique par les articles académiques. Des théories sur l'évolution de Darwin au mouvement psychanalytique de Freud en passant par les lois du mouvement de Newton, ces nouveaux concepts se sont propagés à des scientifiques *susceptibles* avec lesquels ils ont été en contact.

Tous les scientifiques n'étaient pourtant pas sensibles aux diagrammes de Feynman. Parmi les sceptiques, se trouvait Lev Landau de l'Institute for Physical Problems de Moscou. Physicien très respecté, Landau avait une vision très claire du respect qu'il accordait, lui, aux autres ; il était réputé pour tenir à jour une liste de notation de ses collègues chercheurs. Il utilisait une échelle inversée de zéro à cinq. Zéro pour les plus grands physiciens – seul Newton avait le privilège de cette note – et cinq pour *banal*. Landau s'était attribué 2,5, puis avait remonté sa note à 2 après avoir remporté le Prix Nobel en 1962[4].

Bien que Landau ait attribué la note de 1 à Feynman, ses diagrammes ne l'impressionnaient pas : pour lui, ils ne faisaient que détourner les scientifiques de problèmes plus importants. Landau avait l'habitude d'organiser un séminaire réputé d'une semaine à l'Institut de Moscou.

À deux reprises, des intervenants tentèrent de présenter les diagrammes de Feynman ; à deux reprises on les tira hors de la scène sans même leur laisser le temps d'achever leur conférence. Landau accusa un doctorant qui disait vouloir suivre les pistes de Feynman de « courir après la mode ». Il finit par se servir des diagrammes dans un article de 1954 mais la délicate analyse fut déléguée à deux de ses étudiants. « Pour la première fois, je n'ai pas pu faire les calculs moi-même », confia-t-il à un collègue[5].

Quel a été l'impact de personnes comme Landau sur la propagation des diagrammes de Feynman ? C'est la question qu'ont décidé de résoudre le physicien Luís Bettencourt, l'historien David Kaiser et leurs collègues, en 2005[6]. Kaiser avait déjà rassemblé des publications universitaires parues à travers le monde après l'annonce de Feynman. Il a consulté chaque revue, page après page, à la recherche de références aux diagrammes de Feynman, comptant le nombre d'auteurs ayant repris l'idée au fil du temps. Quand l'équipe a tracé la courbe des données du nombre d'auteurs utilisant les diagrammes, elle suivait la forme habituelle en S d'une courbe d'adoption : elle commençait par monter de façon exponentielle avant d'atteindre un plateau.

L'étape suivante consistait à quantifier dans quelle mesure l'idée avait été contagieuse. Bien qu'apparus aux États-Unis, les diagrammes s'étaient rapidement diffusés à leur arrivée au Japon. En URSS, c'était plus mou : l'adoption avait été plus lente que dans les deux autres pays – en cohérence avec le contexte historique. Après-guerre, les universités japonaises avaient rapidement grossi, et une forte communauté dans le domaine de la physique des particules s'était créée. À l'inverse, l'arrivée de la Guerre Froide – associée au scepticisme de chercheurs comme Landau – avait freiné l'adoption des diagrammes en URSS.

À partir des données à leur disposition, Bettencourt et ses collègues pouvaient aussi évaluer le taux de reproduction, R_0, d'un diagramme de Feynman : pour chaque physicien qui adoptait l'idée, à combien d'autres la transmettait-il au final ? À un grand nombre, d'après leurs calculs : pour une idée, elle était très contagieuse. Au départ, R_0 avoisinait 15 aux États-Unis et pouvait atteindre 75 au Japon. Pour la première fois, ou presque, des chercheurs avaient cherché à mesurer le taux de reproduction d'une idée, associant un chiffre à ce qui n'avait été jusque-là qu'une vague notion de contagiosité.

Pourquoi cette idée avait-elle tant plu ? Peut-être parce que les physiciens interagissaient fréquemment les uns avec les autres pendant cette période ? Pas forcément : la valeur élevée de R_0 semblait plutôt s'expliquer par le fait que ceux qui adoptaient l'idée continuaient à la diffuser longtemps après. Les chercheurs ont observé que « la propagation des diagrammes de Feynman s'apparent[ait] à une maladie qui se propagerait très lentement. » L'adoption était « principalement liée à la très longue durée de vie de l'idée, plus qu'à des taux anormalement élevés de contacts. »

Tracer des réseaux de citations ne sert pas simplement à voir comment se propagent les nouvelles idées : nous pouvons également découvrir comment elles naissent. La compétition entre les idées peut être entravée quand un secteur est dominé par des scientifiques de haut vol. Pour que de nouvelles théories puissent gagner du terrain, il faut donc que ces scientifiques dominants quittent le devant de la scène. On attribue d'ailleurs cette phrase à Max Planck : « la science progresse d'enterrement en enterrement. » Des chercheurs du MIT ont pris cette célèbre citation au pied de la lettre et analysé ce qui se passe après la mort prématurée de scientifiques de renom[7]. Ils ont observé que des groupes concurrents publiaient alors un plus grand nombre d'articles – et reprenaient plus de citations – alors que les collaborateurs de la « star » disparue avaient tendance à s'effacer.

Les publications scientifiques n'intéressent pas que les scientifiques. Pour Ed Catmull, co-fondateur de Pixar, elles sont un bon moyen pour créer des liens avec des spécialistes extérieurs[8]. « Les publications peuvent donner des idées, mais elles nous permettent surtout de rester en lien avec le monde universitaire », a-t-il expliqué. « Ce lien vaut beaucoup plus que n'importe laquelle des idées que nous avons pu avoir. » Pixar est réputé pour encourager les rencontres de type *petit monde* qui s'opèrent entre différentes parties d'un réseau. Cette influence se retrouve même dans la conception du bâtiment, doté d'un grand atrium central, avec des zones qui laissent place aux interactions aléatoires, comme l'espace des boîtes aux lettres ou la cafétéria. « La plupart des bâtiments sont conçus dans un but fonctionnel, mais le nôtre est structuré pour maximiser les rencontres fortuites », explique Catmull. Cette idée d'une architecture sociale se retrouve ailleurs. En 2016, le Francis Crick Institute a ouvert à Londres. Plus grand laboratoire biomédical d'Europe, il devait accueillir plus de mille deux cents scientifiques dans un bâtiment estimé à plus de six cent cinquante millions de livres sterling (soit 718 millions d'euros). D'après son directeur Paul Nurse, son aménagement a été pensé pour que les gens interagissent en créant « une légère anarchie »[9].

Les rencontres inattendues peuvent être source d'innovation mais, si le décloisonnement des bureaux va trop loin, on peut aboutir à l'effet inverse. Des chercheurs de l'université Harvard ont utilisé des capteurs numériques pour observer les employés de deux grandes sociétés : ils ont découvert que la mise en place de bureaux en open-space avait réduit les interactions directes d'environ 77 %. Les employés ont privilégié les échanges en ligne et l'utilisation du mail a grimpé de plus de 50 %. En ouvrant l'espace des bureaux, on a fait baisser le nombre d'interactions véritables et diminué la productivité globale[10].

Pour qu'il y ait propagation, il faut que les personnes saines susceptibles et les personnes infectées entrent en contact, directement ou indirectement. Que l'on s'intéresse aux innovations ou aux infections, le nombre d'opportunités de transmission va dépendre de la fréquence de ces contacts. Pour comprendre la contagion, nous devons donc comprendre comment nous interagissons les uns avec les autres. Cela s'avère cependant incroyablement difficile.

« *Thatcher interrompt une étude sur le sexe* », titrait *The Sunday Times* en septembre 1989. Le gouvernement britannique venait tout juste de s'opposer à un projet d'étude sur les comportements sexuels au Royaume-Uni. Face à une épidémie de VIH grandissante, les chercheurs étaient de plus en plus conscients de l'importance des rapports sexuels. Le problème, c'était que personne ne savait vraiment quelle était leur fréquence. « Nous n'avions aucune idée des principaux paramètres qui alimentaient une épidémie de VIH », dit plus tard Anne Johnson, l'une des chercheuses à l'origine du projet d'étude au Royaume-Uni. « Nous ne savions pas quelle part de la population avait des partenaires homosexuels, nous ne savions pas combien de partenaires avaient ces personnes[11]. »

Au milieu des années 1980, un groupe de chercheurs du domaine de la santé avait eu l'idée d'évaluer les comportements sexuels à l'échelle nationale. Après une première étude pilote réussie, ils peinaient à lancer l'étude principale. On disait que Margaret Thatcher avait mis son veto au financement du gouvernement, convaincue que cette étude représentait une intrusion dans la vie privée des gens et qu'elle donnerait lieu à des « spéculations inconvenantes. » Heureusement, l'équipe allait avoir une autre opportunité. Peu après la parution de l'article du *Sunday Times*, elle obtint le soutien de la fondation indépendante Wellcome Trust.

L'enquête nationale sur les habitudes sexuelles et de vie (*National Survey of Sexual Attitudes and Lifestyles*, ou Natsal) serait finalement réalisée en 1990, puis en 2000 et en 2010. D'après Kaye Wellings, qui y a contribué, il était évident que les données recueillies dépasseraient le cadre des MST. « Dès l'écriture du projet, je crois que nous avons compris que nous allions trouver les réponses à tout un ensemble de questions pertinentes pour la politique de santé publique et qui avaient jusqu'alors manqué de données pour être résolues. » Au cours des dernières années, Natsal a fourni des informations sur diverses questions d'ordre social, de la contraception aux divorces.

Et pourtant, faire parler les gens de leur vie sexuelle n'a pas été simple. Les enquêteurs devaient les convaincre de participer – le plus souvent en mettant en avant l'intérêt sociétal de l'enquête dans son ensemble – et gagner suffisamment leur confiance pour qu'ils répondent honnêtement. Se posait aussi la question de la terminologie du sexe. « Il y avait un décalage entre le langage de la santé publique et le langage du quotidien qui regorgeait d'euphémismes », remarqua Wellings. Elle se souvient que certains participants ne comprenaient pas des mots comme *hétérosexuel* ou *vaginal*. « Tous les mots latins ou composés de plus de trois syllabes étaient considérés comme vraiment bizarres et peu orthodoxes. »

Certains éléments jouaient cependant en faveur de l'équipe de la Natsal, comme la fréquence relativement peu élevée des rencontres sexuelles. La dernière étude en date avait montré qu'un ou une vingtenaire anglais faisait l'amour environ cinq fois par mois, et avait moins d'un nouveau partenaire chaque année[12]. Même pour les individus les plus actifs, il était peu probable qu'ils aient plus de quelques dizaines de partenaires sexuels par an. Cela signifiait que la plupart des personnes interrogées étaient en mesure d'indiquer leur nombre de partenaires et leurs types d'interactions. Comparez ces chiffres avec les interactions en face-à-face qui peuvent propager la grippe, comme les conversations ou les poignées de main. Chaque jour, elles peuvent se compter par dizaines.

Au cours de la dernière décennie, les chercheurs ont de plus en plus cherché à mesurer les contacts sociaux pertinents pour des infections respiratoires comme la grippe. L'étude la plus connue est POLYMOD, qui a interrogé sept mille participants européens sur leurs interactions, qu'il s'agisse de contacts physiques (comme des poignées de main) ou de conversations. Depuis, les chercheurs ont mené des études similaires dans d'autres pays, du Kenya à Hong Kong. Ces études sont aussi de plus en plus ambitieuses : en 2017-2018, j'ai collaboré avec l'université de Cambridge pour mener un projet scientifique qui rassemble des données sur les comportements sociaux de plus de cinquante mille volontaires au Royaume-Uni[13].

Grâce à ces études, nous savons que certains de nos comportements sont plus ou moins identiques partout dans le monde. Nous avons tendance à fréquenter des personnes qui ont à peu près notre âge et ce sont, de loin, les enfants qui ont le plus de contacts[14]. Les interactions à l'école et à la maison impliquent généralement des contacts physiques et les rencontres quotidiennes durent souvent plus d'une heure. Le nombre global d'interactions peut pourtant énormément varier selon les endroits. Les habitants de Hong Kong ont en moyenne environ cinq contacts physiques par jour, comme au Royaume-Uni, mais en Italie, c'est plutôt dix[15].

C'est une chose que de mesurer ces comportements. Mais ces nouvelles données peuvent-elles nous aider à prévoir la courbe des épidémies ?

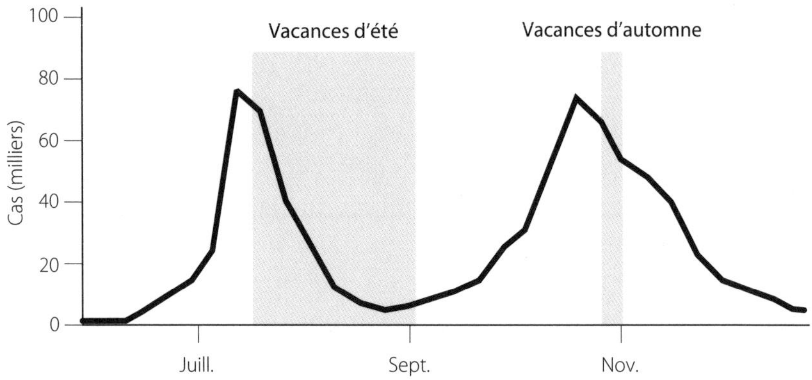

Dynamique de la pandémie de grippe au Royaume-Uni en 2009.

Au début de ce livre, nous avons vu que la pandémie de grippe au Royaume-Uni en 2009 avait été marquée par deux pics épidémiques : l'un au printemps, l'autre à l'automne. Pour comprendre ce rythme, il suffit de regarder du côté des écoles. Les enfants s'y retrouvent dans un contexte fortement social, créant potentiellement un creuset d'infection ; pendant les vacances scolaires, le nombre de leurs contacts sociaux diminue en moyenne de 40 %. Comme le montre le graphique ci-dessus, l'écart entre les deux pics pandémiques de 2009 coïncidait avec les vacances scolaires. Cette période prolongée durant laquelle le nombre de contacts sociaux chute suffisait à expliquer l'accalmie estivale de la pandémie. La seconde vague d'infections ne s'explique cependant pas totalement par les vacances scolaires. Bien que le premier pic ait sans doute été lié à des changements dans les comportements sociaux, le second était principalement dû à l'immunité collective[16].

On estime que l'épidémie de 2009 aurait été 20 % plus importante sans l'interruption estivale de la transmission[17]. Cette différence illustre une particularité essentielle de l'immunité collective. En général, en l'absence de mesures de contrôle ou de changements de comportements, les épidémies « en font trop » et infectent plus de personnes que nécessaire pour réduire la susceptibilité jusqu'à ce que le taux de reproduction soit inférieur à 1. Prenez la forme d'une épidémie classique avec un seul pic : par définition, R_0 est inférieur à 1 après le pic (car l'épidémie décline). Cela signifie que toutes les infections qui surviennent après ce pic se produisent après que la population soit techniquement immunisée collectivement, mais avant que le niveau global d'infection n'ait diminué à de faibles niveaux. Si la transmission est interrompue – par les vacances scolaires par exemple –, l'épidémie peut ralentir et réduire les contaminations « excessives » qui se produisent après le stade de l'immunité collective. Cela signifie que même si une épidémie n'est pas entièrement contrôlable, il est toujours bon d'en ralentir la transmission grâce à des mesures de contrôle, car l'immunité collective sera atteinte avec globalement moins d'infections.

La hausse et la baisse des infections pendant l'école et les vacances peuvent aussi avoir un impact sur d'autres problèmes de santé : dans de nombreux pays, les troubles asthmatiques connaissent des pics à la reprise de l'école. Ces épidémies peuvent également avoir des répercussions plus larges et augmenter les troubles asthmatiques chez les adultes[18].

Mesurer le nombre de contacts ne suffit pas pour prévoir la probabilité qu'une personne soit infectée. Il faut aussi penser aux contacts de ses contacts, et aux contacts de ces derniers. Il se peut qu'une personne avec en apparence peu de contacts, ne soit qu'à quelques encablures d'un environnement de très forte transmission, comme une école. Il y a quelques années, mes collègues et moi nous sommes intéressés aux contacts sociaux et aux infections pendant la pandémie de grippe à Hong Kong en 2009[19]. Nous avons découvert que le nombre important de contacts sociaux entre les enfants était le moteur de cette pandémie et que les contacts et infections diminuaient après l'enfance. Mais le risque augmentait ensuite pour les personnes en âge d'avoir des enfants. Tous les professeurs et parents vous le diront, les interactions avec les enfants sont synonymes de risque accru d'infection. Aux États-Unis, les foyers sans enfants souffrent en général de virus pendant quelques semaines par an ; pour les parents avec un enfant, c'est environ un tiers de l'année ; et pour ceux qui ont deux enfants, ils transportent des virus quasiment en permanence[20].

Non seulement les interactions sociales favorisent la transmission au sein d'une communauté, mais elles peuvent aussi transporter les infections ailleurs. Au début de la pandémie de grippe de 2009, le virus ne se propageait pas en fonction des distances à vol d'oiseau entre les pays. Après avoir démarré au Mexique au mois de mars, l'épidémie a rapidement atteint des contrées aussi lointaines que la Chine. Mais il lui a fallu plus de temps pour apparaître dans des pays proches, comme la Barbade. Pourquoi ? Observer une carte pour définir les notions de *près* et *loin* revient à utiliser la mauvaise unité de distance. Ce sont les personnes qui propagent les infections et les grandes liaisons aériennes qui relient le Mexique à la Chine – comme celles qui transitent par Londres – sont plus nombreuses que les liaisons entre le Mexique et des endroits comme la Barbade. Si la Chine est loin pour un oiseau, elle est relativement proche pour un humain. Définir les distances en fonction des flux aériens des passagers facilite l'explication de la propagation de la grippe de 2009. Et ce n'est pas valable que pour la grippe : quand il est apparu en Chine en 2003, le SRAS a suivi ces mêmes voies aériennes, pour arriver dans des pays comme l'Irlande et le Canada, avant de toucher la Thaïlande ou la Corée du Sud[21].

Cependant, une fois un pays touché, les longues distances semblaient moins compter dans la transmission de la pandémie de grippe de 2009. Aux États-Unis, le virus s'est répandu en cercles concentriques, s'étendant progressivement depuis le sud-est. Il lui a fallu environ trois mois pour parcourir deux mille kilomètres à travers l'est du pays, soit une vitesse d'à peine un kilomètre par heure : vous seriez allé plus vite en marchant[22] !

Bien que les vols long-courriers jouent un rôle important dans l'introduction de virus dans de nouveaux pays, aux États-Unis la circulation a surtout eu lieu à l'échelle locale. C'est également vrai pour un grand nombre d'autres pays[23]. Pour simuler ces mouvements locaux, les chercheurs utilisent souvent ce que l'on appelle une *équation de gravité*. Le principe est le suivant : nous sommes attirés par les lieux en fonction de leur proximité et de la densité de leur population, de la même manière que les planètes les plus grandes et les plus denses ont une force d'attraction gravitationnelle plus importante. Si vous habitez un village, vous vous rendrez sans doute plus souvent dans une ville proche que dans une grande ville plus éloignée et si vous vivez dans une ville, il est probable que vous passiez peu de temps dans les villes avoisinantes plus petites.

Cette manière de concevoir les interactions et les mouvements peut paraître évidente, mais cela n'a pas toujours été le cas. Au milieu des années 1840, au pic de la bulle ferroviaire britannique, les ingénieurs pensaient que l'essentiel du trafic viendrait des voyages longue distance entre grandes villes. Malheureusement, personne ne s'est vraiment demandé ce que valait cette hypothèse. Quelques études ont pourtant été menées sur le continent. Pour calculer le nombre de personnes susceptibles de voyager, l'ingénieur belge Henri-Guillaume Desart a conçu la toute première équation de gravité en 1846. Son analyse a révélé qu'il y aurait une forte demande pour les voyages locaux, mais, de l'autre côté de la Manche, les opérateurs ferroviaires ont fait peu de cas de son idée. Sans cette erreur, le réseau ferroviaire britannique aurait sans doute été bien plus efficace[24].

On sous-estime souvent l'importance des liens sociaux. Dans leurs articles du début du XXe siècle, Ronald Ross et Hilda Hudson avaient suggéré que leur *théorie des événements* puisse s'appliquer à des choses comme les accidents, les divorces et les maladies chroniques – qu'ils considéraient comme des événements indépendants : si quelque chose arrivait à quelqu'un cela n'impactait pas la probabilité que cela arrive à quelqu'un d'autre. Il n'y avait pas de facteur de contagion d'une personne à une autre. Au début du XXIe siècle, les chercheurs ont commencé à se demander si c'était vraiment le cas. En 2007, le médecin Nicholas Christakis et le spécialiste des sciences sociales James Fowler ont publié un article intitulé *La propagation de l'obésité dans un vaste réseau social sur une période de 32 ans*. Ils avaient étudié les données médicales des participants à l'étude de Framingham, une étude au long cours sur les maladies cardiovasculaires dans la ville de Framingham aux États-Unis (Massachusetts). En plus de suggérer que l'obésité puisse se diffuser entre amis, ils avançaient l'idée selon laquelle le réseau pourrait subir plus largement un effet domino, où seraient potentiellement touchés des amis d'amis et des amis d'amis d'amis.

Ils se sont ensuite intéressés à plusieurs autres formes de contagion sociale dans un même réseau, notamment le tabagisme, le bonheur, le divorce et la solitude[25]. Il peut sembler étrange que la solitude puisse se diffuser par les contacts sociaux mais les chercheurs ont attiré l'attention sur ce qui pouvait se passer sur les franges d'un réseau amical.

« En périphérie, les gens ont moins d'amis, ce qui les rend seuls mais ce qui les amène aussi à couper les quelques liens qu'il leur reste. Mais, avant de le faire, ils ont tendance à transmettre leur sentiment de solitude à leurs derniers amis, enclenchant un nouveau cycle. »

L'impact de ces articles a été énorme. Dans la décennie qui a suivi leur publication, on a compté plus de quatre mille citations rien que pour l'étude sur l'obésité – le plus souvent pour montrer que la recherche prouvait que de telles caractéristiques pouvaient se diffuser. Mais cette dernière a aussi fait l'objet de critiques. Peu après la publication des études sur l'obésité et le tabagisme, un article du *British Medical Journal* a avancé que l'analyse de Christakis et Fowler avait pu mettre en évidence des effets qui n'existaient pas vraiment[26]. Puis le mathématicien Russell Lyons a écrit un article affirmant que les chercheurs avaient fait « des erreurs fondamentales » et que « leurs principales affirmations [étaient] dénuées de fondement[27]. » Alors, qu'en est-il ? Des choses comme l'obésité peuvent-elles vraiment se propager ? Et même, comment calculer si un comportement est contagieux ?

Le bâillement est l'un des exemples les plus connus de la contagion sociale et c'est aussi l'une des formes de contagion les plus faciles à étudier. Parce qu'il est courant, facile à repérer et que le délai qui s'écoule entre le bâillement d'une personne et celui d'une autre est relativement court, les chercheurs peuvent en observer la transmission en détail.

Grâce à des expériences menées en laboratoire, plusieurs études ont analysé ce qui fait que les bâillements se propagent. La nature des relations sociales semble jouer un rôle particulièrement important dans la transmission : plus nous connaissons une personne, plus il y a de chances pour que nous « attrapions » son bâillement[28]. Le processus de transmission est également plus rapide et le délai entre les bâillements plus court au sein d'une même famille qu'entre de simples connaissances. Si vous bâillez en présence d'une personne que vous ne connaissez pas il y a moins de 10 % de chances pour qu'elle bâille à son tour ; si vous bâillez à proximité d'un membre de votre famille, environ une fois sur deux, il bâillera à son tour. Les humains ne sont pas seuls à être plus susceptibles de « récupérer » les bâillements de personnes dont ils se sentent proches. Le bâillement social peut aussi exister chez les animaux : chez les singes comme chez les loups[29]. Cependant, nous ne devenons susceptibles aux bâillements que progressivement. Il arrive que les bébés et les plus jeunes bâillent, mais sans lien apparent avec le bâillement de leurs parents. Des expériences suggèrent que le bâillement ne devient contagieux que vers l'âge de quatre ans[30].

En plus du bâillement, les chercheurs se sont intéressés à la propagation d'autres comportements de court terme, comme le fait de se gratter, de rire et d'exprimer des émotions. Ces réponses sociales peuvent arriver très rapidement : lors d'expériences menées sur le travail d'équipe, des leaders parvenaient à faire passer une humeur positive ou négative à leur équipe en quelques minutes seulement[31].

Pour étudier les bâillements ou les humeurs, les chercheurs peuvent mener leurs expériences en laboratoire : cela leur permet de contrôler ce que les personnes voient et d'éviter les distractions susceptibles de biaiser les résultats. C'est possible pour ce qui se propage rapidement mais comment procéder pour les comportements et les idées qui ont besoin de beaucoup plus de temps pour se propager dans une population ? Étudier un phénomène de contagion sociale en dehors d'un laboratoire est beaucoup plus difficile. Et pas seulement pour les populations humaines. Chez les oiseaux, les mésanges charbonnières sont depuis longtemps réputées pour leurs innovations. Dans les années 1940, des écologistes britanniques avaient remarqué qu'elles avaient compris comment percer l'opercule en aluminium des bouteilles de lait pour accéder à la crème remontée à la surface. Cette tactique allait perdurer pendant des décennies sans qu'on ne sache vraiment comment de telles innovations se diffusaient parmi les oiseaux[32].

Bien que plusieurs études se soient penchées sur la propagation des comportements chez les animaux en captivité, cela n'a pas été évident chez les populations sauvages. Du fait de leur réputation, la zoologiste Lucy Aplin et ses collègues ont décidé de s'intéresser à la propagation des idées innovantes chez les mésanges charbonnières. Pour commencer, il fallait une innovation. L'équipe est partie pour le site de Wytham Woods, non loin d'Oxford, et y a installé un casse-tête : une boîte contenant des ténébrions meuniers (des insectes de l'ordre des coléoptères). Pour accéder à la nourriture, les oiseaux devaient faire coulisser une porte dans un certain sens. Pour observer les interactions entre les oiseaux, les chercheurs ont équipé presque toutes les mésanges charbonnières de la zone de systèmes de *tracking* automatique. « Cela nous permettait d'obtenir en temps réel les informations sur la manière et le moment où les individus acquéraient leurs connaissances », a dit Aplin. « Le fait que les données soient collectées de façon automatique signifiait aussi que nous pouvions laisser le processus se dérouler sans le perturber[33]. »

Les oiseaux se répartissaient en plusieurs sous-populations ; chez cinq d'entre elles, les chercheurs ont appris à quelques oiseaux à résoudre le casse-tête. La technique s'est rapidement propagée : en vingt jours, trois oiseaux sur quatre avaient adopté l'idée. L'équipe a aussi observé un groupe de contrôle d'oiseaux qui n'avaient pas été entraînés. Quelques-uns ont fini par trouver comment ouvrir la boîte mais l'idée a mis beaucoup plus de temps à émerger et à se diffuser.

Chez les populations entraînées, l'idée était aussi très bien ancrée. Beaucoup d'oiseaux mouraient d'une saison à l'autre, mais la connaissance demeurait. « Chaque hiver, le comportement réapparaissait très rapidement », explique Aplin, « même si seul un très petit nombre d'individus avait survécu depuis l'année précédente et le connaissait. » Elle retrouva aussi dans la transmission d'informations entre les oiseaux plusieurs caractéristiques connues. « Certains principes généraux sont similaires à la propagation d'une maladie au sein des populations ; par exemple le fait que les individus les plus sociaux sont plus susceptibles de rencontrer et d'adopter de nouveaux comportements, et que les individus qui sont socialement centraux peuvent faire office de "pierres angulaires" ou de "super-contaminateurs" dans la diffusion de l'information. »

L'étude a aussi montré que des normes sociales peuvent apparaître chez les animaux sauvages. Le casse-tête pouvait être résolu de plusieurs manières mais c'est la solution que les chercheurs avaient montrée qui a été adoptée. Un tel phénomène de conformité est encore plus courant chez les humains. « Nous sommes des spécialistes de l'apprentissage social », observe Aplin. « L'apprentissage social et la culture que nous observons dans les sociétés humaines sont d'une ampleur bien supérieure à tout ce que l'on peut observer dans le reste du monde animal. »

Nous partageons souvent des caractéristiques avec les personnes que nous connaissons, qu'il s'agisse de nos choix de vie ou de santé, ou de nos opinions politiques et de notre niveau de vie. En général ces similarités peuvent s'expliquer de trois façons. La première est la contagion sociale : votre comportement peut avoir été influencé par vos amis au fil du temps. Ou l'inverse : vous avez pu choisir de devenir amis parce que vous partagiez déjà certaines caractéristiques. C'est ce qu'on appelle l'*homophilie*, l'idée selon laquelle *qui se ressemble s'assemble*. Bien sûr votre comportement peut ne rien devoir à vos connexions sociales. Il peut simplement être influencé par le fait que vous partagiez un même environnement. Le sociologue Max Weber cite l'exemple d'une foule de personnes qui ouvrent leur parapluie quand il commence à pleuvoir. Ils ne réagissent pas forcément les uns par rapport aux autres ; ils réagissent aux nuages qui sont dans le ciel[34].

Il n'est pas toujours facile de savoir laquelle de ces trois explications – la contagion sociale, l'homophilie ou un environnement commun – est la bonne. Aimez-vous une activité donnée parce que votre ami la pratique, ou êtes-vous amis parce que vous aimez tous deux cette activité ? Est-ce que vous n'êtes pas allé courir parce que votre ami n'y allait pas, ou y avez-vous renoncé tous les deux parce qu'il pleuvait ? Les sociologues nomment ceci le *problème de réflexion* ou *problème de reflet* car une explication peut être le reflet d'une autre[35]. Nos amitiés et nos comportements seront souvent corrélés mais il peut être très difficile de montrer quelle est la part de responsabilité de la contagion.

Ce qu'il nous faut, c'est trouver le moyen de séparer la contagion sociale des autres explications possibles. La façon la plus radicale de le faire serait de déclencher une épidémie et de regarder ce qui se passerait. Cela reviendrait à introduire un comportement spécifique (comme l'ont fait Aplin et ses collègues avec les oiseaux) et à mesurer comment il se répand. Dans l'idéal, on comparerait les résultats obtenus avec un groupe d'individus choisis au hasard – qui n'ont pas été au contact du déclencheur –, un groupe dit *de contrôle,* pour voir l'impact de l'épidémie. Ce type d'expérience est courant en médecine, on l'appelle un *essai randomisé contrôlé.*

Comment une telle approche pourrait-elle fonctionner avec les humains ? Imaginez que nous voulions mener une expérience pour étudier comment se répand le tabagisme entre amis. Nous pourrions introduire le comportement qui nous intéresse : choisir des gens au hasard, les faire se mettre à fumer, et voir ensuite si ce comportement se propage dans leurs groupes d'amis. Certes, cette expérience pourrait nous renseigner sur la contagion sociale, mais l'on voit vite les problèmes éthiques posés par cette méthode. Sous prétexte de comprendre un comportement social, nous ne pouvons pas encourager les activités néfastes, comme le tabagisme.

Plutôt que d'introduire le tabagisme de façon aléatoire, nous pourrions plutôt observer comment un comportement déjà existant (le fait de fumer) se répand à travers de nouvelles connexions sociales. Mais cela nécessiterait de réorganiser de façon aléatoire les relations amicales des individus et leur localisation pour analyser l'adoption du comportement de leurs nouveaux amis. Une fois encore, c'est en général impossible : qui accepterait de bouleverser tout son réseau amical pour un projet de recherche ?

En matière de conception d'expérimentation sociale, les travaux de Lucy Aplin sur les oiseaux présentaient d'énormes avantages par rapport aux études sur les humains. Alors que les liens sociaux des hommes peuvent rester identiques pendant des années ou des dizaines d'années, les oiseaux ont une durée de vie relativement courte : chaque année se forment donc de nouveaux réseaux d'interactions. Par ailleurs, l'équipe avait aussi pu marquer la plupart des oiseaux de la zone, permettant une analyse du réseau en temps réel. Ainsi, les chercheurs pouvaient introduire une nouvelle idée – la solution du casse-tête – et observer comment elle se propageait à travers les réseaux nouvellement formés.

De nouvelles amitiés naissent parfois soudainement et de façon aléatoire, par exemple lorsque des recrues sont assignées à un escadron militaire ou que des étudiants sont répartis dans leurs résidences universitaires[36]. Malheureusement pour les chercheurs, ce ne sont là que des exemples. Dans la réalité, les scientifiques peuvent rarement se mêler des dynamiques de comportements ou d'amitiés pour voir ce qui pourrait se passer. À la place, ils doivent essayer de tirer des enseignements de ce qu'ils peuvent observer de façon naturelle. « Les meilleures stratégies impliquent pour la plupart de la randomisation ou une source possible de randomisation, mais, pour l'essentiel de ce qui nous intéresse en tant que spécialistes des sciences sociales et citoyens, nous n'allons pas pouvoir randomiser »[37], explique Dean Eckles, chercheur en sciences sociales du MIT. « C'est pourquoi nous devons seulement tirer le meilleur parti des recherches par observation. »

L'épidémiologie s'appuie en grande partie sur des analyses par observation : en général, il est impossible aux chercheurs de délibérément déclencher des épidémies ou de rendre les gens gravement malades pour comprendre un fonctionnement donné. C'est pourquoi on a pu entendre dire que l'épidémiologie serait plus proche du journalisme que de la science puisqu'elle se contenterait de rapporter une situation telle qu'elle se présente, plutôt que de mener des expériences[38]. Mais ce serait ignorer les progrès considérables du secteur de la santé qui ont découlé des études par observation.

Prenez l'exemple du tabagisme. Dans les années 1950, les chercheurs ont commencé à investiguer l'augmentation massive des morts par cancer du poumon au cours des décennies précédentes[39]. Le lien avec le succès rencontré par les cigarettes semblait évident : les fumeurs avaient neuf fois plus de risques de mourir de ce cancer que les non-fumeurs. Le problème était de montrer le lien direct entre tabagisme et cancer. Ronald Fisher, un éminent statisticien (et fumeur de pipe notoire) affirmait que la corrélation entre ces éléments ne signifiait pas pour autant que l'un était la cause de l'autre. Le style de vie des fumeurs était peut-être très différent de celui des non-fumeurs ; et si c'étaient ces différences-là qui entraînaient les décès, plutôt que le tabagisme ? Ou peut-être existait-il une caractéristique génétique – encore non identifiée – qui rendait certaines personnes à la fois plus susceptibles de développer des cancers du poumon et de fumer ? La question divisait la communauté scientifique. Certains, comme Fischer, avançaient que les liens entre le tabagisme et le cancer n'étaient que pure coïncidence. D'autres, comme l'épidémiologiste Austin Bradford Hill, pensaient que l'augmentation des décès était imputable au tabagisme.

Bien sûr, une expérience aurait permis d'obtenir une réponse définitive mais, comme nous l'avons vu, elle n'aurait pas été conforme à l'éthique. De même que les spécialistes des sciences sociales contemporains ne peuvent pas demander aux gens de se mettre à fumer pour voir si l'habitude se propage, dans les années 1950, les chercheurs ne pouvaient pas demander aux gens de fumer pour vérifier si cela entraînait des cancers. Pour résoudre ce casse-tête, les épidémiologistes devaient donc trouver le moyen de savoir si une chose en entraîne une autre sans avoir à mener d'expérience.

Ronald Ross passa son mois d'août 1898 à attendre l'annonce de sa découverte : les moustiques transmettaient le paludisme. Alors qu'il bataillait pour que le gouvernement l'autorise à la publier dans une revue scientifique, il craignait que d'autres ne s'emparent de ses recherches pour s'en attribuer le mérite. « Les pirates rôdent dans les parages, prêts à monter à bord »[40], disait-il.

Le pirate qu'il redoutait le plus était le biologiste allemand Robert Koch dont on disait qu'il s'était rendu en Italie pour étudier le paludisme. S'il parvenait à infecter un humain avec le parasite, cela pourrait faire de l'ombre au travail de Ross, qui s'était contenté d'utiliser des oiseaux. Quelques semaines plus tard, ce dernier fut soulagé de recevoir une lettre de Patrick Manson. « J'ai entendu dire que Koch avait échoué avec ses moustiques en Italie », écrivait Manson, « vous avez donc le temps de vous saisir de la découverte au nom de l'Angleterre. »

Koch finirait par publier une série d'études sur le paludisme qui prendraient toutes soin de citer le travail de Ross. Il suggéra notamment que, dans les zones affectées par le paludisme, les enfants faisaient office de réservoirs d'infection, car les adultes avaient souvent développé une immunité au parasite. Pour Koch, le paludisme était le dernier d'une série de nouveaux pathogènes qu'il étudiait. Dans les années 1870 et 1880, il avait montré que des bactéries étaient à l'œuvre dans des maladies comme l'anthrax chez les animaux ou la tuberculose chez les humains. À cette occasion, il avait établi un ensemble de règles – ou *postulats* – pour identifier si un microbe en particulier était responsable d'une maladie. Pour commencer, il considérait que l'on devrait toujours pouvoir trouver le microbe chez la personne atteinte de la maladie. Ensuite, si l'on exposait un hôte sain – comme un animal de laboratoire – à ce microbe, il devrait également développer la maladie. Enfin, il devrait être possible d'extraire un échantillon du microbe à partir du nouvel hôte tombé malade ; ce microbe devrait être identique à celui auquel l'hôte avait été exposé à l'origine[41].

Si les postulats de Koch étaient utiles à la nouvelle science de la *théorie microbienne*, il comprit vite leurs limites. Le principal problème était que certains pathogènes n'entraînaient pas toujours de maladie. Parfois, des personnes étaient infectées sans présenter de symptômes visibles. Les chercheurs avaient donc besoin d'un ensemble de principes plus généraux pour trouver ce qui pouvait être à l'origine d'une maladie.

Pour Austin Bradford Hill, la maladie à laquelle s'intéresser était le cancer du poumon. Et, pour prouver la responsabilité du tabagisme il allait, avec ses collaborateurs, rassembler des preuves. Il les appellerait plus tard des *points de vue* : il espérait qu'ils aideraient les chercheurs à décider si une chose est la cause d'une autre. En haut de sa liste, on trouvait la forte corrélation entre la cause proposée et l'effet. Par exemple, les fumeurs étaient plus susceptibles d'être atteints du cancer du poumon que les non-fumeurs. Pour Bradford Hill cette tendance devait être constante et apparaître à différentes reprises dans de nombreuses études. Ensuite, la temporalité : la cause venait-elle bien avant les faits ? Un autre indicateur consistait à savoir si la maladie était spécifique à un certain type de comportement (ceci n'est cependant pas toujours pertinent puisque des non-fumeurs peuvent aussi être atteints de cancer du poumon). Dans l'idéal, une expérience permettrait également d'apporter une preuve : si quelqu'un arrêtait de fumer, le risque qu'il soit atteint de cancer devrait diminuer.

Dans certains cas, Bradford Hill disait qu'il est possible d'établir un lien entre le niveau d'exposition et la probabilité d'être malade. Par exemple, plus une personne fume de cigarettes, plus elle a de risques d'en mourir. Qui plus est, il est peut-être possible de faire un parallèle avec une cause et un effet similaire, comme un autre produit chimique qui donnerait le cancer. Enfin, Bradford Hill suggérait de vérifier si la cause est plausible d'un point de vue biologique et corrobore ce que les scientifiques savent déjà.

Bradford Hill soulignait que ces points de vue n'étaient pas une *check-list* qui ferait office de « preuve » irréfutable. L'objectif était plutôt d'aider à trouver une réponse à une question essentielle : existe-t-il une meilleure explication pour ce que nous voyons que de simples liens de cause à effet ? En plus de fournir des preuves comme quoi fumer entraîne des cancers, ce genre de méthode a aidé les chercheurs à découvrir l'origine d'autres maladies. Dans les années 1950 et 1960, l'épidémiologiste Alice Stewart a rassemblé les preuves qu'une exposition à des rayonnements à faibles doses pouvait entraîner des leucémies[42]. À l'époque, on utilisait souvent la nouvelle technologie des rayons X sur les femmes enceintes et même dans les magasins de chaussures pour permettre aux clients de voir leurs pieds dans leurs chaussures. Stewart a longtemps lutté pour réussir à faire bannir ces dispositifs risqués. Plus récemment, des chercheurs des Centres pour le contrôle et la prévention des maladies américains (CDC) se sont servi des points de vue de Bradford Hill pour défendre l'idée selon laquelle les infections par le virus Zika engendraient des anomalies congénitales[43].

Établir de tels liens de cause à effet est, par essence, difficile. On débattra souvent avec ferveur de l'origine de la responsabilité et de ce qui devrait être fait. Pourtant, Stewart était convaincue que, face à des preuves troublantes, il fallait agir en dépit de l'inévitable incertitude. « Le tout est de réussir à deviner au mieux l'épaisseur de la glace quand vous traversez un lac gelé », dit-elle un jour. « Tout l'art consiste à juger correctement les éléments de preuve, sachant que votre jugement est susceptible de changer sous la pression de nouvelles observations[44]. »

Quand Christakis et Fowler avaient commencé à étudier la contagion sociale, ils prévoyaient de partir de zéro. L'idée était de recruter mille personnes, que chacune nomme cinq contacts, puis que chacun cite cinq nouveaux noms. En tout, il leur faudrait analyser en détail le comportement de 31 000 personnes pendant plusieurs années. Une étude d'une telle ampleur aurait coûté environ trente-trois millions d'euros[45].

Alors qu'ils étudiaient les différentes possibilités qui s'offraient à eux, ils entrèrent en contact avec l'équipe en charge de l'étude de Framingham : il serait en effet plus simple de recruter les mille premières personnes au sein d'un projet existant. Quand Christakis rencontra Marian Bellwood, la coordinatrice du projet, elle indiqua que les formulaires relatifs à chaque participant étaient stockés au sous-sol.

Pour ne pas risquer de perdre contact, on leur avait demandé d'y écrire la liste de leurs proches, de leurs amis et de leurs collègues de travail. Or beaucoup de ces contacts participaient aussi à l'étude, les informations relatives à leur santé étaient donc également enregistrées.

Christakis n'en revenait pas. Plutôt que de recruter un groupe entier de contacts sociaux, ils pouvaient reconstituer le réseau social des participants de Framingham. « J'ai appelé James depuis le parking, et je lui ai dit : "tu ne vas pas me croire !" », se souvient-il. Restait juste un détail : ils allaient devoir passer au crible douze mille noms et cinquante mille adresses pour identifier les liens existants. « Nous avons dû déchiffrer chaque écriture manuscrite », raconte Christakis. « Il nous a fallu deux ans pour tout informatiser. »

Au départ, Christakis et Fowler avaient prévu d'analyser la propagation du tabagisme, mais ils ont jugé préférable de commencer par l'obésité. Le tabagisme dépendait des déclarations des participants, alors que l'obésité pouvait être directement observée. « Ce que nous faisions était si novateur que nous voulions commencer avec quelque chose qui pouvait être mesuré de façon objective », dit Christakis.

L'étape suivante consistait à évaluer si l'obésité pouvait se transmettre par le biais du réseau. Il fallait donc s'attaquer au *problème de réflexion* en séparant la contagion potentielle de l'homophilie et des facteurs environnementaux. Pour essayer de supprimer l'effet *qui se ressemble s'assemble* de l'homophilie, le duo ajouta un facteur de décalage temporel à son analyse ; si l'obésité se propageait vraiment d'une personne à un ami, celui-ci ne pouvait pas avoir été obèse le premier. Exclure les facteurs environnementaux était plus compliqué, mais Christakis et Fowler commencèrent par tenter d'aborder la question sous l'angle de l'amitié. Imaginez que, dans une enquête, je vous mette dans la liste de mes amis mais que vous ne fassiez pas de même. Cela laisse entendre que vous m'influencez plus que je ne vous influence. Cependant, si nous sommes en réalité tous les deux influencés par un facteur environnemental commun – comme l'ouverture d'un nouveau fast-food – l'orientation de notre amitié ne devrait pas avoir d'impact sur qui devient obèse. Christakis et Fowler trouvèrent pourtant des preuves comme quoi cela avait une importance, suggérant que l'obésité pouvait être contagieuse.

À sa publication, leur analyse fut durement critiquée par certains chercheurs. Le débat se concentrait essentiellement sur deux points principaux. D'abord, la preuve statistique aurait pu être plus tranchée : le résultat comme quoi l'obésité était contagieuse n'était pas aussi évident qu'il aurait dû l'être pour, par exemple, un essai clinique sur l'efficacité d'un nouveau médicament. Ensuite, du fait des méthodes et des données utilisées, Christakis et Fowler ne pouvaient pas définitivement écarter qu'il puisse y avoir d'autres explications. On pouvait, en théorie, imaginer une situation où un phénomène d'homophilie et un certain environnement auraient abouti aux mêmes résultats.

À mon sens, ces deux critiques sont fondées. Mais cela n'enlève rien à l'utilité de ces études. En réponse au débat sur les premiers articles de Christakis et Fowler, le statisticien Tom Snijders a indiqué que, si ces études avaient leurs limites, elles n'en demeuraient pas moins importantes car elles avaient réussi à faire apparaître de façon innovante la contagion sociale sur le radar des scientifiques. « Bravo à Nick Christakis et James Fowler pour leur imagination et leur courage[46]. »

Depuis la publication de leur première analyse des données de Framingham il y a une dizaine d'années, les preuves de la contagion sociale se sont accumulées. Plusieurs autres groupes de recherche ont également montré la contagiosité de choses comme l'obésité, le tabagisme et le bonheur. Nous savons à quel point il est difficile d'étudier la contagion sociale mais nous comprenons désormais mieux ce qui peut se propager.

L'étape suivante consistera à aller au-delà pour ne plus simplement se contenter d'affirmer qu'il y a contagion. Montrer qu'un comportement peut devenir populaire revient à savoir que le taux de reproduction est supérieur à zéro : il y aura en général bien transmission, mais nous ne savons pas dans quelle mesure. Bien sûr, cette information reste utile car elle montre que la contagion est un facteur sur lequel il faut se pencher. Cela nous indique que le comportement peut se propager, même si nous ne sommes pas en mesure de prévoir quelle sera l'ampleur de l'épidémie. Cependant, si les gouvernements et autres organisations veulent s'attaquer à des questions de santé qui touchent à la notion de contagiosité, ils vont avoir besoin d'en savoir plus sur l'étendue effective de la contagion sociale et sur l'impact potentiel des différentes mesures. Si, dans un groupe d'amis, une personne devient obèse, quelle sera son influence exacte sur les autres ? Si vous êtes plus heureux, dans quelle mesure le bonheur de votre entourage va-t-il augmenter ? Christakis et Fowler ont reconnu qu'évaluer avec précision l'ampleur de la contagion sociale n'est pas évident. De plus, s'attaquer à ces questions implique souvent d'utiliser des méthodes et des données imparfaites. Mais, au fur et à mesure qu'elles sont disponibles, les nouvelles données montrent que l'on peut exploiter leur analyse et progresser vers une mesure précise de la contagion.

L'étude d'un comportement potentiellement contagieux révèle aussi des différences essentielles entre les épidémies d'ordre biologique et d'ordre social. Dans les années 1970, le sociologue Mark Granovetter a suggéré qu'une information se diffuserait mieux parmi des connaissances que parmi des amis proches. Et ce, parce que les amis ont souvent de multiples liens en commun, ce qui rend la plupart des transmissions redondantes. « Si quelqu'un raconte une rumeur à tous ses amis proches, et qu'ils font de même, beaucoup d'entre eux l'entendront une deuxième puis une troisième fois puisque ceux qui ont des liens forts ont tendance à partager leurs amis. » Il parlait de l'importance des connaissances comme de la *force des liens faibles* : si vous voulez accéder à une nouvelle information, vous aurez plus de chances de l'obtenir par le biais d'un contact informel que par un ami proche[47].

Ces liens longue distance sont devenus un élément central de la science des réseaux. Comme nous l'avons vu, les connexions du *petit monde* peuvent permettre à une contagion d'ordre biologique et financière de passer d'une partie du réseau à une autre. Dans certains cas, ces liens peuvent aussi sauver des vies. Il existe en médecine un paradoxe de longue date : le temps qui s'écoule avant une prise en charge médicale est plus long pour les personnes victimes d'une attaque cardiaque ou cérébrale qui sont entourées par des proches. Cela peut découler de la structure des réseaux sociaux. Nous savons que les familles très soudées vont privilégier une approche du type *attendons de voir ce qui se passe* après avoir été témoins d'une légère attaque cérébrale – personne ne voulant contredire l'opinion dominante. À l'inverse, des *liens faibles* – comme des collègues ou des personnes sans lien de parenté – peuvent apporter des points de vue différents, repérer des symptômes plus tôt et appeler à l'aide plus rapidement[48].

Pour autant, un type de structure de réseau qui amplifie la transmission d'une maladie n'aura pas toujours le même impact quand il s'agira de contagion sociale. Le sociologue Damon Centola donne l'exemple du VIH qui s'est largement répandu à travers les réseaux de partenaires sexuels. Si les contagions biologiques et sociales fonctionnaient de la même manière, les idées quant aux moyens de prévenir la maladie auraient également dû se diffuser largement par le biais de ces réseaux. Cela n'a pourtant pas été le cas. Quelque chose a dû ralentir l'information.

Pendant une épidémie de maladie infectieuse, l'infection se diffuse en général à travers une série de rencontres uniques. Si vous êtes infecté, c'est le plus souvent à cause d'une personne en particulier[49]. Ce n'est pas toujours aussi simple pour le comportement social. Avant de commencer à faire quelque chose, nous pouvons attendre d'avoir vu beaucoup d'autres personnes le faire : dans ce cas, il n'y a pas un chemin unique et évident de transmission. Ces comportements sont nommés *contagions complexes* car la transmission nécessite une multiplicité d'expositions. Par exemple, dans leur analyse du tabagisme, Christakis et Fowler ont remarqué que les fumeurs étaient plus susceptibles d'arrêter de fumer si beaucoup de leurs contacts arrêtaient aussi. Des chercheurs ont également identifié des contagions complexes dans des comportements allant de l'exercice physique aux habitudes liées à la santé, en passant par l'adoption d'innovations et l'activisme politique. Alors qu'un pathogène comme le VIH peut se répandre par un seul contact distant, les contagions complexes ont besoin de plusieurs personnes pour se transmettre, elles ne peuvent donc pas passer par des liens uniques. Alors que les réseaux du petit monde peuvent contribuer à propager les maladies, ces mêmes réseaux pourraient limiter la transmission des contagions complexes.

Qu'est-ce qui provoque les contagions complexes ? Pour les expliquer, Damon Centola et son collègue Michael Macy ont proposé quatre processus. D'abord, il peut y avoir les avantages que l'on trouve à rejoindre un groupe de participants déjà formé. Des réseaux sociaux

aux manifestations, les nouvelles idées sont souvent plus séduisantes si elles ont déjà été largement adoptées. Deuxièmement, les expositions multiples peuvent apporter de la crédibilité : il y a plus de chances pour que nous croyions quelque chose si nous en avons confirmation par différentes sources. Troisièmement, les idées peuvent dépendre de la légitimité sociale : *être au courant* de quelque chose, ce n'est pas *voir d'autres agir pour* – ou *les voir ne pas agir pour*. Prenez les alarmes incendie. Non seulement elles signalent qu'un feu s'est peut-être déclaré, mais elles sont la raison pour laquelle tout le monde accepte de quitter le bâtiment. Dans une expérience menée en 1968 et devenue un classique, des étudiants étaient assis dans une pièce qui se remplissait progressivement de fausse fumée[50]. S'ils étaient seuls, en général ils réagissaient ; s'ils étaient en compagnie d'un groupe d'acteurs qui restaient studieux, ils continuaient leur travail en attendant que quelqu'un réagisse. Enfin, reste le processus d'amplification émotionnelle. On peut être plus susceptibles d'adopter certaines idées ou certains comportements quand on se trouve mêlé à l'intensité d'un rassemblement social : pensez à l'émotion collective qui se dégage d'un évènement tel qu'un mariage ou un concert.

Les contagions complexes nous poussent peut-être à réévaluer ce qui fait que les innovations se propagent. Centola a suggéré que les approches intuitives fonctionneraient moins bien quand plusieurs rappels sont nécessaires pour nous faire adopter une idée. Par exemple, pour qu'une innovation se répande dans le milieu des affaires, il ne suffit pas d'encourager plus d'interactions au sein d'une entreprise. Pour que les contagions complexes se propagent, il faut que les interactions soient concentrées de manière à permettre le renforcement social des idées ; nous pouvons être plus susceptibles d'adopter un nouveau comportement si nous voyons les membres de notre équipe le faire de façon répetée. Mais si les entreprises se replient trop sur elles-mêmes les nouvelles idées ne dépasseront pas le cadre d'un petit groupe de personnes. Il importe de trouver un équilibre dans le réseau des interactions : en plus d'avoir des équipes locales qui font office d'incubateur à idées, les croisements entre groupes, dans l'esprit de ce qui se fait chez Pixar, peuvent être intéressants pour permettre aux innovations d'atteindre une audience plus large[51].

La science de la contagion sociale a considérablement avancé au cours de la dernière décennie, mais il reste encore beaucoup à découvrir. Ne serait-ce que parce qu'il est souvent difficile de définir si quelque chose est contagieux à la base. On peut rarement changer le comportement des gens de façon délibérée, il faut donc se servir des données d'observation comme l'ont fait Christakis et Fowler avec l'étude de Framingham. Une autre approche est cependant en train d'émerger. Pour étudier la contagion sociale, les chercheurs se tournent de plus en plus vers les *expériences naturelles*[52]. Plutôt que d'imposer un changement de comportement, ils attendent que la nature s'en charge pour eux. Par exemple, quelqu'un qui court dans l'Oregon pourra changer sa routine si la météo est mauvaise ; si, en Californie, son ami modifie aussi son comportement, cela pourrait suggérer que la contagion sociale est à l'œuvre. Des chercheurs du MIT ont étudié les données issues de systèmes de *tracking* numérique de l'activité physique incluant un réseau social qui mettait en lien les utilisateurs ; ils ont découvert que la météo pouvait en effet faire apparaître des tendances de contagion. Cependant, certaines personnes étaient plus susceptibles de devenir de fervents coureurs que d'autres. Sur une période de cinq ans, le comportement des coureurs les moins actifs avait tendance à influencer celui des plus actifs mais l'inverse n'était pas vrai. Cela sous-entend que les coureurs assidus ne veulent pas se laisser surpasser par leurs amis moins dynamiques.

Si les incitations comportementales comme les changements de météo sont un outil utile pour étudier la contagion, elles ont leurs limites. Un jour de pluie pourra modifier les habitudes de course d'une personne, mais il est peu probable qu'il impacte d'autres comportements plus fondamentaux, comme sa vie de couple, ses choix familiaux ou ses opinions politiques. Dean Eckles souligne l'écart conséquent qui peut exister entre ce qui peut être facilement modifié et ce que nous voulons étudier, dans l'idéal. « Il n'est pas évident d'inciter les gens à adopter les comportements qui nous intéressent le plus. »

En novembre 2008, les Californiens ont voté en faveur de l'interdiction du mariage entre personnes du même sexe. Ce résultat a été un choc pour ceux qui avaient fait campagne pour l'égalité en matière de mariage, d'autant plus que les sondages précédant le vote leur étaient favorables. Rapidement, on a avancé des explications et des excuses. David Fleischer, Directeur du centre LGBT de Los Angeles, a remarqué la popularité croissante de certaines fausses idées au sujet du résultat du vote. Parmi elles, l'idée selon laquelle ceux qui avaient voté pour l'interdiction détestaient certainement la communauté LGBT. Fleischer n'était pas d'accord. « La définition de la *haine* est une aversion extrême ou une hostilité », a-t-il écrit après le vote. « Cela ne correspond pas à la description de la plupart de ceux qui ont voté contre nous[53]. »

Pour comprendre pourquoi le mariage entre personnes du même sexe rassemblait autant d'opposants, le LGBT Center a conduit des milliers d'entretiens en face-à-face au cours des années suivantes. Les démarcheurs en porte-à-porte passaient l'essentiel de leurs temps à écouter les électeurs, une méthode connue sous le nom de *deep canvassing*, ou démarchage en profondeur[54]. Ils encourageaient leurs interlocuteurs à parler de leur vie et à réfléchir aux expériences de discrimination qu'ils avaient eux-mêmes vécues. Au fil de ces entretiens, le LGBT Center a compris que le *deep canvassing* n'était pas uniquement une source d'informations : les attitudes des électeurs semblaient changer. Si c'était vraiment le cas, on tenait là une méthode de démarchage extrêmement puissante. Mais était-ce vraiment le cas ?

Si les personnes sont rationnelles, on peut s'attendre à ce que leurs convictions évoluent lorsqu'on leur présente de nouvelles informations. En recherche scientifique, cette approche est connue sous le nom de *raisonnement bayésien*. Du nom du statisticien du XVIIIe siècle Thomas Bayes, elle consiste à envisager la connaissance comme une croyance dans laquelle nous avons un certain niveau de confiance. Par exemple, imaginez que vous envisagiez sérieusement d'épouser quelqu'un, après avoir mûrement réfléchi à votre relation. Dans ce cas, il faudrait une très bonne raison pour que vous changiez d'avis. Cependant, si vous n'êtes pas sûr de votre relation, il sera plus facile de vous faire renoncer à l'idée de vous marier. Ce qui pourra paraître anodin à l'amoureux transi pourra suffire à faire pencher la balance d'un cœur incertain du côté de la rupture. La même logique s'applique à d'autres situations. Si vous partez avec une conviction forte, il vous faudra en général des preuves solides pour changer d'avis ; si au départ vous êtes incertain, il suffira de peu. Par conséquent, votre conviction après avoir été exposée à de nouvelles informations dépend de deux choses : la force de votre conviction initiale et la force de la nouvelle preuve[55]. Ce concept est au cœur du raisonnement bayésien – et de bon nombre des statistiques contemporaines.

Et pourtant, certains éléments laissent penser que ce n'est pas ainsi que l'on traite l'information, surtout si elle va à l'encontre de nos idées préconçues. En 2008, les politologues Brendan Nyhan et Jason Reifler ont émis l'hypothèse selon laquelle la persuasion peut souffrir d'un *effet boomerang* ou *effet de retour de flamme*. Ils ont soumis des personnes à des informations qui entraient en conflit avec leurs idéologies politiques, comme l'absence d'armes de destruction massive en Irak avant la guerre de 2003, ou la baisse des revenus suite à la réduction d'impôts du Président Bush. Mais la plupart semblaient peu convaincues. Pire encore, certaines personnes paraissaient encore plus attachées à leurs convictions après avoir vu ces nouvelles informations[56]. On a observé des effets similaires dans d'autres études psychologiques les années suivantes. Quand les expériences avaient cherché à persuader les gens d'une chose, ils avaient fini par en croire une autre[57].

Si l'effet boomerang est fréquent, il n'augure rien de bon pour les démarcheurs qui espèrent faire changer les électeurs d'avis sur des questions comme le mariage homosexuel. Le LGBT Center de Los Angeles croyait en sa méthode, mais encore fallait-il qu'elle soit évaluée dans les règles de l'art. Début 2013, Dave Fleischer déjeune avec Donald Green, un politologue de l'université de Columbia. Green présente Fleischer à Michael LaCour, un étudiant diplômé de l'université de Californie, Los Angeles (UCLA), qui accepte de mener une étude scientifique pour tester l'efficacité du *deep canvassing*. L'objectif est de faire un essai randomisé contrôlé. Après avoir recruté des électeurs pour participer à une série d'enquêtes, LaCour séparerait le groupe de façon aléatoire. Certaines personnes recevraient la visite de démarcheurs ; les autres, faisant office de groupe de contrôle, parleraient de recyclage.

Ce qui allait se produire ensuite devait nous en apprendre beaucoup sur la façon dont nos convictions évoluent, mais pas vraiment de la manière dont on s'y attendait. Tout commence quand LaCour rapporte des découvertes surprenantes. Son essai a montré que lorsque les interviewers utilisent les méthodes de *deep canvassing*, le soutien des répondants au mariage homosexuel augmente fortement en moyenne. Mieux encore, l'idée reste ancrée dans leurs esprits et cette nouvelle conviction perdure trois mois plus tard. Cette conviction est également contagieuse, elle se propage aux personnes qui vivent avec les répondants. Quand LaCour et Green publient ces résultats dans la revue *Science* de décembre 2014, ils bénéficient d'une vaste couverture médiatique. Cela s'apparente à un spectaculaire travail de recherche qui montre comment une petite action peut avoir une influence majeure[58].

C'est alors que deux étudiants diplômés de l'université de Berkeley remarquent que quelque chose cloche. David Broockman et Joshua Kalla ont voulu mener leur propre étude, sur la base de l'impressionnante analyse de LaCour. « C'est sans conteste la publication la plus importante de l'année », avait déclaré Broockman à un journaliste après la parution dans *Science*. Mais, à y regarder de plus près, la base de données de LaCour semble trop parfaite ; on dirait presque que les données ont été simulées plutôt que collectées[59]. En mai 2015, ils contactent Green pour lui faire part de leurs interrogations. Interrogé, LaCour nie avoir inventé les données, mais sans pouvoir fournir les fichiers d'origine. Quelques jours plus tard, Green – qui affirme ne pas avoir eu connaissance des problèmes jusqu'alors – demande à la revue *Science* de retirer la publication. On ne sait pas vraiment ce qui s'est passé, mais ce qui est sûr, c'est que LaCour n'a pas mené l'étude comme il l'a prétendu. Ce scandale a été une grosse déception pour le LGBT Center de Los Angeles. « Cela a été comme un énorme coup de poing pour nous tous »[60], a dit Laura Gardiner, l'une des organisatrices, après que les problèmes aient été révélés.

La presse s'est empressée de publier des correctifs mais peut-être les journalistes – et la revue scientifique – auraient-ils dû se montrer un peu plus circonspects dès le départ. « Ce qui m'intéresse, c'est l'insistance répétée comme quoi ce résultat était inattendu et sans précédent », a écrit le statisticien Andrew Gelman après le retrait de la publication. Il a remarqué que cette attitude semble fréquente en psychologie. « On soutient à la fois qu'un résultat est tout à fait surprenant et qu'il est aussi tout à fait sensé[61]. » L'effet boomerang avait été largement cité comme étant un obstacle à la persuasion, et pourtant, on tenait là une étude qui soutenait qu'une rapide conversation suffisait à s'en débarrasser.

Les médias sont friands de points de vue à la fois concis et inattendus. Cela pousse les chercheurs à annoncer des résultats qui montrent comment « une idée toute simple » peut tout expliquer. Parfois, ce désir d'aboutir à des conclusions « étonnantes mais simples » conduit, en apparence, des experts à contredire leur propre source d'expertise. Antonio García Martínez, qui a passé deux ans dans l'équipe publicitaire de Facebook, en parle dans son livre *Chaos Monkeys*. Il raconte l'histoire d'un senior manager réputé pour avoir des idées percutantes et marquantes sur l'influence sociale. Malheureusement pour lui, ses déclarations étaient contredites par les analyses rigoureuses et les recherches menées par l'équipe interne dédiée aux données.

Il est en réalité très difficile de trouver des lois simples qui s'appliquent à toutes les situations. Si l'on tient une théorie prometteuse, il faut donc chercher des exemples qui ne fonctionnent pas. Il faut trouver où sont les limites et quelles peuvent être les exceptions, car même les théories largement relayées peuvent s'avérer moins probantes qu'il n'y paraît. Prenez l'effet boomerang. Après avoir découvert ce concept, Thomas Wood et Ethan Porter, deux étudiants diplômés de l'université de Chicago ont décidé de voir dans quelle mesure il était effectivement répandu. « Observer un effet boomerang à l'échelle d'une population aurait un impact désastreux pour la démocratie »[62], ont-ils écrit. Alors que Nyhan et Reifler s'étaient concentrés sur trois idées fausses, Wood et Porter ont testé trente-six convictions sur huit mille cent participants. Voici ce qu'ils ont découvert : même s'il peut être difficile de faire admettre à quelqu'un qu'il a tort, tenter de le corriger ne va pas nécessairement renforcer sa conviction première. Dans cette étude, l'effet boomerang n'a été constaté que sur une seule correction : la fausse affirmation sur les armes de destruction massive en Irak. « Dans l'ensemble, les citoyens tiennent compte des informations factuelles, même quand elles remettent en cause leurs engagements partisans et idéologiques », ont-ils conclu.

Même dans leur première étude, Nyhan et Reifler avaient trouvé que l'effet boomerang n'était pas systématique. Aux États-Unis, durant la campagne présidentielle de 2004, les démocrates avaient affirmé que George Bush avait interdit la recherche sur les cellules souches alors qu'en réalité, il en avait limité certains financements[63]. Quand Nyhan et Reifler ont corrigé cette conviction chez les libéraux, ces derniers ont souvent ignoré l'information, sans pour autant avoir d'effet boomerang. « La découverte de l'effet boomerang a beaucoup attiré l'attention parce qu'elle était très surprenante »[64], a déclaré plus tard Nyhan. « De façon encourageante, cela semblait assez exceptionnel. » Depuis, Nyhan, Reifler, Wood et Porter ont collaboré pour approfondir le sujet ensemble. Par exemple, en 2019, ils ont rapporté que la vérification des faits et de l'exactitude des discours de Donald Trump avait fait changer les gens d'avis sur certaines de ses affirmations, sans affecter leur opinion globale du candidat[65]. Certains aspects de nos convictions politiques semblent plus difficiles à modifier que d'autres. « Nous avons encore beaucoup à apprendre », ajoute Nyhan.

Quand on étudie les convictions, il faut aussi être prudent avec la notion de retour de flamme, ou effet boomerang. Nyhan a remarqué qu'il peut y avoir confusion entre cet effet et une singularité psychologique qui lui est liée, appelée *biais de non-confirmation*[66]. Ce biais consiste à étudier plus attentivement les arguments qui viennent contredire nos convictions existantes que ceux avec lesquels nous sommes d'accord. Alors que l'effet boomerang implique l'ignorance des arguments opposés et le renforcement des convictions existantes, le biais de non-confirmation renvoie simplement à une tendance à ignorer les arguments qui nous semblent peu pertinents.

La différence peut sembler subtile, mais elle est essentielle. Si l'effet boomerang est courant, alors il nous est impossible de persuader des personnes qui ont des opinions divergentes de changer d'orientation. Peu importe que nos arguments soient convaincants, elles ne feront que s'ancrer de plus en plus dans leurs convictions. Le débat est sans issue et les preuves, inutiles. À l'inverse, si quelqu'un souffre d'un biais de non-confirmation, cela signifie qu'il peut changer d'avis si on lui présente des arguments suffisamment convaincants. C'est une perspective plus optimiste. Persuader quelqu'un peut s'avérer difficile, mais cela vaut la peine d'essayer.

La manière dont nous structurons et présentons nos arguments compte pour beaucoup. En 2013, le Royaume-Uni a autorisé le mariage entre personnes du même sexe. John Randall, alors Premier ministre conservateur, a voté contre la loi, ce qu'il a plus tard déclaré regretter. Il a alors dit qu'il aurait aimé en avoir discuté auparavant avec l'un de ses amis du Parlement qui avait voté pour – ce qui en avait surpris plus d'un. « Il m'a dit que c'était quelque chose qui ne l'impacterait pas mais qui rendrait beaucoup de personnes heureuses », se souvint Randall en 2017. « Je trouve que c'est un argument difficile à réfuter[67]. »

Malheureusement, se pose un obstacle de taille quand il s'agit de trouver un argument persuasif. Si nous avons une opinion bien affirmée, le raisonnement bayésien va faire que nous allons avoir du mal à voir l'impact des arguments qui vont dans le sens de ce point de vue. Imaginez que vous croyez fermement en quelque chose. Cela peut être n'importe quoi, d'une orientation politique à un avis sur un film. Si quelqu'un vous montre une preuve qui va dans le sens de votre conviction – peu importe que cette preuve soit valable ou non – votre opinion ne changera pas. Imaginez maintenant que quelqu'un vous présente un argument qui va à l'encontre de votre conviction. S'il est faible, vous ne changerez pas d'avis, mais s'il est inattaquable, cela se pourrait. D'un point de vue bayésien, nous sommes en général meilleurs pour juger les effets des arguments avec lesquels nous sommes en désaccord[68].

Encore faut-il réussir à trouver ces arguments. Il y a quelques années, les psychologues sociaux Matthew Feinberg et Robb Willer ont demandé à des personnes de formuler des arguments pour persuader quelqu'un d'un autre bord politique. Ils ont découvert que beaucoup de personnes utilisaient des arguments qui confortaient leur propre opinion, plutôt que celle de la personne qu'elles essayaient de persuader. Les libéraux tentaient de faire appel à des valeurs comme l'égalité et la justice sociale, tandis que les conservateurs fondaient leurs arguments sur des concepts comme la loyauté et le respect de l'autorité. Rester en terrain connu pour argumenter est sans doute une stratégie fréquemment employée, mais elle ne fonctionne pas ; les participants étaient beaucoup plus convaincants lorsqu'ils adaptaient leur argumentation aux valeurs morales de leur adversaire. Ce qui suppose que si vous voulez persuader un conservateur, vous avez tout intérêt à vous concentrer sur des notions comme le patriotisme et la communauté, là où un libéral sera plus convaincu par des messages qui mettent en avant la justice[69].

Même si vous parvenez à identifier un argument efficace pour faire valoir votre position, vous pouvez encore améliorer vos chances de persuasion. D'abord, la méthode que vous utiliserez peut jouer. Il est prouvé que nous répondons beaucoup plus facilement à une enquête faite de visu plutôt que par email[70], par exemple. D'autres expériences ont abouti à des conclusions similaires et montré que nous sommes beaucoup plus convaincants en face-à-face que par téléphone, par courrier ou en ligne[71].

Le moment où vous faites passer votre message peut aussi faire la différence. Selon Briony Swire-Thompson, psychologue à l'université Northeastern (États-Unis), les chercheurs s'intéressent de plus en plus à la manière dont les idées s'estompent. « L'idée, c'est que quand vous avez fait changer d'avis quelqu'un, cela ne va pas durer. » En 2017, elle a mené une étude dans laquelle elle demandait à des personnes si elles croyaient à certaines légendes, comme le fait que les carottes améliorent la vue ou que les menteurs regardent dans une certaine direction[72]. L'étude a montré que si les fausses croyances peuvent être corrigées, elles ne le sont pas nécessairement de façon définitive. « Si l'on vous corrige, votre conviction va peut-être faiblir au début, mais plus le temps passe, plus vous allez de nouveau croire en la fausse idée de départ », explique Swire-Thompson. La répétition semble aussi avoir son importance : les nouvelles convictions resteraient ancrées plus longtemps si l'on répète la vérité à plusieurs reprises, plutôt que de ne corriger qu'une seule fois[73].

Prendre en compte l'opinion des autres. Avoir des interactions en face-à-face. Trouver des manières d'encourager le changement à long terme. Tout cela peut permettre d'améliorer la persuasion. Il se trouve que ces éléments font également partie de l'approche du *deep canvassing* défendue par le LGBT Center de Los Angeles. Ce qui nous ramène à la publication douteuse de LaCour et Green. Bien que l'étude ait été retirée en 2015, l'histoire ne s'arrête pas là. L'année suivante, David Brookman et Joshua Kalla – ces deux chercheurs de Berkeley qui avaient repéré les failles dans l'article d'origine – ont publié une nouvelle étude[74]. Celle-ci se concentrait sur les droits des personnes transgenres. Et cette fois, ils avaient vraiment collecté les données.

En comparant le *deep canvassing* avec les résultats d'un groupe de contrôle, ils ont découvert qu'une conversation de dix minutes sur les droits des personnes transgenres pouvait réduire la discrimination de façon notable. Que le démarcheur soit transgenre ou non n'avait pas d'importance ; le changement dans l'opinion des électeurs persistait, quoi qu'il en soit. Cette évolution des convictions semblait aussi résister aux attaques. Après quelques semaines, les chercheurs avaient montré à des personnes des publicités anti-transgenres issues de campagnes politiques récentes. Elles avaient d'abord eu pour effet un retour en arrière à des opinions défavorables aux personnes transgenres, mais cela n'avait pas duré.

Pour garantir la totale transparence de leur recherche, Brookman et Kalla ont publié toutes les données et le code sous-tendant leur analyse. Le malaise qui avait animé la communauté scientifique pendant quelques années a trouvé là un épilogue optimiste. Avec la bonne approche, les attitudes que beaucoup pensaient profondément enracinées ont pu évoluer. Cela a montré que les points de vue ne se propagent pas nécessairement comme on l'imagine, et que nous ne sommes pas aussi obtus qu'on peut le penser. Face à une hostilité apparente, il semble qu'il y ait beaucoup à gagner à oser la nouveauté.

Chapitre 4

Quelque chose dans l'air

« Nous étions au cœur de la violence. » Après une dizaine d'années à travailler sur les maladies épidémiques en Afrique centrale et orientale, Gary Slutkin venait de rentrer aux États-Unis. Ayant choisi de s'installer à Chicago pour être à proximité de ses parents déjà âgés, il avait été frappé par l'ampleur des attaques violentes qui touchaient la ville. « La violence était omniprésente, impossible d'y échapper. Alors, j'ai simplement commencé à demander aux gens ce qu'ils faisaient pour que cela change », explique Slutkin. « Et rien de ce qui était fait ne me semblait sensé[1]. »

Nous étions en 1994 et, l'année précédente, plus de huit cents homicides avaient été commis dans la ville, dont soixante-deux enfants tués au cours de violences dues aux gangs. Même vingt ans plus tard, les homicides resteraient la principale cause de mortalité chez les jeunes adultes dans l'état de l'Illinois[2]. Slutkin entendit toutes sortes d'explications à cette crise, de la nutrition à l'emploi en passant par les situations familiales et la pauvreté. Mais les discussions se résumaient souvent à une poignée de solutions basées sur la répression. Pour lui, la violence était ce qu'il appelait un *problème figé*. Médecin de formation, il avait été confronté à des situations similaires lorsqu'il avait travaillé sur les maladies infectieuses comme le sida et le choléra. Parfois, notre manière d'envisager une situation reste figée pendant des années. La stratégie en place ne fonctionne pas vraiment mais elle n'évolue pas.

Si la violence était un problème figé, il fallait une nouvelle façon de l'envisager. « Il faut en quelque sorte repartir de zéro », disait Slutkin. Alors, il a fait ce qu'aurait fait tout chercheur en santé publique : il a regardé des cartes et des graphiques, il a posé des questions, il a essayé de comprendre la violence. C'est ainsi qu'il a commencé à observer des tendances familières : « Les regroupements visibles sur les cartes des meurtres dans les villes américaines ressemblaient aux cartes du choléra au Bangladesh »[3], a-t-il noté. « Les graphiques de données historiques représentant les épidémies de meurtres au Rwanda ressemblaient à ceux du choléra en Somalie. »

Susannah Eley aimait se faire livrer de l'eau quotidiennement. Après la mort de son mari, elle avait quitté l'agitation du quartier de Soho à Londres pour le quartier verdoyant de Hampstead. Mais elle gardait une préférence pour l'eau de Soho. Elle la trouvait meilleure.

Un jour d'août 1854, sa nièce, qui habitait le quartier voisin d'Islington, lui rendit visite. Une semaine plus tard, elles seraient mortes toutes les deux. En cause, le choléra, une maladie violente qui provoque de la diarrhée et des vomissements. Sans traitement, il est fatal à près de la moitié des personnes qui présentent des symptômes. Le jour où Eley mourut, on recensa cent vingt-sept autres décès dus à la maladie, la plupart dans le quartier de Soho. À la fin du mois de septembre, l'épidémie aurait emporté plus de six cents victimes à Londres. À cette époque, antérieure aux travaux menés par Koch sur la théorie microbienne, la biologie du choléra était encore un mystère. L'année précédant le début de l'épidémie, Thomas Wakley, fondateur de la revue scientifique médicale *The Lancet*, écrivait : « Nous ne savons rien ; nous sommes en pleine mer, en plein tourbillon de conjectures. » On commençait à comprendre que les maladies comme la variole et la rougeole étaient contagieuses, se propageant d'une manière ou d'une autre de personne à personne, mais le choléra semblait différent. Beaucoup croyaient en la *théorie des miasmes*, selon laquelle le choléra se propageait dans l'air par le biais des mauvaises odeurs[4].

Mais pas John Snow. Originaire de Newcastle, Snow avait investigué sa première épidémie de choléra à dix-huit ans, en 1831, alors étudiant en médecine. À l'époque déjà, il avait remarqué des tendances étonnantes. Les personnes qui auraient dû être à risque du fait du mauvais air ne tombaient pas malades, contrairement à celles qui n'étaient pas censées l'être. Snow avait fini par s'installer à Londres, se forgeant une réputation d'anesthésiste talentueux et comptant parmi ses patients la reine Victoria. Mais lorsque la ville a été touchée par une épidémie de choléra en 1848, il a ressorti ses précédentes études. Qui étaient les personnes infectées ? Quand tombaient-elles malades ? Quels étaient les liens entre les cas ? L'année suivante, dans un article, Snow publiait une nouvelle théorie : la maladie se propageait d'un individu à l'autre par l'eau contaminée. Il avait fini par le comprendre quand il avait remarqué que les patients se fournissaient souvent en eau auprès d'une même société. Qu'il l'ait remarqué était incroyable, notamment parce qu'il ne soupçonnait absolument pas que la tragédie du choléra était due à des bactéries microscopiques.

L'épidémie de 1854 à Soho allait corroborer la théorie de Snow. D'une part, il y avait les ouvriers de la brasserie locale, qui consommaient de la bière et de l'eau importée sans tomber malades. De l'autre, il y avait Susannah Eley et sa nièce, dont l'eau transitait de Soho jusqu'à Hampstead, et qui tombaient malades. Alors que l'épidémie s'étendait, Snow décida qu'il était temps de réagir. Les questions de santé publique relevaient de l'autorité du Board of Guardians, l'assemblée des tuteurs locale. Il s'invita sans prévenir à l'une de leurs réunions pour exposer ses arguments. Quoique peu convaincue par ses explications, l'assemblée décida tout de même de retirer la pompe à eau du quartier. Peu après, l'épidémie cessa.

Trois mois plus tard, Snow détailla sa théorie par écrit. Son rapport comportait ce qui allait devenir son schéma le plus célèbre : une carte de Soho, où des rectangles noirs représentaient chaque cas de choléra. Ces cas se regroupaient autour de Broad Street, à proximité de la pompe. C'était un travail d'abstraction sans précédent, qui supprimait les détails et diversions inutiles. Alors que des artistes abstraits comme Malevitch et Mondrian peindraient plus tard des blocs de couleur pour fuir la réalité, les formes de Snow mettaient le choléra au centre de l'attention[5]. Avec ces rectangles, la vérité jusqu'alors invisible – l'origine de l'infection – devenait tangible.

Et pourtant, en tant que telle, sa carte n'apportait pas de preuves évidentes que l'eau était en cause. Si l'épidémie de choléra avait été due aux mauvaises odeurs qui régnaient autour de Broad Street, le schéma aurait été à peu près le même. Snow dessina alors une seconde carte, à laquelle il ajouta un élément essentiel. Non seulement il fit apparaître les cas, mais il calcula combien de temps il fallait marcher pour atteindre les différentes pompes, et il traça une ligne indiquant les endroits desquels la pompe de Broad Street était la plus proche. Cela représentait les zones les plus à risque si la pompe était en cause. Comme le suggérait sa théorie, c'était également là qu'apparaissaient le plus grand nombre de cas.

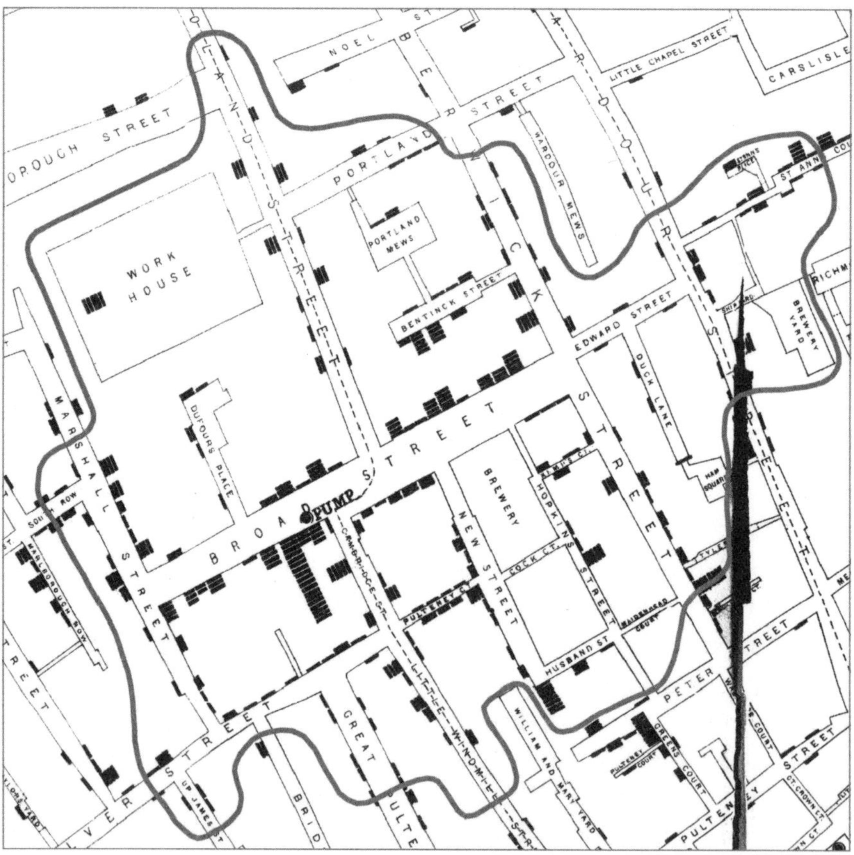

Carte du choléra de Snow mise à jour. Source : John Snow Archive & Research companion. La marque qui apparaît à droite est une déchirure sur la page originale.

Snow mourrait sans voir ses idées reconnues. À sa mort en 1858, la notice nécrologique parue dans *The Lancet* tiendrait en deux lignes, sans même une référence à son travail sur les épidémies. Tel un miasme intellectuel, le concept de mauvais air allait continuer à flotter parmi la communauté médicale.

Puis l'idée selon laquelle le choléra serait contagieux trouva enfin un écho favorable. Au début des années 1890, le concept de Robert Koch stipulant que les microbes propagent la maladie était largement accepté. Puis, en 1895, Koch réussit à infecter un animal de laboratoire avec le choléra[6]. Ses postulats confirmés, on tenait la preuve irréfutable qu'une bactérie était à l'origine du choléra, qui se propageait par l'eau infectée plutôt que par le mauvais air. Snow avait dit vrai.

Certes, nous considérons désormais les maladies infectieuses sous l'angle des microbes plutôt que des miasmes, mais, pour Gary Slutkin, ces progrès n'ont pas eu d'impact sur notre analyse de la violence. « Nous sommes complètement figés dans le moralisme – qui est gentil, qui est méchant. » Slutkin souligne que beaucoup de sociétés sont très punitives et que leurs réactions face à la violence ont peu évolué depuis des siècles. « J'ai vraiment l'impression de vivre dans le passé. »

Alors que la biologie a su prendre ses distances avec la notion de mauvais air, les débats autour de la criminalité se concentrent toujours sur les mauvaises personnes. Slutkin attribue pour partie ceci au fait que la contagiosité est moins intuitive quand on parle de violence que de maladies. « Ici, il n'y a pas de micro-organismes invisibles que vous pouvez au moins montrer à quelqu'un dans un microscope. » Le parallèle entre les maladies infectieuses et la violence lui semble pourtant évident. « Je me souviens avoir eu une révélation en demandant à quelqu'un *quel est le facteur le plus décisif de la violence ? quel est son principal indicateur ?* et en m'entendant répondre : *un évènement violent préalable.* ». Pour lui, c'était un signe évident de contagion. Ce qui l'amena à se poser la question : et si les méthodes utilisées pour contrôler les maladies infectieuses pouvaient s'appliquer aussi à la violence ?

On trouve plusieurs similitudes entre les épidémies de maladies et celles de violence. Notamment le délai qui sépare l'exposition des symptômes. Comme pour une infection, la violence peut être précédée d'une période d'incubation ; les symptômes ne sont pas toujours immédiatement visibles. Parfois, un évènement violent va conduire à un autre, rapproché : par exemple, un gang pourra se venger d'un autre peu de temps après. Dans d'autres cas, les effets de la répercussion peuvent mettre plus de temps à apparaître. Au milieu des années 1990, l'épidémiologiste Charlotte Watts a collaboré avec l'Organisation mondiale de la Santé (OMS) sur la mise en place d'une vaste étude sur les violences domestiques faites aux femmes[7]. Avant de mener des recherches sur les maladies, surtout sur le VIH, Watts avait suivi une formation de mathématicienne. Au cours de ses travaux sur le VIH, elle avait commencé à remarquer que les violences faites aux femmes avaient une influence sur la transmission de la maladie car leur capacité à avoir des relations sexuelles sans risque était impactée. Mais cela révéla un problème bien plus grand : personne ne savait vraiment à quel point ce genre de violence était répandu. « Tout le monde s'est accordé à dire que nous avions besoin de données issues de la population »[8], dit-elle.

L'étude de l'OMS a été le résultat de l'application par Watts et ses collègues des concepts de santé publique à la question des violences domestiques. « Beaucoup des recherches précédentes l'avait traitée comme un problème relevant de la police ou s'étaient concentrées sur les moteurs psychologiques de la violence », dit-elle. « En santé publique, on se demande : *Quelle est la vision d'ensemble ? Que sait-on des facteurs de risque liés aux individus, aux relations humaines et à la communauté ?* » Certains ont avancé l'hypothèse que la violence domestique serait uniquement liée à un contexte ou une culture spécifiques, mais ce n'est pas toujours le cas. « On voit apparaître de façon cohérente des éléments véritablement communs », souligne Watts, « comme le fait d'avoir été exposé à la violence pendant l'enfance. »

Dans la plupart des zones couvertes par l'étude de l'OMS, au moins une femme sur quatre a déjà été physiquement abusée par un partenaire. Watts a observé que la violence peut faire suite à ce que l'on nomme en médecine une *relation dose-effet*. Pour certaines maladies, la probabilité d'être malade peut dépendre de la dose infectieuse à laquelle une personne est exposée, une petite dose étant moins susceptible d'engendrer une maladie grave. On trouve la preuve d'un effet similaire dans les relations. Si, par le passé, un homme ou une femme a connu un contexte violent, le risque de violence domestique dans ses relations futures est plus élevé. Si les deux membres d'une relation ont un passé impliquant de la violence, le risque augmente encore. Cela ne signifie pas que les personnes dont le passé a été marqué par de la violence auront toujours un futur violent ; comme dans beaucoup d'infections, l'exposition à la violence ne va pas nécessairement donner ensuite lieu à des symptômes. Mais, comme pour les maladies infectieuses, un certain nombre de facteurs – dans nos contextes, notre style de vie, nos interactions sociales – peuvent augmenter le risque d'un déclenchement[9].

Une autre caractéristique notable des épidémies de maladies est la tendance au regroupement des cas en une même zone et l'apparition des infections sur une période courte. Par exemple, l'épidémie de choléra de Broad Street, où les cas étaient concentrés autour de la pompe. Nous pouvons observer des tendances similaires pour les actes de violence. Pendant des siècles, on a rapporté l'existence de clusters localisés d'automutilation et de suicides : dans des écoles, des prisons, des communautés[10]. Cependant, une concentration de suicides n'est pas forcément synonyme de contagion[11]. Comme nous l'avons vu avec la contagion sociale, des personnes peuvent avoir le même comportement pour des raisons différentes, du fait par exemple d'une caractéristique commune dans leur environnement. Pour écarter cette possibilité, on peut observer ce qui se passe lorsque des décès sont médiatisés : un citoyen lambda entendra plus facilement parler du suicide d'une personne célèbre que l'inverse. En 1974, David Phillips a publié un article qui a fait date. Il y étudiait la couverture médiatique des suicides. Il a découvert que lorsque la une des journaux britanniques et américains était consacrée à un suicide, le nombre de décès par suicide dans les environs avait tendance à augmenter immédiatement après[12]. D'autres études ont par la suite confirmé ces tendances, laissant entrevoir que le suicide serait transmissible[13]. Face à ces observations, l'OMS a publié des lignes directrices visant à encadrer le traitement des suicides dans les médias. Les organes de presse devraient ainsi informer sur les endroits où obtenir de l'aide, éviter les titres sensationnels, les détails sur la méthode employée et ne pas laisser entendre que le suicide est la solution à un problème.

Malheureusement, ces lignes directrices sont souvent ignorées par les médias. Des chercheurs de l'université Columbia ont observé une hausse de 10 % du nombre de suicides dans les mois qui ont suivi la mort du comédien Robin Williams[14]. Ils ont souligné un potentiel effet de contagion : bon nombre des reportages consacrés à la mort de Williams n'avaient pas suivi les directives de l'OMS et l'augmentation la plus forte parmi les suicides concernait des hommes d'âge moyen qui avaient utilisé la même méthode que lui. On peut retrouver un effet similaire avec les fusillades de masse : une étude a estimé que pour une fusillade de masse américaine sur dix on comptait deux fusillades supplémentaires, conséquences de la contagion sociale[15].

Le fait que, suite à ce genre de couverture médiatique, on constate souvent une hausse immédiate du nombre de suicides et de fusillades laisse supposer que le délai entre un évènement contagieux et un autre – appellé *intervalle de génération* en épidémiologie – est relativement court. Certains clusters de suicides ont impliqué un grand nombre de décès en l'espace de quelques semaines : en 1989, une épidémie de suicides a frappé un lycée de Pennsylvanie, avec neuf tentatives en dix-huit jours. Si ces événements résultaient d'une contagion, l'intervalle de génération a pu, dans certains cas, n'être que de quelques jours[16].

On observe également fréquemment ce phénomène de regroupement, ou *clustering*, avec d'autres types de violence. En 2015, un quart des meurtres par arme à feu aux États-Unis se concentraient dans des quartiers représentant moins de 2 % de la population totale du pays[17]. Quand Gary Slutkin et ses collègues ont décidé de s'intéresser aux phénomènes de violence comme s'il s'agissait d'épidémies, c'est ce type de quartiers qu'ils voulaient cibler. Ils ont intitulé le programme initial *CeaseFire*, ou *Cessez-le-feu* ; il allait ensuite se transformer en une organisation plus vaste appelée *Cure Violence*. Au départ, il leur a fallu un certain temps pour savoir exactement quelle approche utiliser. « Nous avons consacré cinq années au développement d'une stratégie avant de sortir quoi que ce soit », précise Slutkin. La méthode Cure Violence consisterait finalement en trois étapes. D'abord, l'équipe recrute des *court-circuiteurs de violence* capables de repérer des conflits potentiels et d'intervenir pour stopper la transmission de la violence. Par exemple, si quelqu'un est admis à l'hôpital pour une blessure par balle, un court-circuiteur va intervenir pour convaincre ses amis de ne pas lancer de représailles. Ensuite, Cure Violence identifie qui risque de subir des violences, grâce à des agents de proximité qui vont encourager les changements d'attitude et de comportement. Cela peut aller d'une recherche d'emploi à un traitement médical. Enfin, l'équipe travaille à faire évoluer plus largement les normes sociales de la communauté vis-à-vis des armes. Le principe est que différentes voix s'élèvent contre une culture de la violence.

Les court-circuiteurs et les agents de proximité sont recrutés directement dans les communautés touchées ; certains sont d'anciens criminels ou membres de gangs. « Nous engageons des agents qui sont crédibles dans la population », explique Charlie Ransford, Directeur « Science and Policy » de Cure Violence. « Comprendre d'où viennent les gens, et qu'ils sentent que vous les comprenez voire qu'ils vous connaissent ou qu'ils connaissent quelqu'un qui vous connaît vous aide à faire évoluer leur comportement et à les empêcher de passer à l'acte[18]. » C'est une idée également présente dans l'univers des maladies infectieuses : les programmes de lutte contre le VIH recrutent souvent d'anciens travailleurs du sexe pour contribuer à changer le comportement de ceux qui restent très exposés au risque[19].

Le premier projet Cure Violence a démarré en 2000, dans le secteur de West Garfield, à Chicago. Pourquoi avoir choisi cet endroit ? « À l'époque, c'était le district le plus violent du pays », se souvient Slutkin. « J'ai toujours eu tendance – comme beaucoup d'épidémiologistes – à cibler le cœur de l'épidémie car c'est là que vous ferez les meilleurs tests et que vous pourrez avoir le plus d'impact. » Un an après le début du programme, les fusillades à West Garfield Park avaient diminué d'environ deux tiers. Le changement avait été rapide, les court-circuiteurs ayant rompu les chaînes de violence d'une personne à une autre. Alors, qu'est-ce qui fait qu'il est possible d'interrompre ces chaînes de transmission ?

Un dimanche de mai 2017, en fin d'après-midi, deux membres d'un gang débouchent d'une allée du quartier de Brighton Park, à Chicago. Ils sont équipés de fusils d'assaut. Ils vont tirer sur dix personnes, en blessant deux mortellement. Il s'agit de représailles suite à un meurtre qui a eu lieu un peu plus tôt dans la journée[20].

À Chicago, les fusillades ont ainsi souvent des liens entre elles. Andrew Papachristos, un sociologue de l'université de Yale, a passé plusieurs années à étudier la violence armée dans cette ville. Originaire de Chicago, il avait remarqué que les fusillades étaient fréquemment liées aux contacts sociaux. Souvent, les victimes se connaissaient, elles avaient déjà été arrêtées ensemble. Bien sûr, il ne suffit pas que deux personnes soient en relation et partagent une caractéristique – comme d'avoir été impliquées dans une fusillade – pour qu'il y ait contagion. Cela peut être dû à l'environnement qu'elles partagent ou à notre tendance à nous lier aux personnes qui ont des caractéristiques similaires aux nôtres (l'homophilie)[21] .

Pour aller plus loin, Papachristos et ses collaborateurs ont obtenu des données du Département de police de Chicago sur toutes les arrestations menées entre 2006 et 2014[22]. Soit, au total plus de quatre cent soixante-deux mille personnes. À partir de là, ils ont construit un *réseau de co-contrevenants*, des personnes ayant été arrêtées au même moment par le passé. La plupart des individus n'avaient jamais été arrêtés en même temps que quelqu'un d'autre, mais un grand groupe pouvait être lié par une série d'événements co-contrevenants. Au total, ce groupe comptait cent trente-huit mille personnes, soit environ un tiers de la base de données.

L'équipe de Papachristos a commencé par vérifier si des facteurs d'homophilie ou environnementaux pouvaient expliquer les tendances de violence armée. Cela leur a semblé peu probable : les liens entre la plupart des fusillades ne s'expliquaient ni par l'homophilie, ni par l'environnement, ce qui laissait supposer que la contagion était en cause. Après avoir identifié que les fusillades étaient probablement dues à un phénomène de contagion, l'équipe a soigneusement reconstruit les chaînes de transmission d'une fusillade à la suivante. Ils ont calculé que chaque fois que cent personnes étaient touchées, la contagion déclenchait ensuite soixante-trois attaques. Autrement dit, le taux de reproduction de la violence armée de Chicago était d'environ 0,63.

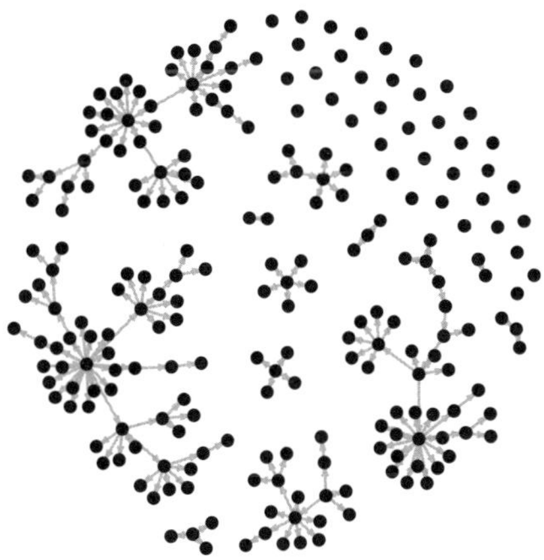

Simulation de cinquante flambées de fusillades, basée sur la dynamique de la contagion de la violence à Chicago. Les points représentent les fusillades et les flèches grisées indiquent les deuxièmes vagues d'attaques. Bien qu'il y ait quelques événements super-contaminateurs, la plupart des épidémies n'impliquent qu'une seule fusillade, sans transmission ultérieure.

Un taux de reproduction inférieur à un signifie que si une épidémie peut se déclencher, elle sera souvent de courte durée. L'équipe de Yale a identifié plus de quatre mille flambées de violence armée à Chicago, la plupart de faible ampleur. Pour l'essentiel, il s'agissait d'un simple tir, sans contagion additionnelle. Cependant, il pouvait arriver que certaines épidémies soient beaucoup plus vastes ; l'une d'elle comptait presque cinq cents fusillades liées entre elles. La grande variation dans la taille de ces éruptions laisse supposer que des événements super-contaminateurs étaient les moteurs de la transmission. En étudiant les données de Chicago de plus près, j'ai constaté que la transmission de la violence armée était fortement concentrée. Il est probable que moins de 10 % des fusillades aient donné lieu à 80 % des attaques de deuxième vague[23]. La plupart des fusillades, exactement comme pour la transmission d'une maladie – qui peut de la même manière être influencée par la super-contamination – ne donnaient lieu à aucune contagion additionnelle.

Les chaînes de transmission de Chicago faisaient aussi apparaître la vitesse de transmission. En moyenne, l'intervalle de génération entre deux fusillades était de cent vingt-cinq jours. Bien que des représailles dramatiques comme celles de Brighton Park en mai 2015 aient attiré notre attention, il semble que beaucoup de querelles latentes soient passées inaperçues.

Ces réseaux de fusillades nous aident à comprendre pourquoi la méthode mise au point par Cure Violence est possible. D'abord, il faut déjà pouvoir étudier les réseaux : pouvoir identifier les potentiels chemins de transmission sera utile si nous voulons contrôler une épidémie. Slutkin a comparé les court-circuitages de violence aux méthodes employées pour contrôler les épidémies de variole. Alors qu'elle était presque éradiquée dans les années 1970, les épidémiologistes utilisaient la vaccination dite *en anneau* pour enrayer les quelques derniers départs d'infection. Quand un nouveau cas de maladie apparaissait, les équipes retrouvaient la trace des personnes avec qui il avait pu être en contact, comme les membres de sa famille et ses voisins ainsi que les contacts de ces personnes. On vaccinait alors les personnes de cet *anneau*, pour éviter que le virus de la variole ne se propage encore plus[24].

La variole présentait trois caractéristiques qui jouaient en faveur des équipes de santé. Pour que la maladie se propage d'une personne à une autre, la durée des interactions en face-à-face devait être relativement longue. Les équipes pouvaient donc identifier les personnes les plus à risque. Par ailleurs, l'intervalle de génération de la variole était d'environ deux semaines ; lorsqu'un nouveau cas était signalé, les équipes disposaient de suffisamment de temps pour procéder à des vaccinations avant l'apparition d'autres cas. Enfin, les personnes malades souffraient d'éruptions cutanées faciles à identifier. Ces caractéristiques se retrouvent dans la propagation de la violence armée : les fusillades ne passent pas inaperçues, la violence se transmet souvent par le biais de liens sociaux connus et l'intervalle entre une fusillade et la suivante est suffisamment long pour permettre aux court-circuiteurs d'intervenir. Si les fusillades n'étaient pas détectées, si elles étaient plus aléatoires ou si le temps qui les séparait était toujours plus court, le court-circuitage de la violence ne serait pas aussi efficace. En comparaison, la COVID-19 est difficile à contrôler car certaines de ces caractéristiques lui font défaut : les personnes peuvent propager l'infection sans symptômes visibles et l'intervalle de génération est relativement court, environ cinq jours[25].

Une évaluation indépendante du programme Cure Violence menée par le National Institute for Justice américain a montré une baisse substantielle du nombre de fusillades dans les zones où le programme avait été déployé. Il n'est pas toujours évident d'évaluer l'impact précis des programmes anti-violence, car celle-ci peut avoir déjà commencé à décliner pour d'autres raisons. Mais la diminution de la violence étant moins importante dans d'autres quartiers comparables de Chicago, Cure Violence semblait bien avoir été à l'origine de la baisse du nombre de fusillades dans de nombreux endroits. En 2007, Cure Violence a commencé à travailler à Baltimore. Plus tard, quand les chercheurs de l'université John Hopkins ont évalué les résultats, ils ont estimé qu'au cours des deux premières années, le programme avait évité environ trente-cinq fusillades et cinq homicides. D'autres études ont confirmé des baisses similaires après l'introduction des méthodes de Cure Violence[26].

Et pourtant, l'approche de Cure Violence a fait l'objet de critiques. La plupart des sceptiques étaient en charge d'autres méthodes ; à une époque, la police de Chicago s'est plainte d'un manque de coopération de la part des court-circuiteurs. On a aussi vu des exemples de court-circuiteurs de violence accusés d'autres délits. Ces situations sont sans doute inévitables puisque le programme s'appuie sur le fait que ces court-circuiteurs fassent partie des populations à risque plutôt que d'être des membres de la police[27]. Et puis, un certain temps est nécessaire à tout changement social. Faire cesser les représailles peut avoir un impact immédiat sur la violence, mais il faut des années pour gérer les violences sociales sous-jacentes[28]. Cela vaut aussi pour les maladies infectieuses : nous pouvons mettre un terme aux épidémies, mais nous devons aussi réfléchir aux faiblesses latentes des systèmes de santé qui les ont rendues possibles en premier lieu.

En se servant de sa première expérience à Chicago, le programme Cure Violence s'est étendu à d'autres villes américaines, dont Los Angeles et New York ; des projets ont aussi été lancés dans des pays comme l'Irak et le Honduras. À Glasgow, en Écosse, les approches de santé publique allaient aussi inspirer une *unité de réduction des violences*. En 2005, la ville avait été désignée capitale du meurtre en Europe. Chaque semaine, on comptait des dizaines d'attaques au couteau, et notamment de nombreux incidents qui laissaient des personnes mutilées au visage avec les tristement célèbres *sourires de Glasgow*. De plus, la violence était bien plus répandue que ne le laissaient entendre les chiffres de la police. En se penchant sur les registres des hôpitaux, Karyn McCluskey, responsable du renseignement de la police de Strathclyde, comprit d'emblée que la plupart des incidents n'étaient même pas signalés[29].

Les découvertes de McCluskey – et les recommandations associées – aboutirent à la création de l'Unité de réduction de la violence, dont elle allait prendre la tête pour une dizaine d'années. En empruntant des techniques du programme Cure Violence, et d'autres projets américains, comme l'Opération Ceasefire de Boston, l'unité mit en place un ensemble de propositions de santé publique pour s'attaquer au problème de la propagation de la violence[30]. On retrouvait notamment des approches d'interruption, comme le fait de contrôler les services d'accueil des urgences pour les victimes de violence, afin de décourager de possibles représailles. Un autre volet consistait à aider les membres de gangs à se former et à trouver du travail, tout en faisant preuve d'une grande fermeté envers ceux qui continueraient à opter pour la violence. Certaines mesures voyaient aussi à plus long terme, par exemple en apportant un soutien aux enfants vulnérables pour mettre un terme à la transmission de la violence d'une génération à une autre. Il reste encore beaucoup à faire, mais les premiers résultats ont été prometteurs ; la mise en place de l'unité s'est accompagnée d'une baisse conséquente de la criminalité violente[31].

Depuis 2018, la ville de Londres travaille à une initiative similaire pour résoudre ce que l'on a décrit comme une *épidémie* d'agressions au couteau dans la ville. Pour fonctionner aussi bien qu'à Glasgow, il faut que des liens forts se créent entre la police, les communautés, les professeurs, les services de santé, les travailleurs sociaux et les médias. Cela nécessite aussi des investissements continus, étant donné la nature souvent complexe et enracinée du problème. « Il s'agit de passer de la parole aux actes en matière de prévention, et de comprendre que les résultats ne seront pas forcément visibles immédiatement », a déclaré McCluskey au quotidien britannique *The Independent* peu avant le lancement du projet londonien[32].

Parvenir à maintenir les investissements peut s'avérer difficile en santé publique. Bien qu'il essaime de plus en plus, le financement du programme Cure Violence à Chicago demeure sporadique et a souffert de plusieurs coupes budgétaires au fil des ans. Les réactions face à la violence sont en train d'évoluer, mais pas aussi facilement que le souhaiterait Gary Slutkin. « C'est désespérément lent », a-t-il déploré.

En santé publique, l'un des plus gros défis est de réussir à convaincre. Il ne s'agit pas simplement de montrer qu'une nouvelle approche fonctionne mieux que les méthodes déjà existantes. Il faut aussi la défendre et développer une argumentation convaincante, capable de transformer des preuves statistiques en actes.

Peu de personnes ont aussi bien défendu le secteur de la santé publique – ni été aussi pionnières – que Florence Nightingale. Pendant que John Snow étudiait le choléra à Soho, Nightingale s'intéressait aux maladies qui frappaient les troupes britanniques engagées dans la guerre de Crimée. Fin 1854, elle était arrivée sur place pour diriger une équipe d'infirmières dans les hôpitaux militaires. Elle découvrit que les soldats mouraient à une vitesse étonnante. Et pas seulement à cause des combats ; à cause d'infections comme le choléra, la typhoïde, le typhus et la dysenterie. En réalité, les décès étaient principalement dus aux infections. En 1854, huit fois plus de soldats moururent de maladies que de blessures de guerre[33].

Pour Nightingale, cela ne faisait aucun doute, la mauvaise hygiène était en cause. Chaque nuit, elle parcourait plus de six kilomètres dans les couloirs des hôpitaux, sa lampe à la main. Les patients étaient allongés sur des matelas sales, sous lesquels se cachaient des rats, et les murs étaient couverts de saleté. « Les vêtements de ces hommes grouillaient de poux, aussi gros que des caractères imprimés sur une page », raconta Nightingale. Avec ses infirmières, elle se mit à nettoyer les salles. Elles s'assurèrent que les draps soient lavés, les corps baignés et les murs nettoyés. En mars 1855, le gouvernement britannique envoya un groupe de fonctionnaires en Crimée pour s'attaquer à la question de l'état des hôpitaux. Alors que Nightingale s'était concentrée sur l'hygiène, la commission travailla sur les bâtiments, pour améliorer les systèmes de ventilation et d'évacuation.

Nightingale devint célèbre en Angleterre. Peu après son retour, à l'été 1856, la reine Victoria l'invita à Balmoral pour discuter de ses expériences en Crimée. Nightingale en profita pour défendre l'idée d'une commission royale pour examiner les forts taux de mortalité relevés en Crimée. Que s'était-il vraiment passé là-bas ?

Nightingale prit part à cette commission et poursuivit ses propres recherches sur les données de l'hôpital. Après sa rencontre avec le statisticien William Farr lors d'un dîner cet automne-là, son travail s'accéléra. Ils étaient issus de milieux sociaux très différents : Nightingale venait de la classe supérieure – son prénom faisant référence à son enfance passée en Toscane – alors que Farr avait grandi dans la pauvreté de la campagne du Shropshire, étudiant la médecine avant de s'orienter vers les statistiques médicales[34].

Dans les années 1850, Farr était le spécialiste des données démographiques. En parallèle de son travail sur les épidémies comme la variole, il avait mis en place le premier système national de collecte de données d'événements tels que les naissances et les décès. Il avait cependant remarqué que ces statistiques brutes pouvaient être trompeuses. Le nombre total de décès dans une zone donnée dépendait du nombre d'habitants ainsi que de facteurs comme l'âge : une ville dont la population était plus âgée compterait en général plus de décès chaque année qu'une ville peuplée de jeunes gens. Face à ce problème, Farr avait trouvé un nouvel indicateur. Plutôt que d'étudier le nombre total de décès, il regardait le ratio de décès pour mille personnes, en prenant en compte des éléments comme l'âge. Cela lui permettait de comparer différentes populations de façon précise. Comme il le disait : « Le taux de mortalité est un fait ; au-delà de ce chiffre, il n'y a que des déductions[35]. »

En travaillant avec Farr, Nightingale appliqua ces nouvelles méthodes aux données de Crimée. Elle montra que les taux de mortalité dans les hôpitaux militaires étaient bien plus élevés que dans les hôpitaux britanniques. Elle mesura aussi la diminution du nombre de malades après l'arrivée des commissaires à la santé en 1855. En plus de fournir des tableaux de données, elle s'empara d'une nouvelle tendance de la science victorienne : la visualisation des données. Les économistes, les géographes et les ingénieurs utilisaient de plus en plus les graphiques et les schémas pour rendre leur travail plus accessible. Nightingale adapta cette technique en convertissant ses résultats clés en des diagrammes en bâtons et camemberts. Comme les cartes de Snow, ces graphes, dépourvus de tout élément superflu, se concentraient sur l'essentiel. Ces visuels étaient clairs et mémorisables, contribuant à la diffusion de son message.

En 1858, elle publia son analyse de l'état de la santé dans l'armée britannique sous la forme d'un livre de huit cent soixante pages. Des exemplaires furent adressés aux dirigeants, de la reine Victoria et du Premier ministre aux rédacteurs en chef de journaux et aux chefs d'État européens. Qu'il s'agisse des hôpitaux ou des populations, Nightingale était convaincue que la nature obéissait à des lois prévisibles en matière de maladie. Elle disait que les premiers mois en Crimée avaient été terribles du fait de l'ignorance de ces lois. « La nature est la même partout, et l'on ne peut ignorer ses lois sans impunité. » Elle était aussi catégorique quant aux causes des problèmes. « Trois choses ont failli détruire l'armée en Crimée : l'ignorance, l'incompétence et les règles inutiles[36]. »

Les revendications de Nightingale mettaient parfois Farr mal à l'aise. Il la mettait en garde contre le risque d'accorder plus d'importance aux messages qu'aux données. « Nous ne voulons pas impressionner », disait-il. « Nous voulons des faits[37]. » Alors que Nightingale voulait proposer des explications possibles aux décès, Farr considérait que le travail d'un statisticien se limitait à rapporter ce qui s'était passé, plutôt que de faire des hypothèses sur les causes. « Vous vous plaignez que votre rapport soit aride », lui dit-il un jour, « plus il le sera mieux ce sera. Les statistiques devraient être ce qu'il y a de plus aride à lire. »

Nightingale utilisait ses écrits pour militer en faveur du changement, mais elle n'avait jamais souhaité se cantonner au rôle d'auteur. Lorsqu'elle avait décidé de devenir infirmière dans les années 1840, elle avait provoqué la surprise au sein de sa famille aisée et de ses nombreuses relations qui s'attendaient à ce qu'elle se cantonne à un rôle plus traditionnel d'épouse et de mère. Un ami lui avait suggéré qu'elle pourrait toujours poursuivre une carrière littéraire en parallèle. Mais cela ne l'intéressait pas. « Tu me demandes pourquoi je n'écris pas », lui répondit-elle. « Je pense que les sentiments se perdent dans les mots ; il faudrait tous les distiller en actions, des actions qui portent leurs fruits[38]. »

Pour impacter positivement la santé, les actions doivent s'appuyer sur de bonnes preuves. Aujourd'hui, nous avons l'habitude d'utiliser l'analyse de données pour montrer à quel point la santé fluctue, pourquoi et ce qui doit être fait. Cette approche, qui s'appuie sur des preuves, doit beaucoup à des statisticiens comme Farr et Nightingale. Pour cette dernière, les gens comprenaient rarement vraiment ce qui contrôlait ou non les infections. Il se pouvait même que les hôpitaux aient parfois accru le risque de mortalité de leurs patients. Comme elle le disait, « ces institutions, créées pour soulager la détresse humaine, ne savent absolument pas si elles y parviennent ou non »[39].

Les recherches de Nightingale suscitaient le respect de la communauté scientifique, y compris de la part du statisticien Karl Pearson. Pour le grand public, elle était *la dame à la lampe*, une infirmière qui avait pris soin des soldats et s'était attiré la sympathie des gens pour sa cause. Mais pour Pearson, la sympathie ne suffisait pas à faire changer les choses ; il fallait maîtriser le management et l'organisation, et être capable d'interpréter les informations. Pour lui, c'était là le point fort de Nightingale. « Florence Nightingale était convaincue que le gestionnaire ne pouvait réussir que guidé par les connaissances statistiques – et, tout au long de sa vie, ses actions se sont appuyées sur cette conviction. »[40]

D'après Carl Bell, spécialiste en santé publique à l'université de Chicago, trois choses sont nécessaires pour stopper une épidémie : des données de base, une méthode de mise en œuvre et une volonté politique[41]. Pourtant, en matière de violence armée, les États-Unis se trouvent confrontés à des difficultés dès la première étape. Les Centres pour le contrôle et la prévention des maladies (CDC) qui devraient normalement être forces de propositions en matière de santé publique, ont mené très peu de recherches sur la question au cours des deux dernières décennies.

Tout le monde s'accorde à dire que, pour ce qui est des armes, les États-Unis font vraiment figure de cas particulier. En 2010, un jeune américain avait presque cinquante fois plus de risques de mourir au cours d'une fusillade que dans un autre pays au niveau de vie équivalent. Les médias ont tendance à se focaliser sur les fusillades de masse, où apparaissent souvent des armes d'assaut, mais le problème des décès par balle est bien plus vaste. En 2016, ces fusillades de masse – où au moins quatre personnes sont touchées – n'ont représenté aux États-Unis que 3 % des homicides par balle[42].

Alors pourquoi le CDC n'a-t-il pas mené plus de recherches sur la violence armée ? La raison principale en est l'amendement Dickey de 1996 qui stipule qu'« aucun des fonds mis à disposition du CDC pour la prévention et le contrôle des blessures ne pourra être utilisé pour défendre ou promouvoir le contrôle des armes. » L'amendement, qui porte le nom d'un membre du congrès républicain, Jay Dickey, faisait suite à une série de désaccords sur le sujet de la recherche sur les armes aux États-Unis. Avant le vote, un conflit avait éclaté entre Dickey et ses collègues d'une part et Mark Rosenberg d'autre part, directeur du National Center for Injury Prevention and Control au CDC. Les premiers affirmaient que Rosenberg, qui coprésidait un groupe de travail sur les armes à feu, essayait de présenter les armes comme « une menace pour la santé publique » (l'expression venait en fait d'un journaliste du magazine *Rolling Stone* qui avait interviewé Rosenberg au sujet de la violence armée)[43].

Rosenberg avait comparé la recherche sur les armes à feu aux progrès faits pour réduire le nombre de décès liés aux accidents de la route – une analogie qu'utiliserait plus tard le président Barack Obama. « Avec plus de recherche, nous pourrions encore améliorer la sécurité en matière d'armes à feu, de la même manière que la recherche nous a permis de réduire considérablement le nombre de décès sur la route au cours des trente dernières années », a-t-il déclaré en 2016. « Nous menons des recherches quand les voitures, la nourriture, les médicaments et même les jouets sont dangereux, pour les rendre plus sûrs. La recherche et la science sont de bonnes choses. Elles fonctionnent. »[44]

Les voitures ont gagné en sécurité, mais au départ, l'industrie était réticente à entendre ceux qui suggéraient que les véhicules devaient être améliorés. En 1965, Ralph Nader publia son livre *Unsafe at Any Speed* dans lequel il apportait des preuves de défauts de conception dangereux. Les compagnies automobiles tentèrent de le dénigrer. Ils engagèrent des détectives privés pour le suivre et une prostituée pour tenter de le séduire[45]. Même l'éditeur du livre, Richard Grossman, avait des doutes : il pensait que le livre serait difficile à marketer et ne se vendrait probablement pas très bien. « Même si tout était vrai et que tout cela était un véritable scandale, cela intéresserait-il les lecteurs ? »[46], se remémora-il plus tard.

Il s'avéra que oui. Le livre devint un best-seller et les appels en faveur d'une amélioration de la sécurité routière se multiplièrent, on vit apparaître les ceintures de sécurité et, au final, des équipements comme les airbags et les systèmes de freinage antiblocage. Pourtant, avant la publication du livre de Nader, il avait fallu un certain temps pour rassembler les preuves. Dans les années 1930, beaucoup d'experts considéraient qu'il valait mieux être éjecté d'une voiture lors d'un accident plutôt que de rester coincé à l'intérieur[47]. Pendant des décennies, ni les fabricants ni les politiques ne s'étaient intéressés aux recherches liées à la sécurité automobile. Après la publication de *Unsafe at Any Speed*, les choses ont changé. En 1965, si vous parcouriez 1,6 million de kilomètres en voiture, la probabilité que vous mourriez était de 5 % ; en 2014, ce taux avait chuté à 1 %.

Avant de décéder en 2017, Jay Dickey dit qu'il avait changé d'avis sur la recherche sur les armes à feu. Il pensait que le CDC devait effectivement s'intéresser à la violence armée. En 2015, il déclara au *Washington Post* : « Il faut que ce sujet relève du domaine de la science et non plus de la politique »[48]. Après le conflit qui les avait opposés en 1996, Jay Dickey et Mark Rosenberg s'étaient liés d'amitié, ils avaient pris le temps de s'écouter et de s'accorder sur la nécessité de la recherche liée aux armes à feu. « Tant qu'on ne cherche pas la cause de la violence armée, on ne la trouvera pas », écrivirent-ils plus tard dans une tribune cosignée.

En dépit des contraintes de financement, on peut trouver des preuves de la violence armée. Au début des années 1990, avant l'amendement Dickey, des études financées par le CDC avaient révélé que posséder une arme chez soi augmentait le risque d'homicide et de suicide. Cette dernière découverte était particulièrement importante dans la mesure où environ deux tiers des morts par balle aux États-Unis étaient des suicides. Les opposants à ce travail de recherche avaient rétorqué que ces suicides se seraient de toute façon produits, même sans arme à portée de main[49]. Mais ces décisions étant souvent prises de façon impulsive, un accès facile à des moyens de se tuer peut faire la différence. Depuis 1998, le Royaume-Uni ne vend plus de paracétamol en flacons mais en sachets plastifiés contenant au maximum trente-deux comprimés. Les efforts supplémentaires à fournir pour ouvrir les emballages plastiques ont apparemment constitué un frein ; dix ans plus tard, le nombre de décès par overdose de paracétamol avait diminué d'environ 40 %[50].

Si nous ne comprenons pas où se situe le risque, il est très difficile de faire quoi que ce soit. C'est la raison pour laquelle il est nécessaire de mener des recherches sur les phénomènes de violence. Des interventions qui semblent évidentes en apparence peuvent en réalité avoir un impact limité. De la même manière, certaines façons de faire – comme Cure Violence – bousculent les approches existantes mais elles peuvent potentiellement faire baisser le nombre de morts dues aux armes à feu. « Comme pour les blessures liées aux véhicules motorisés, la violence existe dans un contexte de relations de cause à effet ; les choses se passent pour des raisons que l'on peut prévoir »[51], ont écrit Dickey et Rosenberg en 2012. « Étudier les causes d'un évènement tragique – mais non dénué de sens – peut permettre d'en éviter un autre. »

Il nous faut comprendre plus que la violence armée. Jusqu'à présent, nous nous sommes intéressés à des événements fréquents, comme les fusillades ou la violence domestique, ce qui veut dire que nous disposons – en théorie au moins – de beaucoup de données. Mais les délits et la violence peuvent aussi être des événements isolés qui se propagent rapidement au sein d'une population, avec des conséquences désastreuses.

Dans la soirée du samedi 6 août 2011, Londres plongea dans ce qui allait être la première de cinq nuits de pillages, d'incendies et de violences. Deux jours plus tôt, un membre présumé d'un gang de Tottenham, au nord de Londres, avait été abattu par la police, déclenchant des manifestations qui s'étaient transformées en émeutes à travers la ville, avant de se propager également à d'autres villes du pays, de Birmingham à Manchester.

Le chercheur en criminologie Toby Davies vivait alors dans le quartier de Brixton[52]. Si, au cours de la première nuit d'émeutes, cette zone fut épargnée par la violence, elle serait finalement l'un des endroits les plus touchés. Dans les mois qui suivirent, Davies et ses collègues de l'University College de Londres (UCL) décidèrent de décortiquer la manière dont de tels troubles pouvaient se produire[53]. Plutôt que de chercher à expliquer comment ou pourquoi une émeute se déclenche, l'équipe se concentra sur ce qui passe une fois qu'elle a démarré. Ils décomposèrent les émeutes en trois décisions élémentaires. La première était la participation ou non d'une personne à une émeute. Les chercheurs supposaient que cette décision dépendait de son environnement – un peu comme pour une maladie épidémique – ainsi que de facteurs locaux socio-économiques. Une fois que quelqu'un avait décidé de participer, la seconde décision était liée à l'endroit où se déroulaient les faits. Beaucoup d'émeutes et de pillages se concentrant dans des zones commerciales, les chercheurs s'appuyèrent sur un modèle préexistant de flux de déplacements des consommateurs dans ce type d'endroits (certains articles de presse décrivirent les émeutes londoniennes comme du *violent shopping*[54].) Enfin, leur modèle tenait compte de l'éventualité qu'une personne soit arrêtée une fois arrivée sur le lieu de l'émeute. Ceci dépendait de la proportion entre le nombre d'émeutiers et la police, un indicateur que Davies appelait l'*infériorité numérique.*

Ce modèle a permis de reproduire certaines des grandes tendances des émeutes de 2011 – comme le point focal de Brixton – mais il montre aussi la complexité de ce genre d'événements. Davies précise qu'il ne s'agit que d'une première étape ; beaucoup reste à faire dans ce domaine de recherche. La disponibilité des données représente un obstacle majeur. Pour son analyse, l'équipe de l'UCL ne disposait d'informations que sur le nombre d'arrestations pour les délits en lien avec les émeutes. « Vous l'imaginez bien, c'est un sous-échantillon très petit et très biaisé », dit Davies. « Cela ne représente pas l'ensemble des personnes qui pourraient potentiellement s'impliquer dans une émeute. » Par ailleurs, en 2011, la diversité des émeutiers était également plus importante que ce que l'on aurait pu imaginer, mêlant des groupes d'ordinaire rivaux. Cependant, un modèle présente l'avantage de pouvoir explorer des situations inhabituelles et trouver des réponses potentielles. Pour les délits courants, comme les cambriolages, la police peut mettre en place des mesures de contrôle, voir ce qui se passe et affiner sa stratégie. Mais cette approche ne fonctionne pas pour des événements rares et ponctuels. « La police n'a pas tous les jours des émeutes pour s'entraîner », remarquait Davies.

Pour qu'une émeute démarre, il faut déjà que des gens aient envie de s'y rendre. Comme le dit le criminologue John Pitts : « Vous ne pouvez pas faire une émeute tout seul. [...] Une émeute en solo, c'est une grosse colère. »[55] Alors comment une émeute grossit-elle à partir d'une seule personne ? En 1978, est parue une étude de Mark Granovetter, désormais classique, qui s'intéressait à la manière dont peut naître le désordre. Il proposait différents seuils de participation à une émeute, selon les personnes : une personne radicale pourra participer peu importe ce que font les autres, alors qu'une plus conservatrice ne participera sans doute que si beaucoup d'autres le font. À titre d'exemple, il proposait d'imaginer cent personnes réunies sur une place. L'une d'elle a un seuil de zéro, ce qui signifie qu'elle fera une émeute (ou une grosse colère), même seule ; la personne suivante a un seuil d'un, elle ne participera que si au moins une autre personne participe ; la personne suivante, un seuil de deux, et ainsi de suite avec une augmentation progressive à chaque fois. Granovetter souligne ici l'inévitable effet domino : la personne avec un seuil nul commencera une émeute, entraînant la personne avec un seuil d'un, ce qui entraînera la personne avec un seuil de deux – et ainsi de suite jusqu'à ce que toute la foule participe.

Mais que se passerait-il si la situation différait légèrement ? Imaginez que la personne avec un seuil d'un ait un seuil de deux. Cette fois, la première personne commencerait l'émeute, mais il n'y aurait personne avec un seuil suffisamment bas pour suivre le mouvement. Bien que dans chaque cas la foule soit presque identique, il suffit du comportement d'une personne pour basculer de la colère à l'émeute. Pour Granovetter, ces seuils personnels peuvent s'appliquer à d'autres formes de comportement collectif, du démarrage d'une grève à la décision de quitter une soirée[56].

L'émergence d'un comportement collectif peut aussi faire sens en matière de contre-terrorisme. Les terroristes potentiels sont-ils recrutés parmi une hiérarchie existante ou bien leur groupe se forme-t-il de façon organique ? En 2016, le physicien Neil Johnson a étudié l'augmentation du soutien au soi-disant état islamique sur Internet. En passant au peigne fin des échanges sur les réseaux sociaux, son équipe a découvert que les partisans s'agrégeaient progressivement en des groupes plus larges, avant de se disperser en plus petits groupes lorsque les autorités les démantelaient. Johnson a comparé ce processus à un banc de poissons qui se sépare et se reforme à l'approche des prédateurs. Bien que rassemblés dans des groupes distincts, les partisans de l'état islamique ne semblaient pas obéir à une hiérarchie cohérente[57]. Dans leurs études portant sur l'insurrection à l'échelle mondiale, Johnson et ses collaborateurs ont avancé que cette dynamique collective dans les groupes terroristes pouvait expliquer pourquoi les attaques de grande ampleur sont moins nombreuses que les petites attaques[58].

L'étude menée par Johnson sur l'activité de l'état islamique avait pour objectif de comprendre l'écosystème de l'extrémisme – comment des groupes se forment, grossissent et disparaissent ; mais les médias ont préféré se concentrer sur la question de savoir si elle permettait ou non de prévoir les attaques de façon précise. Malheureusement, ces méthodes sont sans doute encore très loin d'aboutir à de telles prédictions. Mais elles ont au moins permis d'avoir un aperçu des méthodes sous-jacentes. Pour J.-M. Berger, qui mène des recherches sur l'extrémisme à l'université George Washington, il est rare d'avoir accès à une analyse aussi fine du terrorisme. Après la publication de l'étude, il a confié au *New York Times* : « Beaucoup de sociétés se targuent de pouvoir faire ce que fait cette étude, et je crois que beaucoup d'entre elles se contentent de vendre de la poudre aux yeux. »[59]

Prédire n'est pas une mince affaire. Il ne suffit pas d'anticiper le moment où aura lieu une attaque terroriste, les gouvernements doivent aussi tenir compte de la méthode qui pourra être utilisée et de son éventuel impact. Dans les semaines qui ont suivi les attaques du 11 septembre 2001, des enveloppes contenant de l'anthrax (une bactérie toxique) ont été envoyées à plusieurs personnes des médias et des membres du Congrès américain. Cinq personnes en sont mortes, et l'on s'est inquiété de l'éventualité d'une autre attaque bioterroriste[60]. Parmi les pires craintes, on avait identifié la variole. Elle avait été éradiquée mais deux laboratoires gouvernementaux conservaient des échantillons du virus, l'un aux États-Unis, l'autre en Russie. Et s'il en existait d'autres, non officialisés, susceptibles de tomber entre de mauvaises mains ?

À l'aide de modèles mathématiques, plusieurs groupes de recherche ont tenté d'évaluer ce qui pourrait se produire si des terroristes lâchaient un virus dans une population humaine. La plupart d'entre eux ont conclu qu'une épidémie enflerait rapidement à moins que des mesures de contrôle préventives ne soient mises en place. Peu après, le gouvernement américain a décidé d'offrir des vaccins contre le virus à un demi-million de personnes du secteur de la santé. Ce plan a reçu un accueil mitigé : fin 2003, moins de quarante mille travailleurs s'étaient fait vacciner.

En 2006, Ben Cooper, alors modélisateur mathématique pour l'agence britannique de protection de la santé (HPA), a rédigé un article à fort retentissement dans lequel il critiquait les approches utilisées pour évaluer les risques liés à la variole. Il l'avait intitulé *Modélisations vérolées et décisions hâtives*. D'après lui, plusieurs des modélisations comportaient des hypothèses contestables, et il citait un exemple particulièrement flagrant. « Tout le monde a été surpris par le fait que le modèle des Centres pour le contrôle et la prévention des maladies laisse complètement de côté la recherche de contacts et prévoie soixante-dix-sept mille milliards de cas si l'épidémie n'était pas contrôlée », a-t-il remarqué. Oui, vous avez bien lu. Bien que la population mondiale ait alors compté moins de sept milliards de personnes, la modélisation avait émis l'hypothèse selon laquelle le nombre de personnes susceptibles d'être infectées était infini, ce qui signifiait que la transmission pouvait se poursuivre indéfiniment. Même si les chercheurs du CDC ont reconnu l'ampleur de la simplification, qu'une étude sur les épidémies pose une hypothèse à ce point déconnectée de la réalité a créé l'étonnement[61].

Pourtant, l'un des avantages d'une modélisation simple est en général de pouvoir facilement repérer quand elle est erronée – et pourquoi. Cela permet également de débattre plus facilement de son utilité. Même quelqu'un qui maîtrise mal les mathématiques comprend que les hypothèses influencent les résultats. Inutile de faire de grands calculs pour voir que si les chercheurs présupposent que la variole a un niveau de transmission élevé et que le nombre de personnes susceptibles est illimité, on peut aboutir à une épidémie si vaste qu'elle en devient irréaliste.

Plus les modélisations se complexifient, en multipliant les caractéristiques et les hypothèses, plus il devient difficile d'en repérer les failles. Ceci est problématique dans la mesure où même les modélisations mathématiques les plus sophistiquées ne sont au final que la simplification d'une réalité enchevêtrée et complexe. Cela revient à construire un train. Peu importe le nombre d'accessoires que vous y ajoutez – des panneaux, des wagons, des horaires et des retards – cela restera une modélisation. Vous pourrez vous en servir pour comprendre certains aspects de la vraie version, mais il existera toujours des cas où la modélisation différera de la situation réelle. Qui plus est, l'ajout d'éléments n'aboutira pas forcément à une meilleure représentation. En matière de modélisation, on court toujours le risque de confondre sens du détail et exactitude. Imaginez que, dans votre train miniature, tous les trains soient tirés par des animaux de zoo sculptés et peints avec précision. Cela sera peut-être une maquette très détaillée, mais elle ne sera pas réaliste[62].

Dans son article, Cooper remarquait que d'autres modélisations plus détaillées de la variole avaient abouti à des conclusions aussi pessimistes quant à l'éventualité d'une vaste épidémie. Cependant, outre les détails supplémentaires, ces modélisations intégraient toujours une caractéristique irréaliste : l'hypothèse selon laquelle l'essentiel des transmissions avaient lieu avant l'apparition des éruptions cutanées caractéristiques de la variole. Les données réelles montraient une toute autre réalité : la plupart des transmissions avaient lieu après l'apparition des éruptions. Ceci allait largement faciliter le repérage des personnes infectieuses et, par conséquent, le contrôle de la maladie par des mises en quarantaine plutôt que par de vastes campagnes de vaccination.

Des maladies épidémiques au terrorisme et à la criminalité, les prévisions peuvent faciliter la planification et l'allocation des ressources des agences sanitaires. Elles peuvent aussi attirer l'attention sur un problème et convaincre de la nécessité d'y allouer des ressources dès le départ. Un bon exemple date de septembre 2014. Alors qu'une épidémie d'Ebola ravageait plusieurs zones d'Afrique de l'Ouest, les CDC ont annoncé que le nombre de cas pourrait atteindre 1,4 million d'ici janvier si rien n'était fait[63]. L'esprit de ce message aurait plu à Florence Nightingale, et il a été très efficace : cette analyse a attiré l'attention du monde entier, avec de nombreuses retombées médiatiques. Comme avec plusieurs autres études publiées vers cette période, on comprenait là la nécessité d'une réponse rapide pour contrôler l'épidémie en Afrique occidentale. Mais les estimations des CDC se sont rapidement et largement attiré les critiques de la communauté scientifique.

L'un des problèmes tenait à l'analyse en tant que telle. Le CDC qui avait produit ces chiffres était le même que celui qui avait publié les estimations de la variole. Il avait utilisé le même modèle, avec un nombre illimité de personnes susceptibles d'être infectées. Si cette modélisation d'Ebola avait couru jusqu'en avril 2015, plutôt que janvier, le nombre de cas à venir aurait été estimé à plus de trente millions, soit bien plus que l'ensemble des populations des pays impactés[64]. Beaucoup de chercheurs se sont interrogés sur la pertinence d'une modélisation très simple pour évaluer la propagation du virus Ebola cinq mois plus tard. J'en faisais partie. « Les modélisations peuvent nous fournir des informations utiles sur la façon dont Ebola pourrait se propager au cours du prochain mois environ », avais-je alors déclaré alors à des journalistes, « mais il est quasiment impossible de faire des prévisions précises à plus long terme. »[65]

Soyons clairs, le CDC compte en son sein des chercheurs de très bon niveau et la modélisation d'Ebola n'était qu'un exemple de leurs travaux parmi tant d'autres. Mais cela illustre bien la difficulté à produire et à communiquer largement sur les analyses épidémiques. Les prévisions erronées sont problématiques car elles viennent renforcer l'idée selon laquelle les modélisations ne sont pas vraiment utiles. Si les modélisations donnent de fausses prévisions, alors à quoi bon s'y intéresser ?

En matière de prévision des épidémies, nous sommes confrontés à un paradoxe. Si des prévisions météorologiques pessimistes ne changent rien à l'ampleur d'un orage, celles liées à une épidémie peuvent avoir une influence sur le nombre final de cas. Qu'une modélisation considère une épidémie comme une menace majeure, et la réponse des agences sanitaires se fera en conséquence. Si l'épidémie est alors contrôlée, on dira que la prévision initiale était fausse. Par conséquent, on peut facilement confondre une prévision inutile (c'est-à-dire qui ne se serait jamais produite) avec une prévision utile, qui se serait réalisée sans l'intervention des agences sanitaires. On trouve des situations semblables dans d'autres domaines. Dans la période précédant l'an 2000, des centaines de milliards de dollars ont été dépensés par les gouvernements et les entreprises pour faire face au *bug du millénaire*. Pensé à l'origine comme un moyen de gagner de l'espace de stockage pour les premiers ordinateurs en abrégeant les dates, le bug avait perduré dans les systèmes plus modernes. Grâce aux efforts menés pour résoudre le problème, les dommages ont au final été limités : beaucoup d'articles de presse se sont alors plaints que le risque avait été surestimé[66].

L'estimation du CDC pour Ebola avait échappé à ce problème car il ne s'agissait pas à proprement parler d'une prévision ; c'était un scénario parmi d'autres. Là où une prévision décrit ce que l'on pense se produire dans le futur, un scénario nous montre ce qui pourrait arriver sur la base d'une série d'hypothèses. Le nombre estimé d'1,4 million de cas présupposait que la croissance de l'épidémie se poursuivrait exactement au même rythme. En incluant dans la modélisation des mesures de contrôle, la prévision était bien moins élevée. Mais une fois les chiffres repris, ils restent en mémoire et alimentent le scepticisme sur les types de modélisation dont ils sont issus. « Souvenez-vous du million de cas d'Ebola annoncé par le CDC à l'automne 2014 », a tweeté en 2018 Joanne Liu, présidente de Médecins sans frontières (MSF), en réponse à un article sur le thème des prévisions[67]. « La modélisation a aussi ses limites. »

Même si l'évaluation à hauteur de 1,4 million de cas n'était rien de plus qu'un scénario, elle donne néanmoins une base de référence : si rien n'avait été fait, c'est ce qui se serait passé. Au cours de l'épidémie de 2013 à 2016, près de trente mille cas d'Ebola ont été signalés au Liberia, en Sierra Leone et en Guinée. L'introduction des mesures de contrôle par les agences sanitaires occidentales a-t-elle vraiment permis d'éviter d'atteindre plus de 1,3 million de cas[68] ?

Dans le secteur de la santé publique, il est souvent fait référence aux mesures de contrôle des maladies en disant que l'on *retire la poignée de la pompe*. C'est un clin d'œil au travail mené par John Snow sur le choléra et à la pompe à eau qui avait été retirée de Broad Street. Ne négligeons pourtant pas un détail : quand on retira la pompe, le 8 septembre 1854, l'épidémie de choléra de Londres déclinait déjà. La plupart des personnes à risque avaient soit déjà été infectées, soit quitté le quartier. Pour être exact, *retirer la poignée de la pompe* devrait en réalité s'appliquer à des mesures de contrôle utiles en théorie mais mises en place trop tardivement.

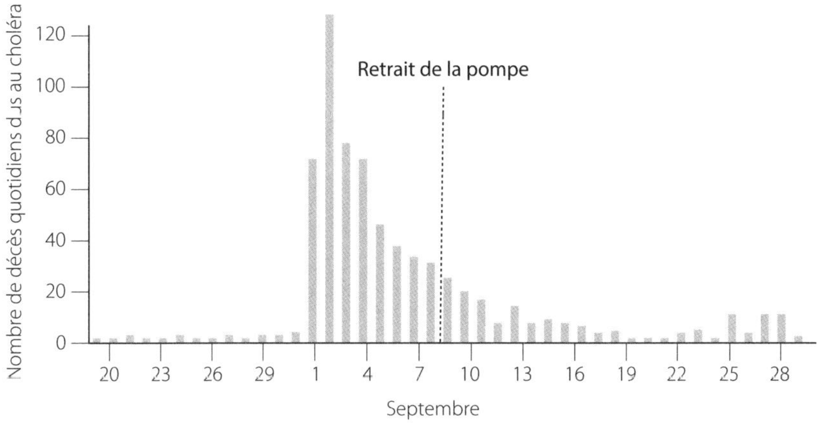

Épidémie de choléra dans le quartier de Soho, 1854.

Fin 2014, quand certains des plus grands centres de traitement d'Ebola ont ouvert leurs portes, l'épidémie avait déjà commencé à ralentir, voire à vraiment décliner[69]. Et pourtant, dans certaines zones, les mesures de contrôle ont coïncidé avec la chute du nombre de cas. Il est par conséquent difficile de déterminer leur impact exact. Les équipes de secours ont souvent mis en place plusieurs mesures simultanément, du traçage des contacts infectés à l'incitation à opter pour de nouveaux comportements, en passant par l'ouverture de centres de traitement et les mesures de sécurité pour l'organisation des enterrements. Quel était l'impact réel des efforts internationaux ?

Grâce à une modélisation mathématique de la transmission du virus Ebola, notre groupe a estimé que la mise en place de lits supplémentaires – favorisant l'isolement des cas du reste de la population et réduisant ainsi la transmission – a permis d'éviter environ soixante mille cas d'Ebola en Sierra Leone entre septembre 2014 et février 2015. Dans certaines zones, nous avons vu que le déclin de l'épidémie était entièrement imputable au déploiement de centres de traitement ; dans d'autres, on a trouvé des preuves d'une diminution accrue de la transmission au sein de la population. Cela aurait pu traduire d'autres efforts de contrôle menés à l'échelle locale et internationale, ou peut-être des changements de comportements qui se seraient produits quoiqu'il arrive[70].

Par le passé, les épidémies d'Ebola ont montré l'importance que peuvent avoir les changements de comportements dans le contrôle d'une épidémie. Quand, en 1976, la première épidémie connue a démarré dans le village de Yambuku, au Zaïre (devenu l'actuelle République démocratique du Congo), l'infection s'est déclenchée dans un petit hôpital local, avant de se propager dans la population. En utilisant des données d'archives de l'investigation initiale de l'épidémie, mes collègues et moi avons estimé que le taux de transmission au sein de la population diminuait fortement quelques semaines après le début de l'épidémie[71]. L'essentiel de ce déclin s'était produit avant la fermeture de l'hôpital et avant l'arrivée sur place des équipes internationales. « Les populations dans lesquelles l'épidémie avait continué à se propager avaient développé leur propre forme de distanciation sociale », rappelait l'épidémiologiste David Heymann qui participait à l'investigation[72]. Il ne fait pas de doute que la réponse internationale face au virus Ebola fin 2014 et début 2015 a contribué à éviter de nouveaux cas en Afrique occidentale. Mais, en même temps, les organisations étrangères devraient faire preuve de prudence lorsqu'elles s'attribuent trop de mérite quant au déclin de ce genre d'épidémies.

Malgré les difficultés inhérentes aux prévisions, la demande est forte. Qu'ils s'intéressent à la propagation des maladies infectieuses ou de la criminalité, les gouvernements et autres organisations ont besoin de preuves pour étayer leurs futures mesures politiques. Alors, comment améliorer les prévisions épidémiques ?

En cas de souci avec une prévision, on peut en général en trouver l'origine soit dans la modélisation elle-même, soit dans les données utilisées. La règle de base est la suivante : une modélisation mathématique devrait toujours être conçue en partant des données disponibles. Par exemple, si les données sur les différents chemins de transmission ne sont pas disponibles, on devrait plutôt chercher à formuler des hypothèses simples mais plausibles sur la propagation dans son ensemble. En plus de faciliter l'interprétation des modélisations, cette approche facilite aussi la communication sur ce que l'on ne connaît pas. Plutôt que de chercher à comprendre une modélisation complexe fourmillant d'hypothèses cachées, on pourra se concentrer sur le processus principal, même si l'on ne connaît pas grand-chose aux modélisations.

Au-delà de mon domaine d'intervention, j'ai découvert que l'analyse mathématique peut susciter deux réactions. D'abord, la suspicion. C'est bien compréhensible : face à ce qui est opaque et inhabituel, notre instinct peut nous souffler de nous méfier. Dans ce cas, on se désintéressera sans doute de l'analyse. L'autre réaction est totalement inverse. Plutôt que d'ignorer les résultats, nous allons leur accorder une confiance aveugle. L'opacité et la difficulté sont perçues comme des signaux positifs. J'ai souvent entendu dire qu'une notion mathématique était formidable parce que personne ne la comprenait. Dans ce cas, on assimile complexité et intelligence. Pour le statisticien George Box, les observateurs ne sont pas les seuls à pouvoir se laisser séduire par les analyses mathématiques. On raconte qu'il aurait dit un jour : « les statisticiens, comme les artistes, ont cette manie de tomber amoureux de leurs modèles[73]. »

Nous devons aussi réfléchir aux données que nous utilisons pour nos analyses. Contrairement aux expériences scientifiques, les épidémies sont rarement bien conçues : les données peuvent être confuses et manquantes. Après coup, nous pouvons tracer de beaux graphes qui montrent l'augmentation et la diminution du nombre de cas mais, au cœur d'une épidémie, nous disposons rarement de ce genre d'informations. Par exemple, en décembre 2017, notre équipe a travaillé avec MSF sur l'analyse d'une épidémie de diphtérie dans des camps de réfugiés au Bangladesh, dans le district de Cox's Bazar. Chaque jour, nous recevions un nouveau jeu de données. Il fallait un certain temps pour que les nouveaux cas soient signalés ; peu de cas récents apparaissaient donc dans ces données : si quelqu'un tombait malade le lundi, en général nous ne le voyions apparaître dans les données que le mercredi ou le jeudi. L'épidémie se poursuivait donc mais ces écarts donnaient l'impression qu'elle était presque terminée[74].

Le manque de fiabilité des données épidémiques ne les rend pas non plus inexploitables. Disposer de données imparfaites n'est pas nécessairement problématique si l'on sait dans quelle mesure elles le sont et que l'on peut s'adapter en fonction. Imaginez par exemple que votre montre ait une heure de retard. Si vous ne le savez pas, vous allez avoir des ennuis. Mais si vous avez conscience de cet écart, vous pouvez le corriger mentalement et continuer à être à l'heure. De la même manière, en connaissant l'écart dans les signalements, nous pouvons ajuster notre interprétation de la courbe épidémique. Ces *prévisions immédiates*, qui visent à comprendre la situation telle qu'elle est à un instant T, sont souvent nécessaires avant de pouvoir procéder à des prévisions.

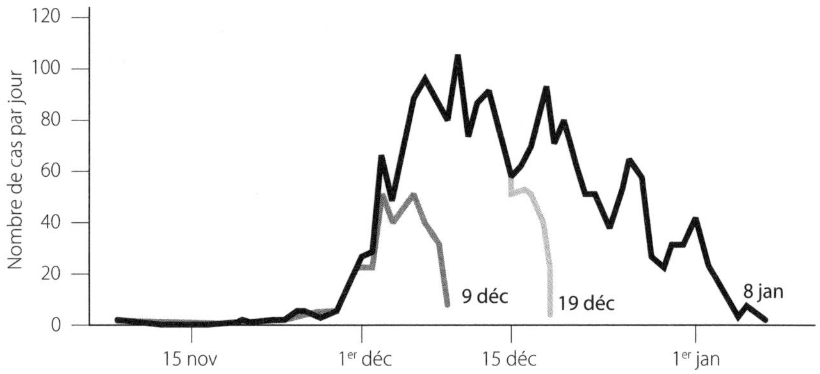

Épidémie de diphtérie à Cox's Bazar, au Bangladesh, en 2017-2018. Chaque tracé représente le nombre de cas quotidiens tels que signalés dans les jeux de données des 9 décembre, 19 décembre et 8 janvier. Source : Finger *et al.*, 2019.

Notre capacité à faire des prévisions immédiates va dépendre du délai et de la qualité des données disponibles. La plupart des épidémies de maladies infectieuses durent plusieurs semaines ou mois, mais d'autres peuvent se produire sur des échelles de temps bien plus longues. Prenez ce que l'on appelle la crise ou l'épidémie des opioïdes aux États-Unis, où un nombre croissant de personnes sont dépendantes aux antidouleurs sur ordonnance et aux substances illégales comme l'héroïne. Les morts par overdose sont devenues la principale cause de mortalité chez les Américains de moins de cinquante-cinq ans. Conséquence de ces décès supplémentaires, l'espérance de vie moyenne aux États-Unis a diminué pendant trois années consécutives, entre 2015 et 2018. Cela ne s'était pas produit depuis la Seconde guerre mondiale. Certains aspects de la crise sont spécifiques aux États-Unis mais d'autres zones sont à risque ; la consommation des opioïdes a également augmenté dans des pays comme le Royaume-Uni, l'Australie et le Canada[75].

Malheureusement, il est difficile de suivre le nombre de morts par overdose car confirmer qu'un décès est lié à la drogue prend beaucoup de temps. Les premières estimations pour les décès par overdose aux États-Unis en 2018 ne sont parues qu'en juillet 2019[76]. Même si des données sont disponibles plus rapidement à l'échelle locale, obtenir une vision de la crise à l'échelle nationale peut prendre un certain temps. « Nous passons notre temps à regarder en arrière », résume Rosalie Licardo Pacula, économiste en chef à la RAND Corporation, spécialisée en recherche sur les politiques publiques. « Nous ne sommes pas très doués pour voir ce qui se passe sous nos yeux. »[77]

Les médias parlent énormément de la crise américaine des opioïdes du XXIe siècle, mais pour Hawre Jalal et ses collègues, le problème est bien plus ancien. En étudiant les données disponibles pour la période allant de 1979 à 2016, ils ont découvert que le nombre de morts par overdose aux États-Unis avait considérablement augmenté pendant cette période, avec un doublement du taux de mortalité tous les dix ans[78]. Ils ont observé cette croissance, tant dans la plupart des états qu'à l'échelle nationale. La constance du modèle de croissance pouvait surprendre, du fait des évolutions dans la consommation des drogues au fil des décennies. « Ce modèle d'une croissance prévisible que l'on retrouve au moins sur les trente-huit dernières années laisse entendre que l'épidémie actuelle des opioïdes serait la manifestation récente d'un processus de long terme qui se poursuit », ont remarqué les chercheurs. « Il est possible que ce processus se poursuive ainsi pendant encore quelques années. »[79]

Et pourtant, les morts par overdose ne sont que la partie émergée de l'iceberg. Elles ne nous disent rien des événements qui les ont précédées ; une personne peut avoir commencé à consommer des drogues des années auparavant. Ce décalage dans le temps se retrouve dans la plupart des types d'épidémies. Lorsque nous sommes au contact d'une infection, il s'écoule en général un délai entre l'exposition et l'apparition des effets. Par exemple, pendant l'épidémie du virus Ebola de 1976 au Yambuku (en actuelle République démocratique du Congo) il fallait souvent quelques jours aux personnes qui avaient été exposées au virus pour tomber malades. Pour les infections qui allaient s'avérer mortelles, il s'écoulait encore environ une semaine entre l'apparition de la maladie et le décès. Selon que nous regardions par le prisme des maladies ou des décès, nous obtiendrons deux visions légèrement différentes de l'épidémie. Si l'on se concentre sur les nouveaux cas d'Ebola, l'épidémie de Yambuku semble avoir atteint son pic après six semaines, si l'on se focalise sur les décès, ce serait une semaine plus tard.

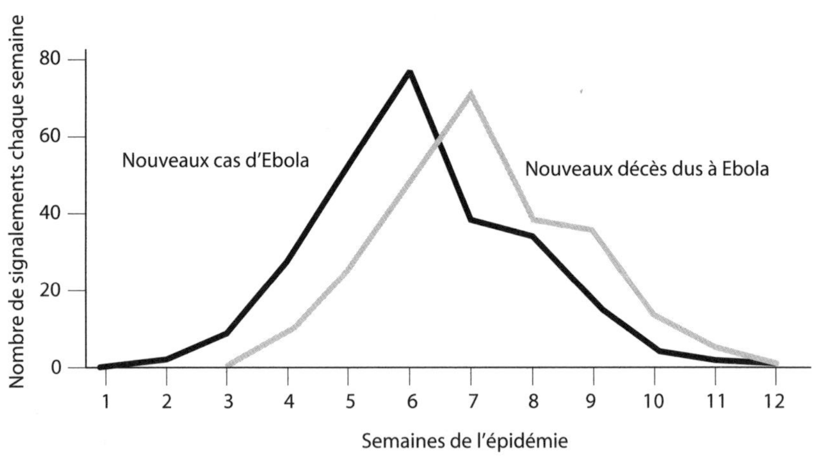

Épidémie d'Ebola à Yambuku en 1976. Source : Camacho *et al.*, 2014.

Si les deux jeux de données sont utiles, ils ne mesurent pas tout à fait la même chose. Le décompte des nouveaux cas d'Ebola nous indique ce qui arrive aux personnes susceptibles – spécifiquement, combien sont infectées – alors que le nombre de décès nous montre ce qui arrive aux personnes déjà infectées. Après le premier pic, les tracés des deux courbes prennent des directions opposées pendant environ une semaine : le nombre de cas chute, alors que le nombre de décès continue d'augmenter.

Pour Pacula, toutes les épidémies de drogue présentent les mêmes stades. Au début, le nombre d'utilisateurs augmente puisque de nouvelles personnes sont exposées aux drogues. Dans le cas des opioïdes, l'exposition commence souvent par une ordonnance médicale. On peut être tenté de rejeter la faute sur les patients qui prennent trop de traitements ou sur les médecins qui en prescrivent trop. Mais n'oublions pas les groupes pharmaceutiques qui font la promotion d'opioïdes forts directement auprès des médecins. Ainsi que les compagnies d'assurances, qui, souvent, financent plus facilement les antidouleurs que des alternatives comme la physiothérapie. Notre style de vie actuel est également en cause : le nombre de douleurs chroniques augmente, en lien avec un accroissement du nombre de personnes obèses et une augmentation du travail sédentaire.

L'un des meilleurs moyens de ralentir la progression d'une épidémie au cours de ses premiers stades est de réduire le nombre de personnes susceptibles d'être infectées. Pour les drogues, cela passe par une meilleure éducation et une prise de conscience. « L'éducation a été très importante et très efficace », observe Pacula. Restreindre dès le départ l'approvisionnement en drogues peut aussi être utile. Étant donné la multitude de drogues concernées dans l'épidémie des opioïdes, il faut cibler tous les chemins d'exposition potentiels, plutôt qu'un traitement en particulier.

Quand le nombre de nouveaux utilisateurs atteint un pic, nous entrons dans le stade intermédiaire d'une épidémie de drogues. Beaucoup de consommateurs sont encore susceptibles de se tourner vers une consommation de drogues plus dures, voire de substances illicites quand ils ne peuvent plus obtenir d'ordonnances. Fournir des traitements et prévenir la consommation intensive peut alors s'avérer particulièrement efficace. L'objectif est ici de réduire le nombre global de consommateurs plutôt que de simplement éviter les nouvelles addictions.

Au stade final d'une épidémie de drogue, le nombre de consommateurs nouveaux et existants décroît, mais un groupe de forts consommateurs demeure. Ce sont les personnes qui sont les plus à risque, car elles sont susceptibles d'être passées des opioïdes disponibles sur ordonnance à des drogues bon marché comme l'héroïne[80]. Mais il ne suffit pas, dans ces derniers stades, de s'attaquer au marché des drogues illicites. Le problème sous-jacent de l'addiction est bien plus profond et plus vaste. Comme le dit Paul Cell, commissaire de police : « Ce n'est pas en procédant à des arrestations que l'Amérique va mettre un terme à l'épidémie des opioïdes[81]. » Il ne s'agit pas non plus de bloquer l'accès aux ordonnances. « Il y a un problème d'addiction, et pas simplement un problème d'opioïdes », insiste Pacula. « Ne pas proposer de traitement quand vous supprimez la drogue, revient à inciter [les consommateurs] à se tourner vers n'importe quoi d'autre. » Elle a observé que les épidémies de drogue s'accompagnent aussi d'une série d'effets secondaires. « Même si l'on parvient à maîtriser la question du mauvais usage des opioïdes, nous sommes face à des tendances de long terme, très inquiétantes, et qui n'ont même pas encore été abordées. » Notamment l'impact sur la santé des consommateurs de drogues. En délaissant les cachets pour les injections de drogue, ils risquent des infections comme l'hépatite C et le VIH. La dépendance d'un grand nombre de personnes aux drogues a aussi un impact social plus large – sur les familles, les communautés et les emplois.

Les différentes stratégies de contrôle auront plus ou moins de succès selon les trois stades d'une épidémie de drogue : savoir à quel stade on se situe est donc crucial. En théorie, il devrait être possible de le calculer en estimant le nombre annuel de nouveaux consommateurs, de consommateurs existants et de gros consommateurs. Mais la complexité de la crise des opioïdes, qui mêle consommation sur ordonnance et consommation illicite, rend cette distinction très difficile. Nous disposons de sources de données utiles – comme la fréquentation des urgences et le résultat des tests menés suite à des arrestations – mais, au cours des dernières années, ces informations sont devenues de plus en plus difficiles à obtenir. Nous ne pouvons pas tracer un joli graphe avec les différents stades de la consommation de drogues comme pour l'épidémie du virus Ebola de Yambuku, tout simplement parce que les données ne sont pas disponibles. C'est un problème courant en analyse épidémique : ce qui n'est pas signalé est, par définition, difficile à analyser.

En général, aux premiers stades d'une maladie contagieuse, deux objectifs principaux s'imposent : comprendre la transmission et la contrôler. Ces objectifs sont intimement liés. En améliorant notre compréhension de la manière dont quelque chose se propage, nous pouvons identifier des mesures de contrôle plus efficaces. Nous pouvons cibler les interventions sur les groupes à haut risque, ou identifier d'autres maillons faibles dans la chaîne de transmission.

Cela fonctionne aussi dans l'autre sens : les mesures de contrôle peuvent influencer notre compréhension de la transmission. Pour les maladies, comme pour la consommation de drogue et la violence armée, les infrastructures sanitaires nous permettent souvent de mieux comprendre les épidémies. Si les systèmes de santé sont affaiblis ou surchargés, la qualité des données entrantes peut être impactée. En août 2014, pendant l'épidémie du virus Ebola au Liberia, l'un des jeux de données avec lesquels nous travaillions laissait supposer une stabilisation du nombre de nouveaux cas dans la capitale Monrovia. Nous y avons d'abord vu une bonne nouvelle. Puis nous avons compris ce qui se passait : le jeu de données venait d'un centre de traitement qui était complet. Le nombre de cas signalés n'avait pas atteint son pic du fait d'un ralentissement de l'épidémie mais parce que ce centre ne pouvait plus accueillir de nouveaux patients.

L'interaction entre compréhension et contrôle des épidémies intervient également dans l'univers de la criminalité et de la violence. Pour savoir où se déroule un délit, les autorités devront en général s'appuyer sur ce qui leur est signalé. Utiliser des modélisations pour prévoir les délits peut poser problème. En 2016, la statisticienne Kristian Lum et le politologue William Isaac ont publié un exemple de la façon dont les signalements pouvaient influencer les prévisions[82]. Ils s'étaient intéressés à la consommation de drogue à Oakland, en Californie. Après avoir rassemblé des données sur les arrestations liées à la drogue en 2010, ils les avaient entrées dans l'algorithme PredPol, un outil souvent utilisé dans l'analyse policière aux États-Unis. Les algorithmes de ce type s'apparentent au fond à des appareils de traduction : ils prennent les informations liées à un individu ou à un lieu et les convertissent en une estimation du risque de criminalité. D'après les développeurs de PredPol, l'algorithme n'utilise que trois données pour effectuer ses prévisions : le passif concernant le type de crime, le lieu et le moment où il a été commis. Aucune information personnelle susceptible de biaiser les résultats pour certains groupes n'est explicitement utilisée – comme l'origine raciale ou le genre.

En se servant de cet algorithme, Lum et Isaac ont formulé des prévisions sur les endroits où des crimes liés à la drogue auraient pu se produire en 2011. Grâce aux données de l'enquête nationale sur la consommation de drogues et la santé (NSDUH), ils ont aussi calculé la répartition réelle des crimes liés à la drogue cette année-là – y compris ceux qui n'avaient pas été signalés. Si les prévisions de l'algorithme étaient correctes, on pouvait s'attendre à ce que soient mises en lumière les zones où des crimes avaient effectivement eu lieu. Au lieu de cela, c'étaient les lieux où des arrestations s'étaient produites par le passé qui semblaient surtout ressortir. Lum et Isaac ont remarqué qu'une boucle de rétroaction risquait de se créer entre la connaissance et le contrôle des crimes. « Dans la mesure où les zones déjà connues de la police sont probablement surreprésentées par ces prévisions, les policiers sont largement plus susceptibles de patrouiller dans ces zones et d'y observer de nouveaux actes criminels venant confirmer leurs convictions préalables quant à la répartition des activités criminelles[83]. »

Cette analyse a été critiquée par certains, estimant que la police n'utilisait pas PredTool pour prévoir les crimes liés à la drogue. Pour Lum, cette réaction est cependant le signe d'une prise de recul insuffisante, car l'objectif des méthodes de prévision policière est de rendre les décisions plus objectives. « L'argument implicite est de vouloir supprimer du système les biais liés à l'humain. » Cependant, si les prévisions reflètent le comportement existant de la police, ces biais vont perdurer, dissimulés derrière le filtre d'un algorithme soi-disant objectif. « En alimentant le tout avec des données générées par le système dans lequel les minorités sont plus susceptibles d'être arrêtées pour un même comportement, vous ne faites que perpétuer les mêmes problèmes », dit-elle. « Vous avez les mêmes problèmes, mais maintenant ils passent par le filtre de cet outil high-tech. »

Les algorithmes liés à la criminalité sont moins poussés que ce que l'on pourrait imaginer. En 2013, des chercheurs de RAND Corporation ont pointé quatre idées reçues en matière de prévision policière[84]. La première est qu'un ordinateur sait exactement ce qui va se passer dans le futur. « Ces algorithmes prédisent la probabilité que des événements adviennent, non pas les événements eux-mêmes », ont-ils remarqué. La seconde, qu'un ordinateur peut tout faire, de la collecte de données pertinentes à la formulation de recommandations appropriées. En réalité, là où les ordinateurs fonctionnent le mieux, c'est lorsqu'ils assistent l'analyse et les décisions humaines plutôt que de les remplacer complètement. La troisième est que les forces de police ont besoin d'une modélisation puissante pour faire de bonnes prévisions, alors que le problème tient plutôt à l'obtention des bonnes données. Comme dit Lum, « parfois, vous disposez d'un jeu de données qui ne contient tout simplement pas les informations dont vous avez besoin pour faire vos prévisions. »

La dernière idée reçue, et peut-être la plus ancrée, est que des prévisions précises aboutiraient automatiquement à une diminution de la criminalité. « En soi, les prévisions ne sont rien de plus que des prévisions », a rappelé l'équipe de RAND. « Pour que la criminalité diminue vraiment, il faut que des actions soient menées sur la base de ces prévisions. » Pour contrôler la criminalité, les agences doivent donc se concentrer sur les interventions et la prévention plutôt que simplement sur les prévisions. Cela vaut aussi pour d'autres types d'épidémies. Pour Chris Whitty, actuellement médecin-conseil en chef auprès du gouvernement britannique, les meilleurs modèles mathématiques ne sont pas nécessairement ceux qui tentent de formuler des prévisions précises. Ce qui compte, c'est de disposer d'analyses capables de faire apparaître des écarts dans notre compréhension d'une situation. « [Les modèles] sont en général les plus utiles lorsqu'ils identifient l'impact des décisions prises par la police, que l'on n'aurait pas imaginé sinon », a suggéré Whitty. « En général, l'essentiel n'est pas qu'ils aient *raison* mais qu'ils apportent une vision inattendue[85]. »

En 2012, la police de Chicago a commencé à utiliser la Liste d'individus stratégiques (Strategic Subjects List ou SSL) pour prévoir qui pourrait être impliqué dans une fusillade. Ce projet était en partie inspiré des travaux d'Andrew Papachristos sur les réseaux sociaux et la violence armée dans les villes – bien que ce dernier ait pris ses distances avec la SSL[86]. Cette dernière s'appuie sur un algorithme qui calcule les niveaux de risques de certains habitants. Selon ses développeurs, elle n'inclut pas de façon explicite des facteurs tels que le genre, l'origine raciale ou la localisation. Cependant, pendant plusieurs années, personne n'a trop su ce qui était utilisé. Sous la pression du *Chicago Sun-Times*, le département de police de Chicago a fini par publier les données de la SSL en 2017. Le jeu de données contenait les informations utilisées par l'algorithme – comme l'âge, l'appartenance à un gang et les arrestations préalables – ainsi que les notes évaluant le niveau de risque individuel. Les chercheurs ont salué cette mise à disposition. « La publication des données utilisées par un système de prévisions policières est extrêmement rare – et précieuse », a remarqué Brianna Posadas, membre de l'organisation pour la justice sociale Upturn[87].

L'ensemble de la base de données SSL comportait environ quatre cent mille personnes, dont presque deux cent quatre-vingt-dix mille évaluées à haut risque. Bien que le facteur racial ne soit pas inclus de façon explicite dans l'algorithme, la différence entre les groupes était notable : une note SSL était attribuée à plus de la moitié des jeunes hommes noirs de Chicago d'une vingtaine d'années, contre 6 % des hommes blancs. On trouvait également beaucoup de personnes sans lien évident avec la criminalité violente, avec environ quatre-vingt-dix mille personnes notées *à haut risque* n'ayant jamais été arrêtées ni victimes d'un crime[88].

Que faire de telles notes ? La police devrait-elle être particulièrement attentive aux personnes sans lien évident avec des actes violents ? Souvenez-vous que les études menées sur les réseaux par Papachristos à Chicago se concentraient sur les victimes de la violence armée et non sur leurs auteurs ; le but de l'analyse était de contribuer à sauver des vies. « L'un des dangers inhérents aux initiatives lancées par la police est que, à un moment donné, elles finissent par se concentrer sur les délinquants », écrivait Papachristos en 2016. Pour lui, les données ont un rôle à jouer en matière de prévention de la criminalité, mais elles ne doivent pas relever uniquement de la police. « Ce n'est pas dans la police mais dans une approche de santé publique plus large que réside la vraie promesse d'un usage de l'analyse de données pour identifier les personnes qui risquent d'être victimes de fusillades. » Il a proposé que les victimes identifiées par les prévisions puissent bénéficier du soutien de travailleurs sociaux, de psychologues et de court-circuiteurs de violence par exemple.

Il existe plusieurs moyens de faire baisser la criminalité. Par exemple, en 1980, l'Allemagne de l'Ouest a rendu obligatoire le port du casque à moto. Au cours des six années suivantes, les vols de moto ont diminué de deux tiers. La raison en était simple : la difficulté. Désormais, impossible pour les voleurs de voler une moto sur un coup de tête : il leur fallait prévoir de se déplacer avec un casque. Quelques années plus tôt, les Pays-Bas et la Grande-Bretagne avaient adopté des lois similaires. Dans les deux cas, on avait également assisté à une baisse massive du nombre de vols, preuve que les normes sociales peuvent avoir une influence sur les taux de criminalité[89].

L'un des concepts les plus connus de l'impact de notre environnement sur la criminalité est la *théorie de la vitre brisée.* Imaginée par James Wilson et George Kelling en 1982, elle repose sur l'idée que de petites détériorations – comme des fenêtres cassées – peuvent se propager et se transformer en des délits plus importants. Par conséquent, la solution consiste à restaurer et à maintenir l'ordre public. La théorie de la vitre brisée a trouvé un écho favorable au sein de la police, surtout à New York dans les années 1990. Elle a été à l'origine d'une sévère répression de délits mineurs, comme la fraude au ticket de métro. Ces mesures ont coïncidé avec une baisse conséquente de la criminalité dans la ville, ce qui a fait dire que les arrestations pour délits avaient permis de mettre un terme à des infractions plus importantes[90].

Cette manière de s'emparer de la théorie de la vitre brisée n'était pas du goût de tout le monde. Y compris de Kelling lui-même. Il a souligné que le concept original de la vitre brisée s'appliquait à l'ordre social, et non aux arrestations. Mais la définition du désordre public est parfois une question de perception. Ce groupe de personnes est-il en train de traîner ou d'attendre un ami ? Ce mur est-il couvert de graffitis ou est-ce du street art ? Pour Kelling, il ne suffit pas de dire aux policiers de remettre de l'ordre dans un secteur. En 2016, il a déclaré : « N'importe quel policier qui veut vraiment faire respecter l'ordre public est capable de répondre de façon satisfaisante à la question *pourquoi décidez-vous d'arrêter une personne qui urine en public et non une autre ?* « Si vous ne pouvez pas répondre à cette question et que vous dites juste *Eh bien, c'est évident*, alors, vous avez vraiment du souci à vous faire[91]. »

De plus, il n'est pas si évident que le déclin de la criminalité dans le New York des années 1990 soit la conséquence de la sévère punition des délits mineurs. Nous disposons de peu de preuves comme quoi la baisse observée à New York aurait été le résultat direct de l'application de la théorie de la vitre brisée ; la criminalité a diminué dans de nombreuses villes américaines à la même période, malgré des stratégies policières différentes. Bien sûr, cela ne signifie pas non plus que le maintien de l'ordre fondé sur la théorie de la vitre brisée soit dénué d'impact. On a la preuve que, lorsqu'ils voient des graffitis ou des caddies laissés à l'abandon, les gens sont bien plus susceptibles de jeter leurs détritus ou d'emprunter des passages interdits[92]. Cela suppose qu'un trouble mineur va déclencher d'autres délits mineurs. Cela semble aussi fonctionner dans l'autre sens : essayer de restaurer l'ordre public – comme ramasser un détritus – peut aussi décider d'autres personnes à nettoyer[93]. Mais de là à conclure que les arrestations pour délits mineurs expliquent une baisse massive de la violence, il y a un fossé.

Alors, à quoi attribuer ce déclin ? Pour l'économiste Steven Levitt, l'accès accru à l'avortement après 1973 a joué un rôle. Sa théorie veut qu'il y ait eu moins d'enfants non désirés susceptibles, en grandissant, d'être impliqués dans des délits. Pour d'autres, c'est l'exposition des enfants à l'essence et à la peinture au plomb au milieu du XXe siècle qui aurait engendré plus tard des problèmes comportementaux ; quand le niveau d'exposition a baissé, la criminalité aussi. À vrai dire, une étude récente a recensé pas moins de vingt-quatre explications différentes justifiant le déclin de la criminalité aux États-Unis dans les années 1990[94]. On a beaucoup parlé de ces théories – en bien comme en mal – mais tous les chercheurs concernés reconnaissent la complexité du sujet. En réalité, cette baisse de la criminalité était sûrement due à une combinaison de facteurs[95].

On retrouve ce même problème avec les épidémies qui s'étendent sur de longues périodes. Si nous intervenons d'une manière ou d'une autre, nous risquons de devoir attendre longtemps avant d'observer un éventuel impact. Pendant ce temps, beaucoup d'autres changements peuvent se produire, ce qui rend difficile la mesure précise de la réussite de notre intervention. De la même manière, il peut être tentant de se concentrer sur les effets immédiats d'un évènement violent, plutôt que de s'intéresser aux conséquences à long terme. Charlotte Watts a souligné que la violence domestique peut passer de génération en génération, les enfants qui en ont été victimes devenant des adultes impliqués dans des situations de violence. Et pourtant, ces enfants sont souvent oubliés dans les discussions sur les interventions à mener. Pour Watts, « nous devons penser au soutien apporté aux enfants qui grandissent dans des foyers touchés par la violence domestique. »

Par le passé, les échelles de temps ont rendu difficile l'analyse de la transmission intergénérationnelle[96]. C'est là que les méthodes de santé publique peuvent être utiles, suggère l'épidémiologiste Melissa Tracy, car les chercheurs ont l'habitude de l'analyse à long terme. « Voilà la force de l'épidémiologie : apporter ce point de vue fondé sur des parcours de vie. »

L'utilisation des approches de santé publique pour prévenir la criminalité serait extrêmement rentable, aux États-Unis comme ailleurs. En additionnant les conséquences sociales, économiques et judiciaires d'un meurtre de type classique, une étude a évalué le coût d'un seul homicide à plus de dix millions de dollars[97]. Mais les solutions les plus efficaces ne sont peut-être pas celles que l'on préfère. Veut-on avoir l'impression de punir les méchants ou désire-t-on faire baisser la criminalité ? « Quand il s'agit de changer les comportements, les menaces et les punitions ne sont pas très efficaces », rappelle Charlie Ransford de Cure Violence. Même si la punition peut avoir un certain impact, il considère que d'autres approches fonctionnent souvent mieux. « Pour modifier le comportement d'une personne, le plus efficace est finalement d'essayer de vous asseoir à ses côtés, de l'écouter, de la laisser parler, de la laisser exprimer ses griefs, et de vraiment chercher à la comprendre », dit-il. « Et ensuite, de tenter de l'accompagner vers une façon plus saine de se comporter. »

Par le passé, les projets comme Cure Violence se sont concentrés sur les interactions réelles entre les personnes mais les contacts sociaux en ligne influencent également de plus en plus la propagation de la violence. « Notre environnement a évolué », constate Ransford. « Il faut s'adapter. Désormais, nous recrutons des personnes spécialisées dans le passage au peigne fin des réseaux sociaux pour repérer des conflits sur lesquels il faut intervenir. »

Quand on parle criminalité et violence, il est utile de comprendre comment les gens sont liés les uns aux autres. C'est également vrai pour les épidémies ; nous avons vu comment les contacts réels peuvent être des moteurs de contagion, du tabagisme au bâillement, en passant par les maladies infectieuses et l'innovation. Mais la puissance de l'influence en ligne ne sera pas nécessairement la même que celle des rencontres en face-à-face. « Si vous prenez la contagion des opinions sur la tolérance face à la violence, [en ligne] la portée sera peut-être plus grande, mais le nombre de personnes qui agiront, plus faible », observe Watts.

Voilà une problématique qui intéresse de nombreuses entreprises. En général, cependant, ce n'est pas vraiment le contrôle de la contagion qui les intéresse. S'agissant d'épidémies en ligne, les gens ont tendance à se préoccuper de la transmission pour des raisons opposées. Ce qu'ils souhaitent, c'est que les choses se propagent.

Chapitre 5

Le concept de viralité

Votre commande Nike a été annulée. Nous sommes en janvier 2001 et Jonah Peretti tente d'acheter des baskets personnalisées lorsqu'il reçoit cet email. Le problème tient à l'inscription qu'il a choisie ; pour défier Nike, il a demandé à ce que ses baskets soient imprimées avec le mot *sweatshop* (atelier de misère)[1].

Peretti, alors étudiant au MIT Media Lab, finit par échanger une série d'emails avec Nike. La société confirme qu'elle n'acceptera pas la commande, avançant le motif d'une *utilisation inappropriée d'argot.* Incapable de la faire changer d'avis, Peretti décide de faire suivre le fil de leurs discussions à quelques amis. Beaucoup d'entre eux le font suivre à leurs amis, qui le font suivre, etc. En l'espace de quelques jours, le message atteint des milliers de personnes. Les médias ne tardent pas non plus à s'emparer de l'histoire. À la fin du mois de février, *The Guardian* et le *Wall Street Journal* s'en font l'écho, alors que la chaîne NBC invite Peretti à participer au *Today Show*, face à un porte-parole de Nike. En mars, l'histoire franchit les frontières pour être mentionnée dans plusieurs journaux européens. Tout cela à partir d'un seul email. « Bien que les médias aient comparé ma bataille avec Nike au combat de David contre Goliath, la véritable histoire, c'est celle de la bataille entre une société comme Nike, qui a accès aux médias de masse, et un réseau de citoyens sur Internet n'ayant à sa disposition que des micro-médias[2]. »

L'email s'était propagé étonnamment loin, mais peut-être n'était-ce que le fruit du hasard ? C'est ce que semblait penser Cameron Marlow, un ami et camarade doctorant de Peretti. Pour Marlow – qui deviendrait plus tard responsable de l'analyse des données chez Facebook – il était impossible qu'une personne puisse ainsi délibérément faire décoller quelque chose. Mais Peretti pensait pouvoir le refaire. Peu après l'affaire de l'email de Nike, on lui proposa un poste chez Eyebeam, une organisation à but non lucratif basée à New York. Peretti finirait par y diriger un *media lab* dédié à la contagion pour tester des contenus en ligne. Il voulait comprendre pourquoi les choses étaient contagieuses et comment elles continuaient à se propager.

Au cours des années suivantes, il se mit à recenser les caractéristiques propres à la popularité en ligne. Par exemple, comment le fait de surfer sur des actualités récentes peut générer du trafic pour des sites Internet. Et comment les sujets qui font débat offrent une meilleure exposition, en même temps qu'un contenu sans cesse renouvelé incite les utilisateurs à revenir. Son équipe a même été parmi les premières à inventer un système de *reblog*, qui permettait de partager un post à d'autres personnes, un concept qui deviendrait par la suite essentiel à la manière dont les choses se propagent sur les réseaux sociaux (imaginez Twitter sans possibilité de *retweeter* ou Facebook sans son bouton *partager*). Peretti se tournerait finalement vers le secteur des médias d'information, contribuant au développement du *Huffington Post*, mais ses premières expériences sur la contagion l'avaient durablement marqué. Il finit par proposer à son ancien responsable de chez Eyebeam de créer ensemble un nouveau type de média. Une société spécialisée dans la contagion, qui exploiterait leurs connaissances en matière de popularité pour les appliquer à grande échelle. L'idée était de constituer un flux continu de contenus viraux. Ils l'appelèrent BuzzFeed.

Peu après avoir publié son travail sur les réseaux du petit monde, Duncan Watts rejoignit le département de sociologie de l'université Columbia. Il s'intéressa alors de plus en plus aux contenus en ligne, et finit par devenir l'un des premiers conseillers de BuzzFeed. Bien qu'il ait commencé par étudier les liens dans des réseaux comme les castings de films ou les cerveaux des vers, le World Wide Web représentait une mine de nouvelles données. Au début des années 2000, Watts et ses collègues commencèrent à explorer ces connexions en ligne. Ce faisant, ils allaient mettre à mal des convictions de longue date sur la manière dont se propage l'information.

À l'époque, les annonceurs commençaient à s'enthousiasmer pour le concept d'*influenceurs :* des gens comme vous et moi, capables de déclencher des épidémies sociales. Aujourd'hui, le terme *influenceur* a évolué et renvoie à de multiples références : de l'inconnu influent aux célébrités et aux personnalités médiatiques. Mais, à l'origine, le concept concernait des individus peu connus capables de déclencher des épidémies de bouche-à-oreille. Le principe était qu'en ciblant quelques personnes étonnamment bien connectées, les entreprises pouvaient voir leurs idées se diffuser bien plus largement, à moindre coût. Plutôt que de faire appel à une célébrité comme Oprah Winfrey pour promouvoir leurs produits, ils pouvaient susciter l'enthousiasme à partir de la base. « Tout ce qui intéressait les gens dans l'univers du marketing était de parvenir à obtenir un impact équivalent à celui d'une Oprah avec de petits budgets »[3], se souvient Watts, désormais à l'université de Pennsylvanie.

Cette idée d'influenceurs s'inspirait de la célèbre expérience du *petit monde* menée par le psychologue Stanley Milgram. En 1967, Milgram charge trois cents personnes de faire passer un message à un courtier vivant près de Boston[4]. Au final, soixante-quatre messages arrivent à destination. Parmi eux, un quart ont transité par une même personne, un marchand de vêtements du coin. Milgram raconte la surprise du courtier en découvrant que ce vendeur était apparemment son principal lien avec le monde. Si un simple vendeur pouvait avoir une telle importance dans la diffusion d'un message, peut-être existait-il d'autres personnes avec la même influence ?

Comme l'a observé Watts, il existe en réalité de multiples versions de cette hypothèse de l'influenceur : « Il y a une version intéressante mais fausse », dit-il, « et puis il y a une version qui est vraie mais dénuée d'intérêt ». Voici la version intéressante : des personnes spécifiques – comme le marchand de vêtements de Milgram – jouent un rôle absolument disproportionné dans la contagion sociale. Si vous arrivez à les identifier, alors vous pouvez faire en sorte que quelque chose se propage sans disposer d'énormes budgets marketing ni faire appel à une célébrité. C'est une idée séduisante, mais qui, à y regarder de plus près, ne tient pas la route. En 2003, Watts et ses collègues de Columbia ont réitéré l'expérience de Milgram, cette fois-ci avec des emails et à beaucoup plus grande échelle[5]. L'équipe a choisi dix-huit individus-cibles répartis dans treize pays, et a mis en route presque vingt-cinq mille chaînes d'emails, en demandant à chaque participant de faire passer le message à une cible donnée. Dans l'étude de Milgram, plus petite, le vendeur de vêtements était apparu comme un lien essentiel, mais cela ne s'est pas reproduit avec les chaînes d'emails. Dans chaque chaîne, les messages ont circulé à travers une variété de personnes différentes, plutôt que de toujours passer par les mêmes *influenceurs*. Qui plus est, les chercheurs de Columbia ont demandé aux participants pourquoi ils avaient fait suivre l'email à telle ou telle personne. Plutôt que d'envoyer le message à des contacts parce qu'ils étaient particulièrement connus ou bien connectés, les gens avaient eu tendance à choisir en fonction de caractéristiques comme leur localisation ou leur métier.

L'expérience a montré que, pour parvenir un destinataire précis, les messages n'ont pas besoin de personnes très connectées. Mais qu'en est-il si l'on cherche simplement à ce que quelque chose se diffuse aussi loin que possible ? Est-ce que des personnes qui sont mieux connectées dans le réseau – comme des célébrités – peuvent garantir que cela fonctionne ? Quelques années après l'analyse des emails, Watts et ses collègues se sont intéressés à la manière dont les liens Internet se propagent sur Twitter. D'après les résultats obtenus, un contenu a plus de chances de se diffuser largement s'il est posté par une personne très suivie ou qui a déjà contribué à lancer quelque chose. Sans pour autant que cela ne fonctionne systématiquement car la plupart du temps, ces personnes ne parviennent pas à créer de grandes épidémies[6].

Ce qui nous amène à la version plus basique de l'hypothèse de l'influenceur : l'idée selon laquelle certaines personnes peuvent avoir plus d'influence que d'autres. On en trouve facilement la preuve. Par exemple, en 2012, Sinan Aral et Dylan Walker ont étudié comment nos amis influencent nos choix d'applications sur Facebook. Ils ont découvert que, dans des liens d'amitié, l'influence des femmes sur les hommes dépassait de 45 % leur influence sur les autres femmes, et que les plus de trente ans étaient 50 % plus influençables que les moins de dix-huit ans.

Ils ont aussi montré que les femmes étaient moins susceptibles d'avoir une influence que les hommes et que les personnes mariées étaient moins influençables que les célibataires[7].

Si vous voulez propager une idée, dans l'idéal, il vous faut des personnes à la fois très susceptibles et très influentes. Mais Aral et Walker ont découvert à quel point ces personnes sont rares : « les individus très influents ont tendance à ne pas être susceptibles, les individus très susceptibles ont tendance à ne pas être influents et presque personne n'est à la fois très influent et très susceptible d'être influencé. » Alors quel impact peut-on espérer en ciblant des personnes influentes ? Dans une étude suivante, l'équipe d'Aral a simulé ce qui se passerait si l'on choisissait les meilleures personnes possible pour déclencher une épidémie sociale. En comparant avec un choix aléatoire, ils ont découvert que bien choisir ses cibles pouvait permettre d'atteindre une portée de propagation jusqu'à deux fois supérieure. C'est certes mieux, mais sans comparaison avec la capacité de quelques influenceurs peu connus à déclencher à eux seuls une vaste épidémie[8].

Pourquoi est-il si difficile de parvenir à faire se propager les idées d'une personne à une autre ? En partie parce que l'on est rarement à la fois susceptible et influent. Si quelqu'un diffuse une idée à de nombreuses personnes susceptibles, celles-ci ne la transmettront pas nécessairement à leur tour. Ensuite, il faut prendre en compte la structure de nos interactions. Alors que les réseaux financiers sont dissortatifs – de grandes banques sont connectées à beaucoup de petites – les réseaux sociaux humains sont plutôt assortatifs. Qu'il s'agisse des communautés villageoises ou des amitiés sur Facebook, nous savons que les individus populaires forment souvent des groupes sociaux avec d'autres personnes populaires[9]. Donc, en ciblant quelques individus populaires, une épidémie de bouche-à-oreille pourra se propager rapidement, mais elle n'atteindra sans doute qu'une petite partie du réseau. Dans ce cas, déclencher des épidémies multiples au travers d'un réseau est peut-être plus efficace que d'essayer d'identifier des influenceurs notoires au sein d'une communauté[10].

Watts a remarqué notre tendance à mélanger les différentes théories d'influenceurs. On prétend avoir déniché des influenceurs cachés

– comme le commerçant dans l'expérience de Milgram – et s'en servir pour propager quelque chose. Mais, en réalité, on aura peut-être simplement mené une campagne de mass media ou payé des célébrités pour promouvoir notre produit en ligne ; ce qui revient, dans les faits, à contourner totalement le phénomène de transmission par le bouche-à-oreille. « Soit par négligence soit de manière délibérée, les gens confondent et font passer des choses sans intérêt pour des choses intéressantes », a résumé Watts.

Ce débat sur les influenceurs souligne la nécessité de réfléchir à notre exposition aux informations disponibles en ligne. Pourquoi adoptons-nous certaines idées plutôt que d'autres ? Notamment du fait du climat de compétition ambiant : les points de vue, les actualités et les produits, tous se battent pour capter notre attention. Il en va de même avec la contagion biologique. Les agents pathogènes à l'origine de maladies comme la grippe et le paludisme sont en réalité constitués de multiples souches qui se battent en permanence pour atteindre les humains susceptibles d'être infectés. Pourquoi une souche ne finit-elle pas par s'imposer partout ? Notre comportement social y est sans doute pour quelque chose. Si les gens se rassemblent en groupes soudés mais distincts, une plus grande diversité de souches peut cohabiter dans une population. Au fond, chaque souche peut trouver son propre territoire, sans avoir à lutter constamment contre les autres[11]. Ces interactions sociales expliqueraient aussi l'immense diversité des idées et des opinions partagées en ligne. Des positions politiques aux théories du complot, les communautés en ligne se regroupent généralement souvent autour de visions similaires[12]. Cela rend possible la création de *chambres d'écho* dans lesquelles on entend rarement des points de vue contradictoires.

Le mouvement anti-vaccination est l'une des communautés en ligne qui fait le plus de bruit. Ses membres se retrouvent souvent autour de la croyance populaire – infondée – selon laquelle le vaccin contre la rougeole, les oreillons et la rubéole (vaccin ROR) augmenterait le risque d'autisme. La rumeur est née en 1998 avec une publication scientifique – discréditée et rétractée depuis – dirigée par Andrew Wakefield, plus tard radié de l'ordre des médecins britanniques. Malheureusement, les médias britanniques ont repris et amplifié les propos de Wakefield[13]. Cela a engendré une baisse des vaccinations ROR, puis plusieurs grandes épidémies de rougeole quelques années plus tard, lorsque les enfants non vaccinés ont commencé à fréquenter des environnements propices à la contagion comme les écoles et les universités.

Malgré l'ampleur des rumeurs qui circulaient sur le vaccin ROR au Royaume-Uni au début des années 2000, les échos dans la presse Outre-Manche étaient bien différents. Alors que les médias britanniques fustigeaient ce vaccin, les Français spéculaient sur un lien non prouvé entre le vaccin contre l'hépatite B et la sclérose en plaques. Plus récemment, les médias japonais ont décrié le vaccin contre le VPH et, au même moment, une rumeur vieille de vingt ans sur le vaccin antitétanique a refait surface au Kenya[14].

La médecine a toujours compté des sceptiques dans ses rangs. Depuis des siècles, on s'interroge sur les méthodes de prévention des maladies. Avant qu'Edward Jenner ne découvre un vaccin contre la variole en 1796, certains employaient une technique nommée *variolisation* pour faire baisser le risque de maladie. Développée au XVIe siècle en Chine, la variolisation consistait à exposer des personnes saines aux croûtes sèches et au pus de patients atteints de la variole. L'idée était d'activer une forme légère d'infection, qui aurait fait office de barrière immunitaire face au virus. La procédure demeurait risquée – environ 2 % des variolisations se soldaient par des décès – mais ce chiffre restait bien inférieur à la moyenne des 30 % de risque de mortalité si l'on contractait le virus[15].

La variolisation devint à la mode dans l'Angleterre du XVIIIe siècle, mais le jeu en valait-il vraiment la chandelle ? Voltaire remarqua que les autres européens prenaient les Anglais qui utilisaient cette méthode pour des fous et des enragés. « Des fous, parce qu'ils donnent la petite vérole à leurs enfants, pour les empêcher de l'avoir, des enragés, parce qu'ils communiquent de gaieté de cœur à ces enfants une maladie certaine et affreuse, dans la vue de prévenir un mal incertain. » Il remarquait que la critique allait dans les deux sens. « Les Anglais, de leur côté, disent : "Les autres Européens sont des lâches et des dénaturés : ils sont lâches, en ce qu'ils craignent de faire un peu de mal à leurs enfants ; dénaturés, en ce qu'ils les exposent à mourir un jour de la petite vérole"[16]. » (Voltaire, qui avait lui-même survécu à la variole, se plaçait du côté des Anglais.)

En 1759, le mathématicien Daniel Bernoulli décide de clore le débat. Pour évaluer si le risque d'être infecté par la variole est supérieur à celui lié à la variolisation, il développe la toute première modélisation d'une épidémie. À partir de schémas de transmission de la variole, il estime que la variolisation augmente l'espérance de vie tant que le risque de mourir de la procédure est inférieur à 10 %, ce qui était le cas[17].

Il est aujourd'hui bien plus facile de peser le pour et le contre d'un vaccin. D'un côté, nous avons des vaccins comme le ROR, absolument sûrs et efficaces ; de l'autre, des infections potentiellement mortelles comme la rougeole. Refuser en bloc la vaccination relève donc du luxe, c'est un effet collatéral au fait de vivre dans des zones qui, grâce à la vaccination, ont très peu connu ce genre d'infections au cours des dernières décennies[18]. Une étude menée en 2019 a montré que la confiance dans les vaccins était bien moins importante dans les pays européens qu'en Afrique et en Asie[19].

Par le passé, les rumeurs sur les vaccins étaient en général propres à un pays, mais notre connexion digitale augmentant, les choses changent. Désormais les informations peuvent rapidement se propager en ligne et les traductions automatiques favorisent le passage des fausses croyances sur les vaccinations d'une langue à une autre[20]. La perte de confiance dans les vaccins qui en résulte pourrait avoir des conséquences dramatiques sur la santé des enfants. La forte contagiosité de la rougeole nécessite qu'au moins 95 % d'une population soient vaccinés pour espérer éviter une épidémie[21]. Dans les endroits où les convictions anti-vaccination ont réussi à se propager, nous assistons désormais à des épidémies. Au cours des dernières années, des dizaines de personnes en sont mortes en Europe : ces décès auraient facilement pu être évités grâce une couverture vaccinale plus large[22].

Avec l'émergence de ce type de mouvement s'est posée la question de la possibilité de chambres d'écho en ligne. Mais dans quelle mesure les algorithmes des réseaux sociaux ont-ils vraiment changé la manière dont nous interagissons avec l'information ? Après tout, nous partageons nos convictions aussi bien avec des personnes que nous connaissons dans la vie réelle qu'en ligne. Peut-être la propagation de l'information en ligne n'est-elle que le reflet d'une chambre d'écho déjà existante ?

Sur les réseaux sociaux, trois facteurs principaux influencent nos lectures : que l'un de nos contacts partage un article ; que ce contenu apparaisse dans notre fil d'actualité ; et que nous cliquions dessus. D'après les données de Facebook, notre consommation de l'information peut être impactée par ces trois facteurs. En 2014-2015, quand l'équipe *data science* de Facebook (dédiée à la science des données) a étudié les opinions politiques des utilisateurs américains, elle a découvert que les internautes avaient tendance à être exposés à des points de vue similaires aux leurs ; et ce, beaucoup plus que s'ils avaient choisi leurs amis de manière aléatoire. Parmi le contenu posté par les amis, l'algorithme de Facebook – qui choisit ce qui apparaît sur le fil d'actualité des utilisateurs – filtrait encore 5 à 8 % des points de vue politiques opposés. Et parmi les contenus que les internautes voyaient, il y avait moins de chances qu'ils cliquent sur des articles qui ne rejoignaient pas leurs opinions politiques. Les utilisateurs étaient également bien plus susceptibles de cliquer sur des publications apparaissant en haut de leur fil – ce qui montrait l'importance de la bataille du contenu pour capter l'attention. Cela suppose que si les chambres d'écho existent sur Facebook, elles commencent avec le choix de nos amis mais qu'ensuite l'algorithme du fil d'actualité peut encore les amplifier[23].

Qu'en est-il des informations que nous obtenons par d'autres biais que les réseaux sociaux ? Ce même phénomène de polarisation est-il à l'œuvre ? En 2016, des chercheurs des universités d'Oxford et de Stanford se sont intéressés, avec Microsoft Research, à la manière dont cinquante mille Américains surfaient sur le web. Ils ont découvert que les articles que les internautes voient sur les réseaux sociaux et sur les moteurs de recherche sont en général plus polarisés que ceux qu'ils découvrent sur leurs sites d'information favoris[24]. Cependant, avec les réseaux sociaux et les moteurs de recherche, ils sont aussi exposés à des points de vue plus variés. Certes, le contenu des articles peut être plus marqué idéologiquement, mais il les expose également à plus de visions divergentes.

Cela peut sembler contradictoire : si un réseau social nous expose à une plus grande variété d'informations que les sources traditionnelles d'information, pourquoi ne permet-il pas de réduire les échos ? Cela pourrait être lié à la façon dont nous réagissons aux informations en ligne. Lorsque les sociologues de l'université Duke ont demandé à des volontaires américains de suivre des comptes Twitter dont les opinions étaient à l'opposé des leurs, ils ont découvert que ces personnes avaient ensuite tendance à se replier encore plus sur leur bord politique[25]. En général, les républicains devenaient plus conservateurs et les démocrates, plus libéraux. Ce n'est pas tout à fait l'*effet boomerang* que nous avons vu au chapitre 3, puisqu'aucune de leurs convictions en particulier n'était ici remise en cause ; on peut cependant en déduire que réduire la polarisation politique n'est pas aussi simple que de créer de nouvelles connexions en ligne. Comme dans la vraie vie, nous pouvons ne pas aimer être soumis à des points de vue avec lesquels nous sommes en désaccord[26]. Si échanger de façon constructive en face-à-face peut contribuer à faire évoluer les attitudes – comme cela a été le cas avec la discrimination et la violence –, voir apparaître des opinions dans un fil d'actualité en ligne n'aura pas forcément le même effet.

Les conflits peuvent avoir d'autres origines que le contenu en tant que tel ; le contexte dans lequel il s'inscrit compte aussi. En ligne, nous croisons beaucoup d'idées et de communautés que nous ne rencontrerions peut-être pas dans la vraie vie. Des désaccords peuvent naître quand quelqu'un poste une publication avec une audience en tête, mais qu'elle est lue par une autre. La chercheuse en réseaux sociaux danah boyd (qui écrit son nom sans majuscules) parle alors d'*effondrement de contexte*. Dans la vraie vie, le ton d'un échange avec un ami proche peut être très différent de celui d'une conversation avec un collègue ou un étranger : le fait que nos amis nous connaissent bien laisse moins de place à une potentielle mauvaise interprétation. Boyd identifie les événements du type mariages comme d'autres sources possibles d'effondrement de contexte en face-à-face. Un discours destiné à des amis peut mettre la famille mal à l'aise – nous avons tous vécu cet épisode de l'anecdote maladroite racontée par un témoin. Mais là où les mariages sont (en général) soigneusement planifiés, les interactions en ligne peuvent, dans une même conversation, inclure par inadvertance des amis, de la famille, des collègues et des inconnus. Les commentaires peuvent facilement être extraits de leur contexte et, de cette confusion, vont naître des disputes[27]. Lors de la pandémie de COVID-19, de nombreux chercheurs ont été confrontés à cet effondrement de contexte lorsque Twitter, qu'ils utilisaient auparavant pour échanger des idées de nature technique, s'est retrouvé sous les feux de la rampe. À plusieurs reprises en 2020, les médias m'ont également largement cité après que j'aie spontanément posté un commentaire ou une observation sur cette plateforme : six mois plus tôt, de tels tweets n'auraient intéressé qu'une poignée de collègues.

Pour boyd, les contextes sous-jacents peuvent aussi évoluer au fil du temps, surtout lorsque les gens vieillissent. « Si les contenus publiés par les adolescents peuvent être publics, le plus souvent ils ne sont pas destinés à être lus par tout le monde, ni pour toujours, ni partout », écrivait-elle dès 2008. Cette problématique réapparaîtra de plus en plus souvent au fur et à mesure que les générations qui ont grandi avec les réseaux sociaux vieilliront. Sorties de leur contexte, beaucoup d'anciennes publications – susceptibles de rester en ligne pendant des décennies – sembleront inappropriées ou malvenues.

Il arrive que certains décident d'exploiter l'effondrement de contexte qui se produit en ligne. Bien que désormais le terme *trolling* désigne les abus en ligne au sens large, au début de la culture Internet, un *troll* était plus espiègle qu'haineux[28]. Son objectif était de provoquer une réaction sincère face à une situation improbable. Beaucoup des expériences menées par Jonah Peretti avant BuzzFeed utilisaient cette approche, en faisant circuler des canulars en ligne pour attirer l'attention.

Depuis, le trolling est devenu une véritable tactique dans les débats qui agitent les réseaux sociaux. Contrairement à la vraie vie, nos interactions en ligne se déroulent en réalité sur une scène. Si un troll parvient à orchestrer une réponse visiblement disproportionnée de la part d'un opposant, il peut recevoir un bon accueil de la part d'observateurs lambda qui ignoreront tout du contexte global. L'opposant, qui aura peut-être raison, finira par avoir l'air idiot. Comme disait Voltaire, « Mon Dieu, rendez nos ennemis bien ridicules[29] ! »

Beaucoup de trolls – qu'ils soient farceurs ou agresseurs – se comporteraient différemment dans la vraie vie. Les psychologues appellent cela l'*effet de désinhibition :* protégés des réponses en face-à-face et cachés derrière des identités factices, les gens peuvent changer de personnalité[30]. Mais cela ne concerne pas seulement quelques personnes qui seraient des trolls en puissance : des analyses sur les comportements antisociaux en ligne ont montré qu'une grande diversité de personnes pouvaient se transformer en trolls, si le contexte est favorable. Nous sommes notamment plus susceptibles de nous comporter ainsi lorsque nous sommes de mauvaise humeur ou que des trolls participent déjà à la conversation[31].

Avec Internet, se créent non seulement de nouveaux types d'interactions, mais aussi de nouvelles façons d'étudier les phénomènes de propagation. Pour les maladies infectieuses, il est en général impossible d'infecter des individus pour voir s'il y a propagation, comme Ronald Ross avait tenté de le faire avec le paludisme dans les années 1890. Aujourd'hui, les études menées par les chercheurs sur les infections sont en général limitées, coûteuses et soumises à un examen éthique pointilleux. Pour l'essentiel, nous devons nous appuyer sur des données d'observations et utiliser des modèles mathématiques pour poser, au sujet des épidémies, des questions du type *Et si ?* En ligne en revanche, déclencher volontairement une contagion peut être relativement simple et peu onéreux, et ce d'autant plus s'il se trouve que vous dirigez une société spécialiste des réseaux sociaux.

S'ils y avaient prêté attention, des milliers d'utilisateurs de Facebook auraient pu remarquer que ce 11 janvier 2012, leurs amis paraissaient un peu plus heureux que d'habitude. Au même moment, des milliers d'autres auraient pu observer que leurs amis semblaient plus tristes qu'à l'ordinaire. Mais, même si ces internautes avaient été perspicaces, il n'en était rien. Leurs amis n'étaient ni plus heureux, ni plus tristes. Il s'agissait d'une expérience.

Les chercheurs de Facebook et de l'université Cornell avaient voulu explorer la manière dont les émotions se propagent en ligne ; pour cela, ils avaient modifié des fils d'actualité pendant une semaine et analysé ce qui se passait. Les résultats ont été publiés début 2014. En altérant ce à quoi les internautes étaient exposés, l'équipe a découvert que l'émotion était contagieuse : les personnes qui avaient vu moins de publications positives avaient en moyenne posté moins de contenus positifs elles-mêmes, et *vice-versa*. Avec du recul, ce résultat peut sembler prévisible, mais à l'époque, il allait à l'encontre des idées reçues. Avant cette expérience, nombreux étaient ceux qui pensaient que voir un contenu joyeux sur Facebook pouvait susciter un sentiment de malaise et donc, nous rendre moins heureux[32].

Cette recherche n'a pas tardé pas à déclencher à son tour bon nombre d'émotions négatives, plusieurs scientifiques et journalistes s'interrogeant sur l'éthique d'une telle étude. À la une du quotidien britannique *The Independent*, on pouvait lire : « Facebook a manipulé l'humeur de ses utilisateurs lors d'une expérience tenue secrète. » L'un des principaux arguments avancés était que l'équipe aurait dû obtenir le consentement des utilisateurs en leur demandant s'ils acceptaient de participer[33].

Étudier l'influence du design sur le comportement n'est pas nécessairement contraire à l'éthique. En effet, des organismes médicaux mènent régulièrement des études expérimentales avec randomisation pour trouver comment favoriser l'adoption de comportements sains. Par exemple, on envoie un type de rappel sur le dépistage du cancer à certaines personnes, et un autre à d'autres : on regarde ensuite quel est celui qui obtient le meilleur taux de réponse[34]. Sans ce genre d'expériences, il serait difficile d'évaluer dans quelle mesure une approche donnée a effectivement modifié les comportements.

Cependant, si une expérience est susceptible d'avoir des effets négatifs sur ses utilisateurs, les chercheurs doivent envisager des alternatives. Dans l'étude menée par Facebook, l'équipe aurait pu attendre l'opportunité d'une *expérience naturelle* – comme un jour de pluie – pour que l'état émotionnel des internautes change, ou alors, elle aurait pu chercher à répondre à la même question avec moins d'utilisateurs. Mais même là, elle n'aurait peut-être pas réussi à obtenir leur consentement préalable. Dans son livre *Bit by Bit*, le sociologue Matthew Salganik remarque que les expériences psychologiques peuvent donner des résultats peu fiables si les personnes savent quel est l'objet de l'étude. Si les participants à l'étude de Facebook avaient su d'emblée que la recherche portait sur les émotions, ils se seraient peut-être comportés différemment. Si les chercheurs en psychologie dupent les participants pour obtenir des réactions naturelles, Salganik note cependant que, le plus souvent, ils prennent ensuite un moment pour en parler avec eux.

En plus d'interroger l'aspect éthique de l'expérience, la communauté scientifique dans son ensemble a aussi exprimé ses inquiétudes quant à l'étendue de la contagion émotionnelle dans l'étude de Facebook. Non pas parce qu'elle était élevée, mais parce qu'elle était vraiment très faible. L'expérience avait montré que lorsqu'un utilisateur voyait moins de publications positives dans son fil d'actualité, le nombre de mots positifs employés dans les mises à jour de son statut chutait d'en moyenne 0,1 %. De même, avec moins de publications négatives, la quantité de mots négatifs diminuait d'environ 0,07 %.

Les études de grande ampleur se distinguent par leur capacité à mettre en relief de très petits effets, qui seraient passés inaperçus avec de plus petites études. C'est parce que l'étude de Facebook impliquait un si grand nombre d'utilisateurs qu'il devenait possible d'identifier des changements incroyablement petits dans les comportements. L'équipe en charge déclara que ces écarts restaient pertinents, étant donné la taille du réseau social : « Début 2013, cela aurait été l'équivalent de centaines de milliers d'expressions d'émotions dans les mises à jour quotidiennes de statuts. » Mais tout le monde n'était pas convaincu. « Même si on se rangeait à cet argument », écrivit Salganik, « il n'est pas encore évident qu'un impact de cette proportion soit important pour les questions scientifiques plus générales liées à la propagation des émotions. »

Dans les études sur la contagion, les sociétés de réseaux sociaux disposent d'un avantage majeur puisqu'elles ont la possibilité de bien mieux analyser les processus de transmission. Dans l'expérience de Facebook sur les émotions, les chercheurs savaient qui avait posté quoi, qui l'avait vu et quel en était l'impact. Les sociétés de marketing externalisées n'ont pas accès à toutes ces informations ; à la place, elles doivent donc s'appuyer sur des mesures alternatives pour évaluer la popularité d'une idée. Par exemple, elles pourront analyser combien de personnes ont cliqué ou partagé une publication, ou le nombre de *likes* et de commentaires reçus.

Quelles sont les idées qui deviennent populaires en ligne ? En 2011, Jonah Berger et Katherine Milkman, chercheurs à l'université de Pennsylvanie, ont regardé les articles du *New York Times* que les internautes s'envoyaient par email. Ils ont rassemblé trois mois de données – presque sept mille articles en tout – et enregistré les caractéristiques de chacun ; ils ont aussi indiqué si un article faisait ou non partie de la *liste des plus envoyés par email*[35]. Il est apparu que les articles qui déclenchaient une intense réponse émotionnelle avaient plus de chances d'être partagés. C'était valable aussi bien pour les émotions positives, comme l'admiration, que négatives, comme la colère. À l'inverse, les articles faisant appel à ce qu'on appelle les émotions *désactivantes*, comme la tristesse, étaient moins souvent partagés. D'autres chercheurs ont également remarqué cet impact émotionnel ; on diffuse plus largement les histoires qui suscitent un sentiment de dégoût, par exemple[36].

Et pourtant, les émotions ne sont pas la seule raison pour laquelle nous nous souvenons d'une histoire. Les contenus émotionnels des articles du *New York Times* expliquaient environ 7 % des variations dans le partage des articles de Berger et Milkman. Autrement dit, 93 % avaient une autre origine. Pourquoi ? Parce que la popularité ne dépend pas seulement d'un contenu émotionnel. Dans leur analyse, Berger et Milkman ont découvert que le fait d'inclure un élément de surprise ou une valeur pratique pouvait aussi influencer le partage d'un article. Le contexte de publication pouvait aussi jouer : la popularité de l'article dépendait du moment où il était publié, de la section du site Internet où il se trouvait, et de son auteur. Lorsqu'ils ont pris en compte ces caractéristiques supplémentaires, les deux chercheurs ont réussi à expliquer beaucoup plus de variations de popularité.

On peut être tenté de penser qu'il serait possible – au moins en théorie – de passer au crible les contenus qui fonctionnent et ceux qui ne fonctionnent pas pour identifier ce qui fait la forte contagiosité d'un article ou d'un tweet. Cependant, même si l'on parvient à isoler des caractéristiques qui expliquent pourquoi certaines choses sont plus populaires que d'autres, ces conclusions ne seront sans doute pas toujours valables. La chercheuse en technologie Zeynep Tufekci a attiré l'attention sur l'évolution de nos centres d'intérêt au fur et à mesure de notre utilisation d'une plateforme. Elle a par exemple soupçonné l'algorithme de recommandation de vidéos de YouTube d'emprisonner les internautes dans ses filets malsains en les poussant à visionner toujours plus de contenus. « L'algorithme semble avoir compris que les gens finissent par être plus attirés par les contenus plus extrêmes que ceux par lesquels ils ont commencé – ou par les contenus provocateurs de manière générale », écrivait-elle en 2018[37]. Ces glissements d'intérêts signifient que si un contenu n'évolue pas – en devenant plus dramatique, plus évocateur, plus surprenant – il retiendra moins l'attention que ce qui a été diffusé précédemment. Dans ce cas, l'évolution n'est pas seulement un avantage concurrentiel, c'est une question de survie.

Le monde biologique est confronté à la même situation. De nombreuses espèces doivent s'adapter uniquement pour ne pas être en reste par rapport à leurs rivaux. Après l'invention des antibiotiques pour traiter les infections bactériennes, certaines bactéries ont évolué pour devenir résistantes aux médicaments classiques. Pour y faire face, nous nous sommes tournés vers des antibiotiques encore plus puissants. Ce qui incite les bactéries à continuer à évoluer. Peu à peu, les traitements deviennent de plus en plus extrêmes, dans le seul but de conserver le même impact que des médicaments disponibles quelques décennies auparavant[38]. En biologie, cette fuite en avant s'appelle le *syndrome de la Reine Rouge*, en référence au personnage de Lewis Carroll dans son livre *De l'autre côté du miroir*. Quand Alice se plaint à la Reine Rouge de faire du sur-place alors qu'elle court, celle-ci lui répond : « Ici, vois-tu, il faut courir le plus vite possible pour rester au même endroit ».

Cette course à l'évolution est liée au changement, mais aussi à la transmission. Même si une nouvelle mutation apparaît dans une bactérie, elle ne va pas automatiquement se propager dans la population humaine. De la même manière, si un nouveau contenu apparaît en ligne, sa popularité n'est pas garantie. Nous avons tous entendu parler de nouvelles histoires et d'idées qui ont été largement diffusées en ligne, mais nous connaissons bien aussi les publications, peut-être même les nôtres, qui ont disparu aussi vite qu'elles étaient apparues. Alors, dans quelle mesure la popularité en ligne est-elle répandue ? et d'ailleurs, à quoi ressemble une épidémie classique ?

Les rumeurs à propos du boson de Higgs avaient d'abord circulé progressivement. Le 1er juillet 2012, les utilisateurs de Twitter commencent à avancer que l'insaisissable particule – surnommée la *particule de Dieu* – a enfin été découverte. D'abord mentionné par Peter Higgs en 1964, le boson était une pièce manquante cruciale au puzzle subatomique. À en croire les lois de la physique des particules, il devait exister, mais personne ne l'avait encore jamais observé en vrai.

Cela n'allait pas tarder à changer. Sur Twitter, les rumeurs disent tout d'abord que des physiciens ont découvert le boson au Tevatron, l'accélérateur de particules de l'Illinois, aux États-Unis. L'épidémie de rumeur enfle à la vitesse d'environ un nouvel utilisateur chaque minute. Le lendemain, les chercheurs du Tevatron annoncent avoir trouvé des preuves prometteuses – mais pas encore définitives – de l'existence du boson de Higgs. L'épidémie sur Twitter s'accélère, agrégeant de plus en plus d'utilisateurs, et l'attention se tourne vers le Grand collisionneur de hadrons (Large Hadron Collider ou LHC), l'accélérateur de particules du CERN. Ces dernières rumeurs vont s'avérer justes : deux jours plus tard, les chercheurs du CERN annoncent qu'ils ont bien découvert le boson. Alors que l'intérêt des médias pour cette découverte va croissant, l'épidémie sur Twitter attire de plus en plus de personnes. Le lendemain, elle touche plus de cinq cents utilisateurs par minute, peu avant d'atteindre son pic. Le 6 juillet, cinq jours après l'apparition des premières rumeurs, l'intérêt pour cette histoire avait drastiquement chuté[39].

Quand les rumeurs au sujet du boson de Higgs avaient démarré, certains utilisateurs avaient posté des publications sur cette potentielle découverte, alors que d'autres avaient retweeté ces commentaires à leurs propres *followers*. Si l'on regarde comment les premières centaines de retweets étaient liées, on observe un nombre impressionnant de variations dans la transmission (cf. schéma page suivante). La plupart des tweets ne vont pas bien loin, ne diffusant la nouvelle qu'à un ou deux autres. Mais au centre du réseau de transmission, se trouve une grande chaîne de retweets, comprenant deux événements de transmission de grande ampleur, avec des utilisateurs uniques diffusant la rumeur à un grand nombre d'autres personnes.

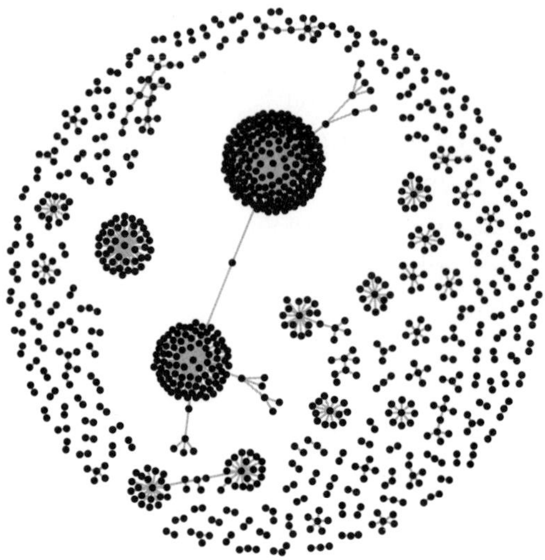

Premiers retweets au sujet de la rumeur du boson de Higgs, le 1er juillet 2012. Chaque point représente un utilisateur, et les lignes représentent les retweets. Source : DeDomenico *et al.*, 2013.

Ce genre de diversité dans la transmission est fréquent pour les partages en ligne. En 2016, Duncan Watts, alors chez Microsoft Research, a travaillé avec des collaborateurs de l'université de Stanford pour étudier les *cascades* de partages sur Twitter. Ils ont analysé plus de six cent vingt millions de contenus, en notant quels utilisateurs avaient reposté des liens que d'autres avaient partagés. Certains liens passaient par de multiples utilisateurs *via* une longue chaîne de transmission. D'autres démarraient mais s'essoufflaient bien plus rapidement. Certains ne se propageaient pas du tout[40].

Pour les maladies infectieuses, nous avons vu qu'il existe deux types d'épidémies. La transmission par *source commune* s'opère lorsque tout le monde est infecté par la même source, comme pour les intoxications alimentaires. À l'opposé, une épidémie par propagation se diffuse de personne à personne à travers plusieurs générations. Pour les cascades en ligne, nous retrouvons la même diversité. Parfois, un contenu va se propager à un grand nombre de personnes à partir d'une seule source – que l'on nomme en marketing un évènement *émetteur* – alors que d'autres fois, il va se propager d'utilisateur à utilisateur. Les chercheurs de Stanford et de Microsoft ont découvert que les émetteurs sont un élément essentiel des cascades les plus importantes. Environ une publication Twitter sur mille obtenait plus de cent partages, mais seulement une fraction d'entre elles se propageaient du fait de la transmission par propagation. La propagation des publications était en général due à un seul évènement émetteur.

Lorsque nous parlons de contagion en ligne, nous pouvons avoir tendance à nous focaliser sur ce qui a eu du succès. Ce faisant, nous oublions que l'immense majorité des choses ne décolle pas. L'équipe de Microsoft a découvert qu'environ 95 % des cascades de Twitter consistaient en un seul tweet qui n'était partagé par personne. Sur les cascades restantes, la plupart n'étaient pas partagées plus d'une fois de plus. C'est aussi vrai pour les autres plateformes en ligne : il est extrêmement rare que quelque chose se propage, et même quand cela arrive, cela ne dépasse pas quelques générations de transmission. La plupart des contenus ne sont finalement pas si contagieux[41].

Dans le chapitre précédent, nous nous sommes intéressés aux épidémies de fusillades à Chicago, pour lesquelles la transmission prenait en général fin après un nombre restreint d'événements. Plusieurs maladies piétinent et balbutient de la sorte dans les populations humaines. Par exemple, les souches de grippe aviaire comme H5N1 et H7N9 ont donné lieu à de vastes épidémies chez les volailles, mais elles se propagent mal parmi les hommes (du moins, pour le moment).

À quoi peut ressembler une épidémie dont la propagation n'est pas très efficace ? Nous avons déjà vu comment utiliser le taux de reproduction R_0 pour déterminer si une maladie infectieuse est susceptible de se propager ou non ; si R_0 est supérieur à la valeur critique 1, alors une vaste épidémie peut se déclencher. Mais même si R_0 est inférieur à 1, le risque qu'une personne infectée transmette la maladie à une autre demeure. C'est sans doute improbable, mais pas impossible. À moins que le taux de reproduction ne soit égal à 0, nous devons donc nous attendre à voir apparaître de temps en temps des cas secondaires. Ces nouveaux cas généreront peut-être d'autres générations de l'infection, avant que l'épidémie ne s'achemine vers son terme.

Si l'on connaît le taux de reproduction d'une infection balbutiante, peut-on prévoir, en moyenne, quelle sera l'ampleur de l'épidémie ?

Il s'avère que c'est possible, grâce à une formule mathématique bien pratique. Non seulement cette idée allait devenir un élément essentiel de l'analyse épidémique, mais elle allait impacter la manière dont Jonah Peretti et Duncan Watts envisageraient le marketing viral aux débuts de BuzzFeed[42].

Imaginez une épidémie qui débute avec une personne infectieuse. Par définition, ce premier cas va générer R_0 cas supplémentaires en moyenne. Ces nouvelles infections vont alors générer R_0 cas supplémentaires chacune – ce qui se traduit par R_0^2 nouveaux cas – et ainsi de suite :

$$\text{Taille de l'épidémie} = 1 + R_0 + R_0^2 + R_0^3 + \ldots$$

Nous pourrions tenter d'additionner toutes ces valeurs pour calculer la taille prévisible de l'épidémie. Heureusement, il y a plus simple. Au XIXe siècle, des mathématiciens ont montré qu'il existe une règle applicable à des séquences comme celle-ci. Si R_0 est compris entre zéro et un, alors l'équation suivante est vraie :

$$1 + R_0 + R_0^2 + R_0^3 + \ldots = 1/\,(1 - R_0)$$

Autrement dit, tant que le taux de reproduction est inférieur à un, la taille prévisible de l'épidémie est égale à $1/(1 - R_0)$. Même si les mathématiques du XIXe siècle ne sont pas vraiment votre tasse de thé, prenez un instant pour savourer l'utilité de ce raccourci. Plutôt que de devoir simuler la manière dont une infection pourrait passer progressivement d'une génération à une autre avant de s'éteindre, nous pouvons évaluer la taille finale de l'épidémie directement à partir du taux de reproduction[43]. Par exemple si R_0 est 0,8, on peut s'attendre à une épidémie de 1/(1-0,8)= 5 cas au total. À l'inverse, nous pouvons également partir de la taille moyenne de l'épidémie pour évaluer le taux de reproduction. Si une épidémie compte en moyenne 5 cas, cela signifie que R_0 est 0,8.

Dans mon domaine, il est courant d'utiliser ce petit calcul pour évaluer le taux de reproduction des nouvelles menaces liées aux maladies. Début 2013, cent trente cas d'humains touchés par la grippe aviaire H7N9 ont été recensés en Chine. Bien que la plupart d'entre eux aient contracté la maladie après avoir été au contact de volailles, quatre clusters d'infection semblaient découler d'une transmission entre humains[44]. La plupart des cas n'ont infecté personne ; la taille moyenne d'une épidémie humaine de H7N9 était donc de 1,04 cas, laissant supposer que, chez les humains, R_0 était 0,04, un nombre insignifiant.

L'utilité de ce concept dépasse le cadre des maladies. Au milieu des années 2000, Jonah Peretti et Duncan Watts ont appliqué cette méthode à des campagnes marketing. Ils étaient donc en mesure de définir la transmissibilité d'une idée, plutôt que de se contenter de décrire une campagne. Par exemple, en 2004, le groupe The Brady Campaign, qui milite contre la violence armée, a envoyé des emails demandant à leurs destinataires de soutenir les nouvelles mesures de contrôle des armes à feu en les incitant à faire suivre les emails à leurs amis ; certains de ces amis ont alors fait suivre les messages à leurs propres amis, etc. Pour chaque email envoyé, en moyenne 2,4 personnes ont vu le message. Sur la base de cette taille d'épidémie, le taux de reproduction de la campagne a été d'environ 0,58. Par la suite, une campagne d'emails a été lancée pour lever des fonds en faveur des opérations de secours après le passage de l'ouragan Katrina ; cette fois, R_0 était de 0,77. Mais la transmission n'atteint pas toujours ces niveaux. Ayons une pensée pour les responsables marketing qui tentent de propager les messages vantant les mérites de leurs produits d'entretien : Peretti et Watss ont observé que le R_0 des emails de promotion du détergent Tide Coldwater n'est que 0,04 (comme pour la grippe aviaire H7N9). Alors que la plupart des emails de Katrina se sont largement propagés, plus de 99 % des emails de Tide ne dépassent pas le stade d'une seule transmission[45].

À quoi bon mesurer une infection qui n'entraînera pas de vaste épidémie ? Pour les agents pathogènes biologiques, on craint surtout une adaptation des infections à leurs nouveaux hôtes. Au cours d'une petite épidémie, les virus pourraient muter afin d'être transmis plus facilement. Plus il y a de personnes infectées, plus cette adaptation est probable. Avant que l'épidémie de SRAS ne se déclenche largement à Hong Kong en février 2003, une série de petits clusters s'était manifestée dans la province de Guangdong, au sud de la Chine[46]. Entre novembre 2002 et janvier 2003, sept épidémies y avaient été signalées, avec entre un et neuf cas à chaque fois. La taille moyenne de l'épidémie était de cinq cas, ce qui suggère que R_0 ait pu avoisiner 0,8 à cette période. Mais au moment de l'épidémie de Hong Kong quelques mois plus tard, le SRAS avait atteint un taux de reproduction bien plus préoccupant, supérieur à deux.

L'augmentation du taux de reproduction d'une épidémie peut s'expliquer par plusieurs facteurs. Souvenez-vous que R_0 dépend des quatre DOTS : la *durée* d'une infection, les *opportunités* de transmission, la *probabilité de transmission* à chaque opportunité (transmissibilité) et une *susceptibilité* moyenne.

Dans le cas des virus biologiques, tous ces facteurs peuvent influencer la transmission. Parmi les virus susceptibles de se propager chez les humains, ceux qui y parviennent le mieux ont tendance à donner des infections de plus longue durée et à se propager directement d'une personne à une autre plutôt que par une source intermédiaire (c'est-à-dire avec un plus grand nombre d'opportunités)[47]. La probabilité qu'il y ait transmission peut aussi faire toute la différence : les virus de grippe aviaire ont du mal à se propager chez les humains car ils ne parviennent pas à s'accrocher aux cellules de nos voies respiratoires aussi facilement que les virus humains[48].

Ce phénomène d'adaptation peut aussi se produire avec les contenus en ligne. On trouve beaucoup d'exemples de mèmes – comme des publications et des images – qui évoluent pour gagner en impact. Quand la chercheuse Lada Adamic et ses collègues de Facebook ont analysé la propagation des mèmes sur leur réseau social, ils ont remarqué que les contenus évoluaient souvent au fil du temps[49]. L'un des exemples était cette publication où l'on pouvait lire : *personne ne devrait mourir sous prétexte de ne pas pouvoir se payer de soins et personne ne devrait être fauché sous prétexte d'être malade*. Ce mème a été partagé presqu'un demi-million de fois dans sa forme originale. Mais rapidement, des variantes sont apparues, avec une mutation de la formulation dans une publication sur dix. Certains de ces changements ont favorisé la propagation du mème ; grâce à l'ajout de phrases telles que *si vous êtes d'accord, publiez*, le mème avait presque deux fois plus de chances de se propager. Il a aussi été très résilient : après un premier pic de popularité, il a perduré sous différentes formes pendant au moins deux ans.

Et pourtant, le potentiel de contagion des contenus en ligne semble avoir ses limites. Entre 2014 et 2016, les tendances les plus populaires de Facebook ont toutes eu un taux de reproduction proche de deux. Probablement parce que les différents facteurs de transmission s'équilibraient les uns les autres. Pour certaines tendances – comme le défi du seau glacé – il suffisait de désigner quelques personnes à chaque fois, mais pour chacune d'elles, la probabilité de transmission était très élevée. D'autres contenus, comme des vidéos et des liens, avaient beaucoup plus d'opportunités de se propager mais, en réalité, seuls quelques-uns des amis qui voyaient la publication la partageaient[50]. Il est intéressant de noter que l'analyse de Lada Adamic est exempte d'exemples de contenus Facebook qui auraient touché un grand nombre d'amis tout en ayant une probabilité forte et constante de se propager à chaque vue. Cela nous rappelle à quel point les épidémies en ligne ne sont rien par rapport aux infections biologiques : même le contenu le plus populaire de Facebook est dix fois moins contagieux que la rougeole.

C'est encore pire pour une campagne marketing classique. Bien que Jonah Peretti ait un jour parié qu'il était possible de faire décoller quelque chose de façon délibérée, il a depuis reconnu que, dans certaines situations, garantir un effet de contagion s'avère bien plus difficile, comme pour un brief client[51]. Repensez à la différence entre son premier email à Nike, largement propagé, et les emails des campagnes marketing, bien moins transmissibles. Peretti et Watts ont souligné que, contrairement à l'univers des annonceurs, les maladies infectieuses ont évolué depuis des millénaires. Pour eux, « la probabilité est forte pour que le R_0 d'un produit soit toujours inférieur à un, malgré tous les efforts que pourraient y consacrer des créatifs talentueux »[52].

Fort heureusement, il existe une autre manière d'augmenter la taille d'une épidémie : diffuser notre message à un plus grand nombre de personnes dès le départ. Dans les exemples précédents, nous nous sommes intéressés à des épidémies balbutiantes, en admettant la présence d'une seule personne infectieuse au départ. Avec un taux de reproduction faible, cela donne une petite épidémie qui disparaît rapidement. Pour y remédier, il suffit d'introduire plus d'infections. Peretti et Watts nomment ceci le *big seed marketing*. Si un message légèrement contagieux touche un grand nombre de personnes, il peut ensuite faire l'objet d'une attention supplémentaire lors de petites épidémies. Par exemple, si nous envoyons un message non contagieux à mille personnes, il touchera mille personnes. Si, à la place, nous envoyons un message dont le R_0 est 0,8, nous pouvons nous attendre à ce qu'il atteigne cinq mille personnes au total. C'est ainsi qu'ont fonctionné la plupart des premiers contenus de BuzzFeed. Les internautes voyaient les articles sur le site puis les partageaient avec quelques amis sur des plateformes comme Facebook. L'équipe de Peretti a été la première à parler du concept de *reblog* au début des années 2000, et elle a su en tirer profit au cours de la décennie suivante. En 2013, BuzzFeed s'est classé en tête des contributeurs *les plus sociaux* (*most social*), avec plus de commentaires, de *likes* et de partages que n'importe quelle autre structure[53]. (Le *Huffington Post*, l'ancienne société de Peretti arrivait en deuxième position.)

Puisque le R_0 des contenus publiés sur Internet est en général faible et qu'ils nécessitent de multiples points d'entrée pour se propager, nous ne devrions pas considérer la contagion en ligne de la même manière que le virus grippal de 1918 ou le SRAS. Les infections comme les pandémies de grippe se propagent facilement d'une personne à une autre, ces épidémies grossissent donc de plus en plus au fur et à mesure des générations de transmission. À l'inverse, la plupart des contenus publiés en ligne toucheront peu de personnes à moins d'un phénomène de diffusion massive. Pour Peretti, les agences marketing parlent souvent de ce qui devient *viral* comme le ferait une maladie, mais, en réalité, elles entendent simplement par-là que quelque chose est devenu populaire. « Nous réfléchissions à la viralité au sens épidémiologique propre, avec un certain seuil de contagion qui la fait grossir au fur et à mesure que le temps passe »[54], a-t-il résumé un jour. « Vous remplacez la dégradation exponentielle par une croissance exponentielle. Voilà ce qu'est la viralité. »

La plupart des cascades en ligne ne sont pas virales comme le sont les pandémies ; elles ne grossissent pas de façon exponentielle. Elles sont plus proches des épidémies balbutiantes de variole dans l'Europe des années 1970. En général, ces épidémies finissent par disparaître, à moins qu'un évènement exceptionnel super-contaminateur n'engendre un grand cluster de cas. Et encore, l'analogie avec le super-contaminateur de la variole s'arrête là car la portée des médias et des célébrités diffère largement de ce qui se produit lors d'une transmission biologique. « Un super-contaminateur est une personne qui infecte, par exemple, onze personnes au lieu de deux », explique Watts. « Il n'existe pas de super-contaminateurs capables d'infecter onze millions de personnes. »

Puisque les cascades des réseaux sociaux diffèrent des épidémies de maladies infectieuses, la modélisation traditionnelle de ces dernières ne nous sera pas nécessairement d'une grande aide pour prévoir ce qui peut se produire en ligne. Mais peut-être peut-on se passer des prévisions inspirées par la biologie ? Étant donné le volume considérable de données générées sur les réseaux sociaux, les chercheurs cherchent de plus en plus à identifier des schémas de transmission dont ils se servent pour prévoir la dynamique des cascades.

Est-il facile de prévoir si un contenu aura du succès en ligne ? En 2016, Watts et ses collègues chez Microsoft Research ont compilé plus d'un milliard de données sur des phénomènes de cascades sur Twitter[55]. Ils ont rassemblé des données sur les tweets – comme l'heure de publication et le sujet – ainsi que des informations sur les utilisateurs qui en avaient été à l'origine – comme leur nombre de *followers* et s'ils étaient d'ordinaire beaucoup retweetés. Leur analyse des cascades a révélé que le contenu d'un tweet en lui-même permet rarement de savoir s'il sera populaire ou non. Comme lors de leurs analyses précédentes sur les influenceurs, ils ont trouvé que la popularité des anciens tweets de l'utilisateur comptait bien plus. Et pourtant, ils avaient encore du mal à formuler une prévision d'ensemble. Bien que disposant d'un jeu de données dont rêverait tout chercheur spécialiste des maladies, l'équipe n'était parvenue à expliquer que moins de la moitié des variations observées dans les tailles des cascades.

Alors, comment expliquer l'autre moitié ? Les chercheurs ont reconnu que d'autres facteurs de succès encore non identifiés pourraient entrer en jeu et seraient susceptibles d'améliorer leurs capacités de prévision. Cependant, le succès dépendrait en grande partie du hasard. Même avec des données détaillées sur ce qui est tweetté et sur qui tweette, le facteur chance jouerait un rôle conséquent dans le succès d'une publication. Ceci vient de nouveau souligner l'importance de déclencher de nombreuses cascades, plutôt que de tenter de publier LE tweet *parfait*.

Puisqu'il est si difficile de prévoir le succès d'un tweet avant sa publication, on peut aussi choisir d'observer le début de la cascade avant de formuler une prévision. C'est la *méthode du coup d'œil* : on observe les données au début de leur propagation avant de prévoir ce qui va se passer ensuite[56]. Lorsque Justin Cheng et ses collègues ont analysé le partage de photos sur Facebook en 2014, ils ont découvert que leurs prévisions étaient de bien meilleure qualité une fois qu'ils disposaient de quelques données sur la dynamique de la cascade initiale. La propagation des grandes cascades avait tendance à s'apparenter au phénomène des événements émetteurs, en attirant massivement et rapidement l'attention. L'équipe a cependant remarqué que certaines caractéristiques leur échappaient, même avec la méthode du coup d'œil. « Prévoir la taille d'une cascade demeure beaucoup plus facile que de prévoir sa forme »[57], ont-ils ajouté.

Il n'y a pas que pour les contenus des réseaux sociaux qu'il est plus simple de formuler des prévisions après un certain laps de temps. En 2018, Burcu Yucesoy et ses collègues de l'université de Northeastern ont analysé le succès des best-sellers du *New York Times*. Prévoir si un livre va prendre ou non la tête des ventes est très difficile mais quelques tendances se dessinent pour ceux qui ont du succès. L'équipe a ainsi découvert que les ventes de la plupart des ouvrages figurant sur la liste des best-sellers commencent par grossir rapidement au début, qu'elles atteignent leur pic environ dix semaines après leur sortie, avant de décliner à un niveau très faible. En moyenne, seulement 5 % des ventes sont réalisées après la première année[58].

Même si l'on comprend de mieux en mieux le fonctionnement des épidémies en ligne, la plupart des analyses nécessitent encore d'avoir à disposition une bonne base de données préalable. Il est en général difficile de prévoir en amont combien de temps durera une nouvelle tendance car nous ne connaissons pas les règles sous-jacentes à sa transmission. Il peut pourtant arriver qu'une cascade en ligne obéisse à des règles connues. C'est d'ailleurs une cascade de ce type qui avait la première suscité mon intérêt pour la contagion sur les réseaux sociaux.

Coiffée d'une casquette *I love haters,* la femme sort le poisson rouge de son sachet en plastique et le laisse tomber dans un verre rempli d'alcool. Puis elle avale le tout : le poisson et le reste. Avocate stagiaire en voyage en Australie, elle vient d'être taguée par une amie. La scène a été filmée. Elle publie rapidement la vidéo sur sa page Facebook en taguant une autre personne[59].

Nous sommes début 2014 et cette jeune femme est la dernière participante en date d'un jeu en ligne appelé la *neknomination* – de l'anglais *neck your drink,* boire cul-sec. Les règles sont simples : les joueurs doivent se filmer en train d'avaler une boisson, publier la vidéo sur un réseau social puis désigner d'autres personnes qui ont vingt-quatre heures pour participer. Le jeu s'est répandu à travers l'Australie et les boissons sont devenues de plus en plus osées – et alcoolisées – au fur et à mesure des nominations. Les gens se filmaient en train de boire en skate-board, en quad ou à saut en parachute. Les boissons allaient des alcools purs aux cocktails contenant des insectes mixés et même de l'acide sulfurique[60].

En se répandant, le jeu de la *neknomination* avait fait de plus en plus parler de lui. La vidéo du poisson rouge avait été largement partagée, et les médias en avaient profité pour rapporter des histoires de plus en plus extrêmes. À son arrivée au Royaume-Uni, le jeu suscita la panique chez les médias. Pourquoi est-ce que tout le monde s'y mettait ? Jusqu'où cela irait-il ? Fallait-il interdire le jeu[61] ?

J'acceptai alors d'étudier la *neknomination* pour un programme radio de la BBC[62]. J'avais remarqué qu'au cours des jeux de ce type, les participants transmettaient l'idée à une poignée de personnes données, qui la passaient à leur tour à d'autres. Se créait alors une évidente chaîne de transmission par propagation, très proche d'une épidémie de maladie.

Pour prévoir la courbe d'une épidémie, il nous faut impérativement connaître deux choses : le nombre de cas supplémentaires générés en moyenne par chaque cas (c'est-à-dire le taux de reproduction) et le délai entre deux cycles d'infection (c'est-à-dire l'intervalle de génération). Quand une nouvelle épidémie de maladie se déclenche, nous connaissons rarement ces valeurs, nous devons alors essayer de les estimer. Cependant, pour la *neknomination,* l'information est au cœur même du jeu : chaque personne en désigne deux ou trois autres qui doivent réaliser le défi – et désigner d'autres personnes – sous vingt-quatre heures. Pour formuler mes prévisions pour la *neknomination* en 2014, je n'ai rien eu à estimer ; il m'a suffi d'entrer les chiffres directement dans une simple modélisation épidémique[63].

D'après mes calculs, la mode de la *neknomination* serait de courte durée. Après une semaine ou deux, l'immunité collective ferait son apparition, entraînant un pic épidémique puis le début d'une décrue. Il pouvait arriver que ces prévisions simples surestiment la transmission. Car, dans la vraie vie, les amis ont tendance à se regrouper et si de nombreuses personnes désignent la même personne, le taux de reproduction sera moins élevé, ce qui entraînera une épidémie plus petite. Et en effet, l'intérêt suscité par la *neknomination* s'est rapidement évanoui. Malgré l'emballement des médias britanniques début février 2014, arrivés à la fin du mois, on n'en parlait plus. Par la suite, d'autres jeux circulant sur les réseaux sociaux ont suivi une structure similaire, du *no make-up selfie*, c'est-à-dire le *selfie sans maquillage* à l'*Ice Bucket Challenge* (ou *défi du seau d'eau glacée*), qui a beaucoup fait parler de lui. À partir des règles de ces jeux, mon modèle prédisait à chaque fois qu'ils atteindraient leur pic en quelques semaines, ce qui fut le cas[64].

Les jeux reposant sur le principe de la nomination d'autres personnes ont tendance à s'étioler après quelques semaines, mais il peut arriver que les épidémies ne disparaissent pas toujours une fois passé leur premier pic de popularité sur les réseaux sociaux. En étudiant des mèmes populaires à base d'images sur Facebook, Justin Cheng et ses collaborateurs ont découvert que presque 60 % d'entre eux réapparaissent à un moment donné. En moyenne, il s'écoule à peine plus d'un mois entre le premier et le second pic de popularité. S'il n'y a pas plus de deux pics, la seconde cascade de partages est en général plus courte et moins importante ; au-delà de deux pics, leur taille est souvent constante[65].

Qu'est-ce qui fait qu'un mème redevient populaire ? L'équipe a découvert que si le premier pic d'intérêt suscité par le mème est important, alors il est peu probable que ce mème réapparaisse. « Ce ne sont pas les cascades les plus populaires qui reviennent le plus », observent-ils,

« mais celles qui sont seulement modérément populaires. » Pourquoi ? Parce que si la première cascade est de taille réduite, le nombre de personnes n'ayant pas encore vu ce mème est plus important. Si l'épidémie est conséquente dès le début, il ne reste pas suffisamment de personnes susceptibles pour que la transmission se poursuive. Qu'il y ait plusieurs copies du mème en circulation favorise aussi la récurrence de la cascade. C'est cohérent avec ce que nous avons vu préalablement pour les épidémies balbutiantes : avoir plusieurs déclenchements peut contribuer à une meilleure propagation des infections.

Cheng s'était intéressé aux images populaires mais, qu'en était-il pour les autres types de contenus ? En 2016, j'avais donné une conférence à la Royal Institution de Londres, qui avait été filmée. Deux ans plus tard, la vidéo postée sur YouTube avait fini par dépasser le million de vues. À la même époque, en 2016, j'avais donné chez Google une conférence sur un sujet similaire et une vidéo avait également été postée sur YouTube, sur une chaîne avec un nombre d'abonnés proche. Sur la même période, cette seconde vidéo n'a enregistré qu'environ dix mille vues. (J'aurais aimé que les chiffres soient inversés mais il s'avère que si vous donnez deux conférences proches, c'est celle que vous réussissez le moins bien qui va le mieux marcher sur Internet.)

Je ne m'étais pas attendu à ce que la conférence de la Royal Institution soit si remarquée, mais c'est le cumul des vues qui m'a le plus surpris. Pendant la première année, la vidéo n'a pas tellement marché, cumulant une centaine de vues chaque jour. Et puis, brusquement, en l'espace de quelques jours, elle a suscité plus d'intérêt que pendant toute une année.

Les internautes s'étaient-ils mis à la partager et était-elle ainsi devenue virale ? En observant les données, j'ai découvert que l'explication était en réalité beaucoup plus simple : YouTube avait publié la vidéo sur sa page d'accueil. Alors que le nombre de vues grimpait, l'algorithme de la plateforme l'avait ajoutée à ses listes de *vidéos recommandées* qui apparaissent en marge des vidéos populaires. Presque 90 % des internautes qui voyaient la conférence l'avaient trouvée sur la page d'accueil ou dans l'une de ces listes. Voilà un exemple typique d'événement émetteur, où une source génère presque toutes les vues.

Une fois la vidéo devenue populaire, cette popularité avait créé un effet de rétroaction, suscitant encore plus d'intérêt. On voit bien à quel point cette vidéo a profité d'un phénomène d'amplification sur Internet : d'abord par la Royal Institution pour ses premiers milliers de vues, ensuite grâce à l'algorithme de YouTube pour toucher un public bien plus large.

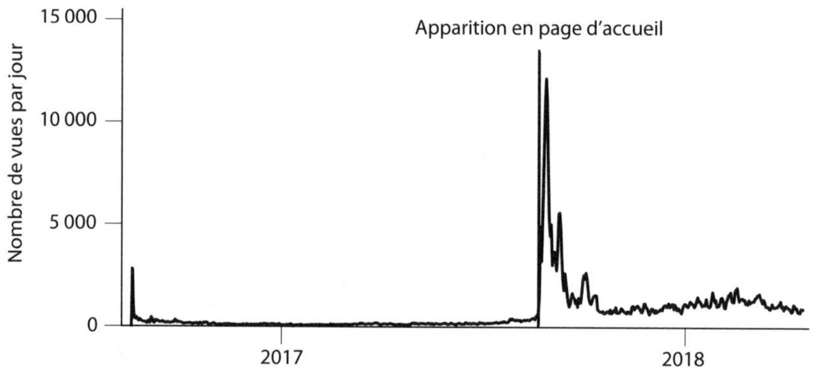

Nombre de vues quotidiennes sur YouTube pour la vidéo de ma conférence à la Royal Institution. Source : Royal Institution.

Sur YouTube, la popularité peut prendre trois formes principales. Il y a d'abord les vidéos dont le nombre de vues est constant et relativement peu élevé. Ce nombre fluctue de manière aléatoire d'un jour sur l'autre, sans augmentation ni diminution marquée. Environ 90 % des vidéos publiées sur YouTube obéissent à ce schéma. Ensuite, il y a les vidéos qui sont soudainement mises en avant sur le site, par exemple parce qu'elles sont en lien avec l'actualité. Presque toute l'activité se situe alors après le premier pic. Enfin, reste le cas des vidéos qui sont peu à peu partagées ailleurs sur le web, accumulant progressivement des vues, avant d'atteindre un pic puis de décliner de nouveau. On peut aussi observer un mélange entre ces formes ; une vidéo partagée peut être propulsée parce qu'elle est mise en avant puis revenir à un faible niveau, comme la mienne[66].

Le format vidéo est un média particulièrement résistant : l'intérêt qu'il suscite a tendance à durer beaucoup plus longtemps qu'avec les articles de presse. Sur les réseaux sociaux, le cycle de vie classique de l'information est d'environ deux jours : au cours des premières vingt-quatre heures, l'essentiel du contenu est publié sous la forme d'articles, puis de partages et de commentaires[67]. Cependant, les informations ne sont pas toutes logées à la même enseigne. Des chercheurs du MIT ont découvert que les fausses informations ont tendance à se diffuser plus loin et plus vite que les vraies. Est-ce parce que les personnalités connues et très suivies sont plus susceptibles de diffuser des mensonges ? À vrai dire, c'est l'inverse : les chercheurs ont montré que ce sont en général les personnes qui ont le moins de *followers* qui diffusent les fausses informations. Considérons la contagion sous l'angle des quatre DOTS : si une information erronée se propage, c'est parce que la probabilité de transmission est élevée, plutôt que parce que les opportunités sont nombreuses. Qu'est-ce qui fait qu'une probabilité de transmission est élevée ? La nouveauté peut y contribuer : nous aimons partager de l'information toute fraîche, or les fausses informations sont souvent plus « neuves » que les vraies[68].

Et pourtant, l'effet de nouveauté n'est pas seul en cause. Comprendre comment les choses se propagent en ligne nécessite aussi de réfléchir à la notion de renforcement social. Nous devons considérer le concept de contagion complexe sous un autre angle : il faut parfois que nous soyons exposés à une idée à de multiples reprises avant de l'adopter en ligne. Par exemple, nous allons facilement partager des mèmes sur Internet ; mais nous ne partagerons un contenu politique qu'après avoir vu plusieurs autres personnes le faire. Début 2013, des utilisateurs de Facebook ont délaissé leur photo de profil au profit du symbole « = » pour marquer leur soutien à l'égalité en matière de mariage ; en moyenne, ils ont attendu que huit autres de leurs amis l'aient fait avant de se décider. La contagion complexe a aussi pesé sur les débuts de l'adoption de nombreuses plateformes en ligne, dont Facebook, Twitter et Skype[69].

L'une des particularités de la contagion complexe est de mieux se propager dans des communautés soudées. Avoir beaucoup d'amis en commun crée les conditions favorables à des expositions multiples, nécessaires pour que des idées soient adoptées. Encore faut-il que ces idées parviennent à quitter ce cadre pour se diffuser plus largement[70].

D'après Damon Centola, la structure des réseaux en ligne peut ainsi faire obstacle à la contagion complexe[71]. La plupart de nos contacts sur Internet sont plus des connaissances que des amis proches formant un groupe. Si beaucoup de nos amis affirment leur point de vue politique, nous serons susceptibles de faire de même ; mais si c'est une source isolée, c'est beaucoup moins probable.

Cela signifie que la contagion complexe – comme dans l'exemple des opinions politiques – peut souffrir d'un handicap majeur sur Internet. Plutôt que d'encourager les utilisateurs à développer des idées qui bousculent et qui sont complexes d'un point de vue social, la structure des interactions sociales favorise des contenus faciles à digérer. Ce qui explique peut-être pourquoi c'est ce que les internautes choisissent de créer.

Au début du XXIe siècle, l'accès aux données étant de plus en plus facile, certains ont avancé l'idée selon laquelle il deviendrait inutile que les chercheurs continuent à tenter d'expliquer les comportements humains. Parmi eux, Chris Anderson, alors rédacteur en chef du magazine *Wired*. En 2008, il a rédigé un célèbre article annonçant *la fin de la théorie*. « Qui sait pourquoi les gens font ce qu'ils font ? » écrivait-il. « Le fait est qu'ils le font et que nous sommes capables de l'analyser et de le mesurer avec une précision sans précédent[72]. »

Nous disposons désormais d'une quantité considérable de données sur l'activité humaine ; on a estimé que le volume d'informations numériques dans le monde double tous les deux ans, l'essentiel étant créé en ligne[73]. Et pourtant, il reste encore beaucoup de choses que nous avons du mal à mesurer. Prenez les études menées sur la contagion de l'obésité ou du tabagisme : elles montrent à quel point faire émerger des processus de transmission peut être difficile. Notre incapacité à mesurer le comportement n'est pas le seul problème. Dans un monde où règnent les clics et les partages, nous ne mesurons pas toujours ce que nous croyons.

À première vue, les clics semblent plutôt une bonne manière de quantifier l'intérêt suscité par un article. Plus de clics signifient que plus de personnes ouvrent l'article et, potentiellement, le lisent. Dans ce cas, on peut penser que les auteurs qui obtiennent le plus de clics devraient être récompensés en conséquence. Pas nécessairement. On attribue à l'économiste Charles Goodhart cette citation : « Quand la mesure devient la cible, elle cesse d'être une bonne mesure[74]. » En récompensant le succès uniquement sur la base de mesures de performance, on crée une boucle de rétroaction : on se lance dans la course aux indicateurs plutôt que de s'intéresser à la qualité sous-jacente de ce que l'on tente d'évaluer.

Ce problème est inhérent à tous les secteurs. Avant la crise financière de 2008, les banques distribuaient des bonus à leurs traders et commerciaux en fonction de leurs récents bénéfices. Elles encourageaient ainsi les stratégies de trading qui engrangeaient les bénéfices à court terme, sans trop se soucier de l'avenir. Même en littérature, les indicateurs ont eu leur rôle à jouer. Alexandre Dumas a d'abord écrit ses *Trois mousquetaires* sous forme de série où son éditeur le payait à la ligne. C'est ce qui l'a poussé à ajouter un nouveau personnage, Grimaud, le valet d'Athos, qui s'exprimait par de courtes phrases de manière à allonger le texte (quand son éditeur lui a annoncé que les répliques courtes ne comptaient pas, il s'est débarrassé de Grimaud)[75].

Les mesures comme les clics ou les *likes* peuvent créer des perceptions erronées de nos véritables comportements. En 2007-2008, plus de 1,1 million de personnes ont rejoint la cause *Sauver Le Darfour* sur Facebook, qui visait à rassembler des fonds et à attirer l'attention sur le conflit soudanais. Parfois, les nouveaux membres faisaient des dons et recrutaient d'autres personnes, mais la plupart ne faisaient rien. Sur l'ensemble des personnes qui ont rejoint le mouvement, seuls 28 % ont recruté quelqu'un et parmi elles, 0,2 % ont fait un don[76].

Malgré les questions que soulèvent ces mesures, on constate un intérêt grandissant pour les articles cliquables et partageables, où un simple vernis extérieur peut s'avérer très efficace. Des chercheurs de l'université Columbia et de l'Institut français Inria ont étudié les articles de presse grand public cités par les utilisateurs de Twitter. Ils ont découvert que presque 60 % des liens ne sont jamais cliqués[77]. Ce qui n'empêche pas certaines histoires de se propager : les utilisateurs partagent des milliers de publications avec des liens sur lesquels personne ne clique jamais. La plupart d'entre nous sommes plus enclins à partager un article qu'à le lire.

Ce qui n'est d'ailleurs pas très surprenant puisque certains comportements nécessitent plus d'efforts que d'autres. Dean Eckles, ancien spécialiste des données chez Facebook, explique qu'il suffit d'un rien pour obtenir une interaction simple de la part des internautes sur les réseaux sociaux. « C'est un comportement relativement facile à créer »[78], dit-il. « Il consiste à découvrir si vos amis aiment ou commentent votre publication. » Ces actions requièrent peu d'efforts, elles sont donc beaucoup plus faciles à déclencher. « C'est un coup de pouce léger pour favoriser un comportement facile à accomplir à moindre coût. »

Voilà un challenge pour les annonceurs. Une campagne de publicité peut générer beaucoup de *likes* et de clics mais ce n'est pas vraiment ce qui les intéresse. Ce qu'ils veulent, c'est que nous interagissions avec leur contenu ; au final, ils désirent que nous achetions leur produit ou que nous soyons convaincus par leur message. De la même manière que les personnes avec un plus grand nombre de *followers* ne vont pas forcément créer les cascades plus grandes, un contenu plus cliquable ou partageable ne va pas nécessairement générer plus de revenus ni d'engagement.

Face à une nouvelle épidémie de maladie, nous voulons en général répondre à deux questions. Quels sont les principaux canaux de transmission ? Et, parmi ces canaux, lesquels cibler pour contrôler l'infection ? Quand ils conçoivent une campagne, les annonceurs sont dans la même situation. Il leur faut d'abord savoir comment une personne peut être exposée à un message ; ensuite, ils doivent décider du canal à cibler. La différence, bien sûr, tient au fait que, là où les agences sanitaires dépensent de l'argent pour bloquer les principaux canaux de transmission, les agences de publicité investissent, elles, pour les élargir.

Au final, tout est question de rentabilité. Que l'on parle d'une épidémie de maladie ou d'une campagne marketing, nous cherchons toujours à optimiser l'allocation d'un budget limité. Le souci, c'est que jusqu'à présent, identifier quel chemin aboutit à quel résultat n'a pas toujours été évident. On attribue à John Wanamaker, l'un des pionniers du marketing, cette observation : « La moitié de l'argent que je dépense en publicité est gaspillé ; le problème c'est que je ne sais pas quelle est cette moitié[79]. »

Le marketing moderne a tenté de s'attaquer à ce problème en faisant le lien entre les publicités vues et les actions qui en découlent. Au cours des dernières années, la plupart des sites Internet majeurs ont utilisé l'*ad tracking*, c'est-à-dire le suivi de la performance des campagnes de publicité sur Internet. Toute entreprise qui a posté une annonce sur ces sites sait si nous avons vu la publicité et si nous avons ensuite regardé ou acheté autre chose. De même, si nous nous intéressons à son produit ou service, une société peut nous suivre sur Internet et nous montrer encore plus de publicités.

Dès l'instant où nous cliquons sur un lien Internet, nous devenons l'objet d'une guerre de rapidité des surenchères. Il faut environ 0,03 seconde au serveur d'un site pour rassembler toutes les informations dont il dispose sur nous et les envoyer à sa régie publicitaire. Celle-ci présente alors ces informations à un ensemble de traders automatisés qui agissent pour le compte des annonceurs. 0,07 seconde plus tard, les traders proposent des enchères pour nous montrer leur publicité[80]. La régie publicitaire choisit l'enchère gagnante et envoie la publicité à notre navigateur qui la fait apparaître sur notre page Internet en cours de chargement[81].

Nous n'avons pas toujours conscience de ce mode de fonctionnement. En mars 2013, le parti britannique travailliste a tweetté un lien vers un communiqué de presse qui critiquait le secrétaire d'État à l'Éducation Michael Gove. Un député conservateur a répondu par un tweet sur le choix de la publicité affichée sur le site Internet du parti travailliste : « Je sais bien que les travaillistes manquent d'argent mais tout de même, placer une invitation pour un *Tête-à-tête avec des filles arabes* en en-tête de leur communiqué de presse ? ». Malheureusement pour lui, d'autres internautes ont révélé que les publicités de la page Internet du parti travailliste faisaient l'objet d'un ciblage : la publicité affichée était spécifique à l'activité en ligne de chaque utilisateur[82].

Certains des *trackings* les plus pointus ont fait leur apparition là où on les attendait le moins. Début 2017, pour une enquête sur le ciblage Internet, le chercheur en journalisme Jonathan Albright a visité plus d'une centaine de sites web de propagande extrême, le type d'endroit où règnent les théories complotistes, la pseudo-science et les opinions politiques d'extrême droite. À première vue, la plupart semblaient vraiment amateurs, le genre de sites qu'aurait pu faire un débutant. Mais, en creusant, Albright a découvert qu'ils cachaient des outils de *tracking* extrêmement sophistiqués. Ces sites collectaient des données détaillées sur l'identité, le comportement de navigation et même les mouvements de souris des internautes. Ils pouvaient ainsi suivre des utilisateurs potentiels et leur fournir des contenus encore plus extrêmes. L'influence de ces sites ne tenait pas à ce que pouvaient voir les utilisateurs mais bien à l'invisible collecte de leurs données[83].

Combien valent vraiment nos données en ligne ? Les chercheurs ont estimé que, sur Facebook, un utilisateur qui choisit de ne pas partager ses données de navigation vaut environ 60 % de moins pour les annonceurs. Sur la base des revenus de Facebook en 2019, cela signifie que les données sur le comportement d'un internaute américain moyen valent au moins quarante-huit dollars par an. En même temps, Google a versé douze milliards de dollars à Apple pour s'assurer d'être le moteur de recherche par défaut sur l'iPhone en 2019. Si l'on évalue le nombre d'iPhones en circulation à un milliard, alors Google valoriserait notre activité de recherche à hauteur d'environ douze dollars par appareil[84].

Puisque notre attention est si précieuse, les sociétés technologiques ont tout intérêt à ce que nous restions connectés. Plus nous passons de temps à utiliser leur produit, plus elles peuvent collecter d'informations et mieux elles peuvent ajuster leurs contenus et leurs publicités. Sean Parker, président fondateur de Facebook, s'est déjà exprimé sur l'état d'esprit des toutes premières applications de réseaux sociaux. « Tout le processus de réflexion tournait autour de la question : comment accaparer autant que possible votre temps et vos capacités d'attention ? » a-t-il déclaré en 2016[85]. Depuis, d'autres sociétés ont suivi cet exemple. « Notre principal concurrent est le sommeil », a ainsi plaisanté Reed Hastings, le CEO de Netflix en 2017[86].

Le design contribue à nous rendre dépendants d'une application. Tristan Harris, spécialiste du design éthique, a comparé ce processus à un tour de magie. Il raconte comment des sociétés vont souvent chercher à guider nos choix vers un résultat précis. « C'est ce que font les magiciens », a-t-il observé. « Faire en sorte que le spectateur choisisse facilement ce que vous souhaitez et qu'il lui soit plus difficile de choisir ce que vous ne voulez pas. »[87] Les tours de magie prennent la main sur notre perception du monde ; les interfaces utilisateurs peuvent faire de même.

Les notifications sont un outil particulièrement puissant pour nous retenir. En moyenne, un utilisateur d'iPhone déverrouille son téléphone plus de quatre-vingts fois par jour[88]. Harris compare ce comportement aux effets psychologiques de l'addiction au jeu : « quand nous sortons notre téléphone de notre poche pour voir les notifications qui sont arrivées, c'est comme si nous jouions à la machine à sous ». Les casinos captent l'attention des joueurs avec des gains qui sont rares et très variables. Parfois la récompense tombe, parfois non. Dans beaucoup d'applications, l'expéditeur peut aussi voir si son message a été lu, ce qui incite à répondre plus rapidement. Plus nous interagissons avec l'application, plus nous ressentons le besoin d'interagir. Comme le dit Sean Parker, « c'est une boucle de rétroaction de validation sociale. C'est exactement le genre de chose qu'un hacker comme moi pourrait inventer, car il s'agit d'exploiter la vulnérabilité de la psychologie humaine ».[89]

D'autres caractéristiques du design nous poussent à continuer à regarder et à partager du contenu. En 2010, Facebook a ajouté la fonction *scroll infini*, éliminant ainsi la source de distraction liée au fait de devoir changer de page. Le contenu illimité est désormais de mise sur la plupart des flux des réseaux sociaux ; à partir de 2015, YouTube a installé une fonctionnalité de lecture automatique d'une nouvelle vidéo à la fin de celle visionnée. Le design des réseaux sociaux se concentre également sur le partage : difficile de poster du contenu sans voir ce que font les autres.

Même si, à l'origine, toutes ces caractéristiques n'étaient pas conçues pour être aussi addictives, nous sommes de plus en plus conscients de la façon dont les applications peuvent influencer notre comportement[90]. Les développeurs eux-mêmes se méfient de leurs propres inventions. Justin Rosenstein et Leah Pearlman ont participé à la mise en place du bouton *like* sur Facebook. Ces dernières années, tous deux ont dit vouloir échapper au rythme effréné des notifications. Rosenstein a demandé à son assistant d'installer le contrôle parental sur son téléphone. Pearlman, devenue illustratrice, a embauché un social media manager pour s'occuper de sa page Facebook[91].

S'il peut favoriser les interactions, le design peut aussi faire office de frein. En 2019, WeChat (application de réseau social extrêmement populaire en Chine) comptait plus d'un milliard d'utilisateurs actifs. L'application propose un large panel de services à ses utilisateurs : faire des achats, payer des factures et réserver des voyages mais aussi s'envoyer des messages. Ils peuvent aussi partager des *Moments* (c'est-à-dire des images ou des médias) avec leurs amis, dans l'esprit du fil d'actualité de Facebook. Cependant, contrairement à Facebook, les utilisateurs de WeChat ne peuvent voir que les commentaires postés sous leurs publications par leurs propres amis[92]. Si deux de vos amis ne sont pas amis entre eux, aucun ne verra l'intégralité des échanges. Cela modifie la nature des interactions. « Cela évite l'apparition de ce que j'appellerais une conversation », dit Dean Eckles. « Quiconque publie quoi que ce soit sous forme de commentaire sait qu'il court le risque que cela soit totalement pris hors contexte, puisque les autres ne voient que leurs commentaires et non ce qui s'est dit auparavant dans la discussion. » Sur Facebook et Twitter des publications avec des milliers de commentaires publics sont largement partagées. À l'inverse, les tentatives de discussions sur WeChat finissent toujours par avoir l'air complètement décousues et confuses, ce qui décourage les utilisateurs.

Les réseaux sociaux chinois utilisent plusieurs méthodes pour décourager les actions collectives, notamment lorsque la censure gouvernementale crée délibérément des obstacles. Il y a quelques années, la politologue Margaret Roberts et ses collègues ont cherché à retracer le processus de la censure chinoise. Ils ont créé de nouveaux comptes, publié différents types de contenus et observé ceux qui étaient censurés. En mettant bout à bout les différents mécanismes de la censure, ils ont découvert que les critiques des leaders ou des politiques publiques n'étaient pas bloquées, à l'inverse des discussions de protestation ou des appels au ralliement. Roberts a ensuite classé les stratégies de censure en ligne en ce qu'elle appelle *les trois F* : *flooding*, *fear* et *friction* ou l'*inondation*, la *peur* et la *friction*. En *inondant* les plateformes en ligne de points de vue divergents, les censeurs peuvent noyer les autres messages.

La menace des conséquences si l'on enfreint la règle suscite la *peur*. Et la suppression ou le blocage de contenus crée de la *friction* en ralentissant l'accès à l'information[93].

Je me souviens de mon premier voyage en Chine : j'avais tenté de me connecter au Wi-Fi en arrivant à mon hôtel. Il m'avait fallu un certain temps pour savoir si j'étais ou non bien connecté. Toutes les applications que j'utilisais d'habitude pour vérifier ma connexion – Google, WhatsApp, Instagram, Twitter, Facebook, Gmail – étaient bloquées. Non seulement j'avais la preuve de la puissance du pare-feu chinois, mais je réalisais aussi l'influence des sociétés technologiques américaines. L'essentiel de mon activité en ligne était entre les mains de seulement trois sociétés.

Nous partageons énormément d'informations avec ce type de plateformes. Le meilleur exemple de la quantité de données que les entreprises technologiques sont capables de collecter émane d'une étude menée par Facebook en 2013[94]. La société a regardé qui rédigeait des commentaires sur la plateforme sans jamais les publier. L'équipe de recherche a tenu à faire remarquer que les serveurs de Facebook ne recevaient pas les contenus des publications, mais uniquement l'information comme quoi quelqu'un avait commencé à taper quelque chose. C'était peut-être vrai pour cette étude-là. Mais, quoi qu'il en soit, cela montre le niveau de détail auquel ces sociétés peuvent suivre notre comportement et nos interactions en ligne. Voire, dans ce cas, notre absence d'interaction.

Les données des réseaux sociaux sont synonymes d'un tel pouvoir, qu'y avoir accès peut être crucial pour une organisation. D'après Carol Davidsen, qui a travaillé sur la campagne présidentielle d'Obama en 2012, les paramètres de confidentialité de Facebook permettaient alors de télécharger le réseau d'amis de quiconque avait accepté de soutenir la campagne sur la plateforme. Ces connexions entre amis ont fourni à la campagne une quantité considérable d'informations. « En réalité, nous avions la possibilité de siphonner l'intégralité du réseau social américain sur Facebook[95] », a-t-elle déclaré plus tard. Facebook a fini par supprimer cette possibilité d'agréger les données liées aux amitiés. Davidsen a affirmé que, parce que les républicains avaient été moins rapides qu'eux, les démocrates avaient disposé d'informations que n'avaient pas leurs adversaires. Ce genre d'analyse des données n'enfreignait aucune règle ; cette expérience a cependant suscité des interrogations quant à la collecte de l'information et son contrôle. Comme dirait Carol Davidsen, « qui est propriétaire du fait que vous et moi soyons amis ? »

À l'époque, on a souvent salué l'innovation dont faisait preuve la campagne d'Obama dans l'utilisation des données[96]. Une méthode moderne pour une nouvelle ère politique. De la même manière que le monde de la finance s'était enthousiasmé pour les nouveaux produits hypothécaires dans les années 1990, les réseaux sociaux étaient perçus comme capables de faire évoluer la politique dans le bon sens. Mais, comme pour ces produits financiers, cela n'allait pas durer.

« Dis-moi, tu vas voter ? & pour qui ? » Avant les élections législatives britanniques de 2017, des milliers d'utilisateurs de l'application de rencontre Tinder ont vu apparaître ce genre d'invitation à parler politique. Les londoniennes Charlotte Goodman et Yara Rodrigues Fowler avaient voulu inciter les vingtenaires comme elles à voter pour le parti travailliste ; pour toucher une large audience, elles avaient donc conçu un *chatbot*.

Une fois qu'un utilisateur avait accepté d'installer le *bot*, ce dernier modifiait aussitôt sa localisation pour le positionner dans une circonscription marginale, *swipait* « oui » à toutes les propositions, et commençait la discussion. Si le premier message recevait un accueil favorable, des volontaires pouvaient reprendre la main pour véritablement commencer à échanger. Ce robot a envoyé plus de trente mille messages au total, touchant des personnes hors d'atteinte du traditionnel porte-à-porte. « Il pouvait arriver qu'un *match* soit déçu de parler à un robot plutôt qu'à une vraie personne, mais nous avons eu très peu de retours négatifs », ont déclaré plus tard Charlotte Goodman et Yara Rodrigues. « Tinder est une plateforme trop informelle pour que ses utilisateurs se sentent floués par une quelconque conversation politique[97]. »

Les *bots* informatiques permettent de démultiplier les interactions simultanées. Mis en réseau, il est possible d'atteindre des échelles telles que ce qu'ils permettent serait tout simplement inimaginable si un humain devait le faire à la main. Ces réseaux de robots informatiques, ou *botnets*, peuvent agréger des milliers, voire des millions de comptes. À l'image des utilisateurs humains, ces *bots* peuvent publier des contenus, engager des conversations et défendre des points de vue. Au cours des dernières années, nous nous sommes intéressés de plus près au rôle joué par ce type de comptes. En 2016, le monde occidental a été secoué par deux votes : en juin, les Britanniques ont voté en faveur d'un retrait de l'Union européenne et en novembre, Donald Trump a remporté les élections présidentielles américaines. Qu'est-ce qui avait engendré ces événements ? Après coup, on a avancé que de fausses informations avaient été largement répandues pendant ces deux élections – pour l'essentiel par la Russie et par des groupes d'extrême-droite. Au Royaume-Uni, puis aux États-Unis, un grand nombre de personnes se seraient laissé abuser par de fausses histoires publiées par les *bots* et par des comptes douteux.

Au premier abord, les données semblent confirmer cette version des faits. Nous avons la preuve que plus de cent millions d'Américains ont pu voir des publications Facebook soutenues par la Russie pendant l'élection de 2016. Et, sur Twitter, presque soixante-dix mille Américains ont été exposés à de la propagande en lien avec les Russes, diffusée par cinquante mille comptes de *bots*[98]. L'idée selon laquelle un grand nombre d'électeurs se seraient laissé berner par de la propagande publiée par de faux sites et par des espions étrangers est séduisante – surtout pour les opposants politiques au Brexit et à Trump. Mais, à y regarder de plus près, cette histoire ne tient pas la route.

Duncan Watts et David Rothschild ont souligné que, si des contenus de propagande en lien avec la Russie circulaient pendant l'élection américaine de 2016, c'était également le cas de nombreux autres contenus. Les utilisateurs de Facebook ont peut-être été exposés à des contenus d'origine russe mais, sur cette période, les utilisateurs américains ont vu plus de onze milliers de milliards de publications sur la plateforme. Pour chaque publication russe vue, on comptait en moyenne quatre-vingt-dix mille autres contenus. Au même moment, moins de 0,75 % des tweets sur les élections émanaient de comptes Twitter en lien avec la Russie. Watts et Rothschild ont observé que, « si l'on s'en tient aux chiffres, les informations auxquelles les électeurs ont été exposés durant la campagne ont été largement créées non pas par des sites de *fake news* [ou *infox*], ni même par des médias d'extrême droite, mais par des sources connues. »[99] En effet, on a évalué qu'au cours de sa première année de campagne, Trump avait bénéficié d'une couverture média grand public gratuite à hauteur de deux milliards de dollars[100]. Watts et Rothschild ont pris l'exemple de l'attention accordée par les médias à l'affaire des emails d'Hillary Clinton pour montrer comment les organes de presse choisissaient leurs sujets. « En l'espace de six jours, le *New York Times* a publié autant de unes sur les emails d'Hillary Clinton que sur des questions politiques au cours des soixante-neuf jours précédant les élections. »

Ces conclusions quant à l'ampleur des fausses informations de 2016 ont été corroborées par d'autres chercheurs. Brendan Nyhan et ses collègues ont découvert que, si certains électeurs américains consommaient beaucoup d'informations issues de sites peu fiables, ils ne représentaient qu'une minorité. En moyenne, seuls 3 % des articles vus étaient publiés par des sites qui colportaient de fausses informations. Ils ont ensuite publié une analyse des élections de mi-mandat en 2018 ; d'après leurs résultats, la portée des informations douteuses était encore moins importante pour cette élection. De même au Royaume-Uni, les preuves comme quoi les contenus russes auraient eu la mainmise sur les échanges sur Twitter ou YouTube avant le référendum sur l'Union Européenne étaient maigres[101].

Tout ceci peut nous donner le sentiment que nous n'avons rien à craindre des *bots* et des sites louches. Mais, là encore, ce n'est pas si simple. En matière de manipulation en ligne, des choses bien plus subtiles – et bien plus inquiétantes – se sont produites.

Benito Mussolini a un jour déclaré : « Mieux vaut vivre un jour comme un lion que cent ans comme un mouton. ». Pourtant, à en croire le compte Twitter @ilduce2016, on doit cette citation à Donald Trump. Créé par deux journalistes du blog américain *Gawker*, ce *bot* Twitter a envoyé des milliers de tweets attribuant des citations de Mussolini à Trump. L'une des publications a fini par retenir l'attention de ce dernier : le 28 février 2016, juste après la quatrième primaire républicaine, il a retweeté la citation du lion[102].

Alors que certains *bots* de réseaux sociaux s'adressent au grand public, d'autres ont un spectre bien plus resserré. Surnommés les *pots de miel*, ils visent à attirer l'attention d'utilisateurs précis pour provoquer une réponse[103]. Vous souvenez-vous la façon dont les cascades Twitter s'appuient souvent sur un événement émetteur unique ? Pour que votre message se propage, vous avez tout intérêt à ce que quelqu'un de connu l'amplifie pour vous. Et parce que la plupart des épidémies ne décollent pas, disposer d'un *bot* qui publie sans relâche peut être utile : @ilduce2016 avait publié plus de deux mille fois avant que Trump ne retweete enfin l'une des citations. Les créateurs de *bots* semblent être pleinement conscients de la puissance de cette méthode. Lorsque, en 2016-2017, des *bots* Twitter ont publié des contenus douteux, ils ont très largement ciblé des utilisateurs populaires[104].

Les *bots* ne sont pas les seuls à avoir recours à cette stratégie de ciblage. Suite à la fusillade de Parkland, au lycée Marjory Stoneman Douglas en Floride, le bruit a couru que le tireur avait appartenu à un petit groupe de suprémacistes blancs de Tallahassee, capitale fédérale. Pourtant, c'était faux. Cette histoire avait débuté avec des trolls sur des forums en ligne, qui avaient réussi à convaincre des journalistes curieux de la véracité de l'information. « Il suffit d'un article », remarque un utilisateur, « et tout le monde reprend l'histoire »[105].

Même si des chercheurs comme Watts et Nyhan ont laissé entrevoir qu'en 2016 les informations émanaient de sources Internet peu fiables, cela n'enlève rien au problème. « Je pense que c'est vraiment important, mais pas vraiment tel qu'on l'imagine », a précisé Watts. Quand des groupes marginaux publient sur Twitter des idées ou des histoires fausses, il ne s'agit pas nécessairement de toucher un large public. Ou du moins, pas au départ. À la place, ils visent plutôt les journalistes ou les politiques qui consacrent beaucoup de temps aux réseaux sociaux dans l'espoir qu'ils reprennent l'idée pour la diffuser largement. Par exemple, en 2017, les journalistes citaient régulièrement des messages publiés par le compte Twitter @wokeluisa, apparemment celui d'un jeune diplômé de science politique de New York. En réalité, ce compte était contrôlé par un groupe de trolls russes qui ciblaient visiblement les organes de presse pour gagner en crédibilité et amplifier leurs messages[106]. C'est une tactique répandue parmi les groupes qui ont pour objectif la propagation de leurs idées. « Les journalistes ne font pas seulement partie du jeu de la manipulation des médias », ajoute Whitney Phillips, dont les recherches portent sur les médias en ligne à l'université de Syracuse, « ils en sont le trophée[107]. »

Qu'un média s'empare d'une histoire, et une boucle de rétroaction peut s'enclencher, d'autres la reprenant. Il y a quelques années, j'en ai moi-même fait l'expérience, par hasard. Tout a commencé quand j'ai alerté un journaliste du *Times* sur une bizarrerie mathématique de la loterie nationale (à l'époque, je venais d'écrire un livre sur la science et les paris). Deux jours plus tard, l'article paraît. Ce matin-là, à 8 h 30, je reçois le message d'un producteur de l'émission *This Morning* sur la chaîne ITV, qui a lu l'article. À 10 h 30, je suis en direct à la télévision nationale. Peu après, je suis contacté par la *BBC Radio 4*, qui avait aussi lu l'article et voulait que je participe à leur grande émission de la mi-journée. D'autres encore allaient en parler. À partir d'un seul article, j'allais finir par toucher des millions de personnes.

Mon expérience relève de l'incident inoffensif, quoique surréaliste. D'autres se sont en revanche efforcés de déployer des efforts stratégiques pour exploiter les effets de rétroaction des médias. C'est ainsi que les fausses informations peuvent largement se propager, même si la plupart des internautes évitent les sites Internet marginaux. En soi, c'est une forme de blanchiment d'informations. De la même manière que les cartels de la drogue peuvent faire transiter leur argent par le biais d'activités légales pour en dissimuler l'origine, les manipulateurs en ligne vont faire en sorte que des sources crédibles amplifient et diffusent leurs messages pour que la population dans son ensemble en entende parler par le biais d'une personnalité ou d'un média familier plutôt que par un compte anonyme.

Avec ce type de blanchiment, il devient possible d'influencer les débats et la visibilité d'un sujet. Grâce à un ciblage précis et à une bonne amplification, les manipulateurs peuvent donner l'illusion que des politiques publiques spécifiques ou des candidats politiques bénéficient d'une large popularité. En marketing, on appelle cette stratégie l'*astroturfing* (ou la désinformation populaire planifiée ou orchestrée) car elle simule un mouvement citoyen venu de la base (un *grassroots movement*, en anglais américain). Il est alors plus difficile pour les journalistes et les politiciens d'ignorer le sujet, qui finit par devenir une véritable information.

Bien sûr, l'influence médiatique ne date pas d'hier ; nous savons depuis longtemps que les journalistes peuvent peser sur le cycle de l'information. Dans son roman satirique de 1938, *Scoop*, Evelyn Waugh raconte l'histoire d'une star du journalisme, Wenlock Jakes, envoyé pour couvrir une révolution. Malheureusement, Jakes s'assoupit dans le train, manque son arrêt et se réveille dans le mauvais pays. Inconscient de son erreur, il invente un article qui raconte les « barricades dans les rues, les églises en flammes, le son des mitraillettes qui fait écho à celui de sa machine à écrire. » De peur d'être en reste, d'autres journalistes arrivent sur place et concoctent le même genre d'articles. En un rien de temps, la bourse dégringole, le pays subit de plein fouet un krach économique qui déclenche un état d'urgence et, finalement, une révolution.

L'histoire de Waugh est une fiction, mais la rétroaction des informations qu'il y décrit existe toujours. Cependant, les informations d'aujourd'hui présentent des différences majeures. Parmi elles, leur vitesse de propagation Il suffit de quelques heures pour qu'un mème insignifiant soit sur toutes les lèvres[108]. Le coût de production de la contagion a aussi changé. Développer des *bots* et des *fakes* est relativement peu onéreux et le phénomène d'amplification de masse par les politiques ou les sources d'information ne coûte en général rien. Il peut même arriver que de faux articles à succès rapportent de l'argent grâce à des revenus publicitaires. Et puis, reste la possibilité d'une *manipulation algorithmique* : si un groupe peut se servir de faux comptes pour créer le genre de réactions prisées des algorithmes des réseaux sociaux – comme les commentaires et les *likes* – il se peut qu'il soit capable de rendre un sujet tendance même si, en réalité, très peu de personnes en parlent.

Avec ces nouveaux outils, on peut se demander ce que les gens ont bien pu essayer de rendre populaire. Depuis 2016, le terme *fake news* est couramment employé pour décrire l'aspect manipulateur d'une information sur Internet. Cependant, cela va plus loin. Renée DiResta, chercheuse en technologie, précise qu'il peut renvoyer à différents types de contenus, dont le *clickbait* (piège à clics), les théories du complot, la mésinformation et la désinformation. Comme nous l'avons vu, le piège à clics se contente de nous inciter à visiter une page avec des liens qui renvoient souvent vers de véritables articles d'actualité. À l'inverse, les théories du complot travestissent de vraies histoires pour y ajouter une « vérité secrète » qui, au fur et à mesure que la théorie grossit, peut gagner en ampleur ou en exagération. Puis vient la mésinformation, définie par DiResta comme un contenu erroné le plus souvent partagé par erreur. Cela peut inclure les canulars et les farces, qui sont intentionnellement faux dès l'origine mais se retrouvent ensuite diffusés par inadvertance par des personnes qui les croient vrais.

Vient enfin la forme la plus dangereuse des *fake news* : la désinformation. On pense souvent que la désinformation a pour but de nous faire croire à quelque chose de faux. La réalité est cependant plus subtile. Lorsque le KGB formait ses agents étrangers pendant la guerre froide, il leur apprenait comment semer le doute dans l'opinion publique et saper la confiance dans les vraies informations[109]. Voilà ce qu'est la désinformation. Elle n'est pas là pour nous convaincre qu'une histoire fausse est vraie, mais pour nous faire douter de la notion-même de vérité. L'objectif est de brouiller les faits pour rendre la réalité difficile à cerner. Et le KGB ne se contentait pas de semer les graines de la désinformation, il savait comment les faire grandir. Pour reprendre les mots de DiResta : « au bon vieux temps du KGB, quand les espions utilisaient cette tactique, le but était qu'un grand média reprenne [la désinformation] pour en assurer la légitimité et la diffusion[110]. »

Au cours de la dernière décennie, quelques communautés en ligne ont très bien réussi à faire que leurs messages soient repris. L'un des premiers exemples date de septembre 2008 lorsqu'un internaute intervient sur la messagerie en ligne du talk-show américain *The Oprah Winfrey Show* en prétendant représenter un immense réseau pédophile de plus de 9 000 membres. Mais son message est à double sens : l'expression *plus de 9 000* signifie *une grande quantité de*, en référence au cri lancé par un combattant qui découvre le niveau élevé d'énergie de son adversaire dans le dessin animé *Dragon Ball Z*. Sa publication est donc en réalité un même Internet de 4chan, une messagerie en ligne anonyme, populaire parmi les trolls. Pour le plus grand plaisir des utilisateurs de 4chan, Oprah Winfrey prend la revendication de pédophilie au pied de la lettre et la lit à voix haute sur le plateau[111].

Les forums en ligne comme 4chan – ou d'autres comme Reddit et Gab – font office d'incubateurs pour des mèmes Internet contagieux. La publication par les internautes d'images et de slogans peut engendrer un grand nombre de variantes. Ces mèmes Internet fraîchement mutés se propagent et s'affrontent sur les forums : les plus contagieux demeurent, les autres disparaissent. C'est le principe de la loi du plus fort et le même genre de processus que l'on observe en matière d'évolution biologique[112]. Bien que sans comparaison avec les échelles de temps des agents pathogènes, qui courent sur des millénaires, cette évolution alimentée par les masses peut cependant représenter un avantage de taille pour les contenus en ligne.

L'un des tours de passe-passe les plus réussis des trolls a été de faire évoluer les mèmes au point de les rendre absurdes ou de les pousser à l'extrême, de sorte qu'on ne sache plus s'ils sont sérieux ou non. Cette utilisation du second degré peut permettre à des points de vue dérangeants de mieux se propager. Si les internautes s'offusquent, le créateur du mème pourra prétendre qu'il s'agissait d'une plaisanterie ; s'ils le prennent pour une plaisanterie, le mème passera au travers des critiques. Les groupes suprémacistes blancs ont également adopté cette tactique. Un guide de style pour le site Internet *Daily stormer* a fuité, dans lequel on peut lire que les auteurs sont incités adopter un ton léger pour éviter de rebuter leurs lecteurs : « autant que possible, quand vous utilisez des injures raciales, faites-le ayant l'air de plaisanter à moitié[113]. »

Les mèmes peuvent s'imposer comme des ressources efficaces pour les politiques à l'aise avec les médias. En octobre 2018, Donald Trump a adopté le slogan *Jobs not mobs* (*Des boulots, pas des gangs*) pour défendre la priorité donnée par les républicains à l'économie plutôt qu'à l'immigration. En remontant à la source, des journalistes ont découvert que ce mème était probablement né sur Twitter. Il avait évolué pendant un certain temps sur les forums Reddit, pour devenir plus percutant, avant d'être plus largement diffusé[114].

Les politiques ne sont pas les seuls à récupérer des contenus de seconde zone. Des rumeurs diffusées en ligne et de la mésinformation ont déclenché des attaques sur des minorités du Sri Lanka et du Myanmar, ainsi que des flambées de violence au Mexique et en Inde. Des campagnes de désinformation ont aussi contribué à attiser des tensions entre des camps opposés. En 2016 et 2017, des groupes de trolls russes auraient créé de nombreux événements Facebook pour que des groupes adverses organisent au même moment des manifestations d'extrême droite et des contre-manifestations[115]. La désinformation sur des sujets spécifiques comme les vaccins peut aussi favoriser des troubles sociaux plus vastes : nous avons tendance à associer la perte de confiance dans la science avec la perte de confiance dans un gouvernement ou un système judiciaire[116].

La propagation d'informations dangereuses n'est pas un problème récent. L'expression *fake news* a même fait son apparition il y a longtemps, rencontrant un bref succès à la fin des années 1930[117]. Mais la structure des réseaux en ligne l'a rendue plus rapide, plus étendue et moins intuitive. Comme certaines maladies infectieuses, l'information peut évoluer pour se propager plus efficacement. Alors que pouvons-nous y faire ?

Le grand séisme qui venait de frapper le nord-est du pays était le pire jamais connu par le Japon. Sa puissance avait été telle qu'il avait déplacé l'axe de rotation de la Terre de quelques centimètres. Peu après, les vagues d'un tsunami hautes de quarante mètres avaient déferlé. Puis, ce fut le tour des rumeurs. Trois heures après le tremblement de terre, ce 11 mars 2011, un utilisateur de Twitter prétendit que l'explosion d'un réservoir de gaz pourrait entraîner des pluies empoisonnées. L'explosion avait bien eu lieu, mais l'idée d'une telle pluie n'était que pure fiction. Mais cela ne suffit pas à faire taire les rumeurs. En l'espace de quelques jours, des milliers de personnes avaient vu et partagé cette fausse alerte[118].

Face à cette rumeur, les autorités de la ville d'Urayasu, située à proximité, avaient publié un tweet rectificatif. La fausse information avait un temps d'avance mais le rectificatif rattrapa rapidement son retard. Le lendemain soir, il avait été plus retweeté que la rumeur d'origine. D'après un groupe de chercheurs basés à Tokyo, une réponse plus rapide aurait eu encore plus d'impact. Un modèle mathématique leur a permis d'estimer que si le rectificatif avait été publié ne serait-ce que deux heures plus tôt, l'épidémie de la rumeur aurait été minorée de 25 %.

Un rectificatif rapide ne garantira pas l'arrêt d'une épidémie, mais il pourra la ralentir. Des chercheurs de Facebook ont découvert que si des utilisateurs signalent rapidement qu'un de leurs amis a partagé un canular – du type *comment devenir très rapidement riche* – il y a jusqu'à 20 % de chances pour que cet ami supprime sa publication[119]. Il peut arriver que des sociétés ralentissent volontairement le processus de transmission en modifiant la structure de leur application. Après une série d'attaques liées à de fausses rumeurs en Inde, WhatsApp a compliqué le téléchargement de contenus par ses utilisateurs : plutôt que de pouvoir partager des messages avec une centaine de personnes, les utilisateurs indiens sont désormais limités à cinq[120].

Remarquez que ces contre-mesures fonctionnent par le ciblage de différents aspects du taux de reproduction. WhatsApp a réduit les opportunités de transmission. Les utilisateurs de Facebook ont persuadé leurs amis de supprimer une publication, ce qui a fait baisser la durée d'infectiosité. La mairie d'Urayasu a diminué la susceptibilité en exposant des milliers de personnes à la bonne information avant-même qu'elles ne voient la rumeur. Comme pour les maladies, certains aspects du taux de reproduction sont plus faciles à cibler que d'autres. En 2019, Pinterest a annoncé filtrer les contenus anti-vaccination dans les recherches (c'est-à-dire qu'ils ont supprimé les opportunités de transmission) après avoir tenté de les supprimer complètement, ce qui aurait restreint la durée d'infectiosité[121].

Reste le dernier aspect du taux de reproduction : la transmissibilité inhérente à toute idée. Souvenez-vous, l'OMS a publié des lignes directrices pour relater les événements tels que les suicides, en vue de limiter le risque de potentiels effets de contagion. Des chercheurs comme Whitney Phillips proposent de traiter de la même manière les informations manipulatrices : éviter de trop en parler pour ne pas propager encore plus le problème. Elle explique que « dès que vous parlez d'un canular ou d'une autre manipulation médiatique, vous les légitimez et vous ouvrez la voie à d'autres qui sauront que cela va fonctionner[122]. »

Des événements récents ont montré que certains organes de presse ont encore du chemin à faire. Après les fusillades dans deux mosquées de Christchurch en Nouvelle-Zélande en 2019, plusieurs médias on fait fi des recommandations en vigueur pour traiter les attaques terroristes. Beaucoup ont publié le nom de l'assaillant, détaillé son idéologie et même affiché sa vidéo avec un lien vers son manifeste. De façon inquiétante, ces informations ont décollé : les articles les plus partagés sur Facebook étaient souvent ceux qui n'avaient pas tenu compte des recommandations[123].

Ceci met en lumière la nécessité de repenser la manière dont nous interagissons avec les idées malveillantes. Qui profite de l'attention que nous leur accordons ? Nous entendons souvent dire que, de toute manière, ces idées auraient circulé, même sans amplification médiatique. Mais les études menées sur la contagion en ligne prouvent le contraire : sans événement émetteur pour l'amplifier, un contenu portera rarement bien loin. Si une idée devient populaire, c'est souvent parce que des personnes connues et des médias ont contribué à sa diffusion, volontairement ou non.

Malheureusement, le journalisme change et il est de plus en plus difficile de résister aux manipulateurs médiatiques. Leur appétit croissant pour les partages et les clics a rendu beaucoup de médias vulnérables face à des personnes capables de proposer des idées contagieuses et attractives. C'est une aubaine pour les trolls et les manipulateurs qui comprennent souvent bien mieux qu'eux la contagion en ligne. D'un point de vue technologique, la plupart des manipulateurs ne contreviennent pas au système, ils l'utilisent pleinement. « C'est insidieux car ils se servent des réseaux sociaux précisément de la manière dont ils ont été conçus pour être utilisés », ajoute Whitney Philips. Au cours de ses recherches, elle a interviewé des dizaines de journalistes : beaucoup étaient mal à l'aise à l'idée de savoir qu'ils exploitaient des articles aux points de vue extrêmes. « Pour moi, c'est très bien, mais pas pour le pays », a résumé l'un d'eux. Pour réduire le potentiel de contagion,

Philips est convaincue qu'il faut que le processus de manipulation soit mentionné dans l'article : « mettre en évidence que l'article fait lui-même partie d'une chaîne d'amplification, que le journaliste fait partie d'une chaîne d'amplification, que le lecteur fait partie d'une chaîne d'amplification : voilà ce qui doit vraiment être au premier plan. »

Bien que le rôle des journalistes puisse peser dans les épidémies d'informations, il existe aussi d'autres liens dans la chaîne de transmission, surtout sur les plateformes des réseaux sociaux. Mais l'étude de la contagion n'y est pas aussi simple que lorsque l'on retrace la séquence de cas de maladies ou d'incidents liés aux armes à feu. L'écosystème en ligne se compose d'une quantité considérable de dimensions, avec des milliards d'interactions sociales et un nombre immense de potentiels chemins de transmission. Pourtant, en dépit de cette complexité, les solutions qui émergent pour faire face aux informations dangereuses sont souvent unidimensionnelles, se bornant à suggérer de faire un peu plus comme ceci ou un peu moins comme cela.

Comme pour toute question sociale complexe, il est peu probable qu'il existe une réponse simple et unique. « Je pense que le changement que nous traversons est semblable à ce qui s'est passé aux États-Unis pendant la guerre contre les drogues », dit Brendan Nyhan[124]. « Nous passons de *nous avons un problème à résoudre* à *nous devons gérer une situation chronique*. Les vulnérabilités psychologiques qui rendent possibles les malentendus sont toujours là. Les outils en ligne qui favorisent leur circulation sont toujours là. »

Nous pouvons cependant tenter de rendre la presse, les organisations politiques et les réseaux sociaux – sans parler de nous-mêmes – plus résistants à la manipulation. Cela nécessite en premier lieu de mieux comprendre le processus de transmission. Il ne suffit pas de se concentrer sur quelques groupes, pays ou plateformes. Comme dans les épidémies de maladies, l'information se soucie rarement des frontières. De même que l'Espagne était rendue responsable de la *grippe espagnole* de 1918 car c'était le seul pays à signaler des cas, notre vision de la contagion en ligne peut être biaisée selon l'endroit où nous observons les épidémies. Au cours des dernières années, les chercheurs ont publié presque cinq fois plus d'études sur la contagion sur Twitter que sur Facebook, qui compte pourtant sept fois plus d'utilisateurs[125]. Pourquoi ? Parce que, pendant longtemps, il était beaucoup plus facile pour les chercheurs d'accéder aux données publiques de Twitter que d'observer ce qui se propageait sur des applications fermées comme Facebook ou WhatsApp.

Nous pouvons espérer que les choses changent – en 2019, Facebook a annoncé un partenariat avec douze équipes d'universitaires pour étudier l'impact de la plateforme sur la démocratie – mais nous sommes encore loin de comprendre le vaste écosystème de l'information[126]. L'une des raisons qui rend difficile l'investigation sur la contagion en ligne est la difficulté que nous rencontrons souvent pour voir ce à quoi les autres sont vraiment exposés. Il y a une vingtaine d'années, si l'on voulait savoir à quoi ressemblaient les campagnes, il nous suffisait d'ouvrir un journal ou d'allumer la télévision. Les messages en tant que tels étaient visibles, même si leur impact n'était pas clair. En termes épidémiques, tout le monde pouvait voir les sources d'infection, mais personne ne comprenait vraiment à quel point il y avait transmission, ni de quelle source venait l'infection. Comparez cela à l'avènement des réseaux sociaux et aux campagnes de manipulation qui suivent des utilisateurs précis dans leur navigation sur Internet. Pour ce qui est de propager des idées, les groupes desquels émanent les informations ont une vision bien plus claire des chemins de transmission depuis quelques années, mais, pour le reste du monde, les sources d'infection demeurent invisibles[127].

Mettre à jour et mesurer la propagation de la mésinformation et de la désinformation sera essentiel pour concevoir des réponses efficaces. Si nous ne comprenons pas bien le phénomène de contagion, nous risquons soit de nous en prendre à la mauvaise source (dans l'esprit du *mauvais air*), soit de proposer des stratégies simplistes (comme l'abstinence pour la prévention des MST) qui pourraient fonctionner en théorie mais pas dans la pratique. En prenant en compte le processus de transmission, nous risquons moins les erreurs épidémiologiques de ce type.

Nous pourrons aussi tirer profiter de tous les avantages qui en découlent. Si quelque chose est contagieux, une mesure de contrôle aura à la fois un effet direct et indirect. Prenez la vaccination. Vacciner quelqu'un a un effet direct puisque, désormais, cette personne ne sera pas infectée ; mais aussi un effet indirect puisqu'elle ne va pas transmettre l'infection à d'autres. En vaccinant une population, nous profitons ainsi à la fois d'effets directs et indirects.

Cela vaut aussi pour la contagion en ligne. Nous attaquer aux contenus dangereux aura un effet direct (éviter que quelqu'un ne les voie) mais aussi un effet indirect (éviter que cette personne ne les diffuse à d'autres). Par conséquent, bien conçues, bon nombre des mesures pourraient voir leur efficacité démultipliée. Une petite baisse dans le taux de reproduction peut conduire à une forte réduction de la taille d'une épidémie.

Passer du temps sur les réseaux sociaux est-il mauvais pour nous ? Voilà la question que se sont posée deux chercheurs de Facebook fin 2017. David Ginsburg et Moira Burke ont fait le point sur la manière dont l'utilisation des réseaux sociaux affecte notre bien-être. Les résultats publiés par Facebook suggèrent que toutes les interactions ne nous sont pas profitables. Par exemple, les recherches précédemment menées par Burke avaient montré que recevoir des messages sincères d'amis proches semblait améliorer le bien-être des utilisateurs, mais ce n'était pas vrai pour les retours informels comme les *likes*. « Exactement comme dans la vraie vie, interagir avec des gens qui comptent pour vous peut vous faire du bien », résument Ginsburg et Burke, « alors que vous contenter de les regarder de loin peut vous faire vous sentir mal. »[128]

Pouvoir tester des théories répandues sur le comportement humain est un avantage non négligeable des études en ligne. Au cours de la dernière décennie, les chercheurs ont utilisé de vastes jeux de données pour réinterroger de vieilles idées sur la propagation de l'information. Ces recherches ont déjà remis en question des conceptions erronées sur l'influence, la popularité et le succès en ligne. Elles ont même permis de renverser le concept de *viralité*. Les méthodes utilisées en ligne se retrouvent aussi dans les analyses des maladies ; en adaptant des techniques employées pour l'étude des mèmes sur Internet, des chercheurs spécialistes du paludisme ont découvert de nouvelles façons d'analyser la propagation de la maladie en Amérique centrale[129].

S'ils ont visiblement marqué l'évolution de nos interactions, les réseaux sociaux ne sont pas les seuls types de réseaux à avoir pris une place grandissante dans nos vies. Comme nous le verrons au chapitre suivant, les connexions technologiques s'étendent par d'autres biais et de nouveaux liens prennent place dans notre vie quotidienne. Les bienfaits de ces technologies peuvent être conséquents, mais elles peuvent aussi aller de pair avec de nouveaux risques. Dans l'univers des épidémies, toute nouvelle connexion est potentiellement un nouveau chemin de contagion.

Chapitre 6

Maîtriser Internet

En 2016, un logiciel appelé *Mirai* a infecté des milliers d'objets connectés à travers le monde. Cette attaque informatique massive, qui a paralysé des sites comme Netflix, Amazon et Twitter, a aussi visé des bouilloires, réfrigérateurs ou grille-pain. Ces appareils se contrôlent de plus en plus grâce à des applications en ligne (pour la température, par exemple), ce qui crée des connexions vulnérables aux infections. Après avoir été infectés par Mirai, les appareils ont formé un vaste réseau de *bots*, se transformant ainsi en un puissant arsenal informatique[1].

Le 21 octobre, le monde entier découvrit que ces armes virtuelles venaient d'être mises à feu. Les pirates derrière ce *botnet* (un réseau de bots informatiques) avaient choisi pour cible Dyn, un DNS bien connu. Les DNS (Domain Name System ou *système de noms de domaine*) sont essentiels à notre navigation sur Internet. Ils convertissent des adresses web connues – comme amazon.com – en adresses IP qui indiquent à nos ordinateurs où trouver les sites. Nous pourrions les comparer à un annuaire pour sites Internet. Le logiciel Mirai s'était attaqué à Dyn en le saturant de requêtes inutiles, empêchant le système de fonctionner. Dyn fournissait les informations de plusieurs sites majeurs auxquels il n'était donc plus possible d'accéder.

Les systèmes comme Dyn gèrent sans difficulté une multitude de requêtes quotidiennes, il faut donc une force de frappe considérable pour parvenir à les submerger. Ce tour de force avait été rendu possible grâce à l'échelle même du réseau Mirai. Celui-ci avait réussi à lancer cette attaque – l'une des plus importantes jamais connues – car le logiciel n'infectait pas les endroits habituels. Jusqu'alors, les *botnets* se composaient d'ordinateurs ou de routeurs Internet ; mais Mirai s'était propagé à travers l'*Internet des objets ;* il avait infecté aussi bien des appareils de cuisine que des télévisions connectées et des babyphones. Ces objets présentaient un avantage majeur pour les cyberattaques massives : nous éteignons nos ordinateurs la nuit, mais nos autres objets électroniques restent souvent allumés. Un agent du FBI a déclaré plus tard au magazine *Wired* : « Mirai avait une force de frappe insensée[2]. »

L'ampleur de cette attaque a révélé l'incroyable facilité avec laquelle des infections informatiques pouvaient se propager. Quelques mois plus tard, le 12 mai 2017, nous en avons eu de nouveau la démonstration. Un logiciel nommé *WannaCry* s'est mis à prendre en otage des milliers d'ordinateurs en réclamant le paiement d'une rançon. D'abord, les utilisateurs ne pouvaient plus accéder à leurs fichiers, puis un message apparaissait les sommant de transférer 300 dollars en bitcoins sur un compte anonyme, sous trois jours. Qu'ils refusent de payer, et leurs fichiers resteraient inaccessibles. WannaCry a semé un désordre généralisé. Lorsque le NHS, le système de santé publique du Royaume-Uni, a été touché, dix-neuf mille rendez-vous ont été annulés. En quelques jours, plus d'une centaine de pays allaient être impactés, le montant des dommages se chiffrant à plus d'un milliard de dollars[3].

Contrairement aux épidémies de contagion sociale et aux infections biologiques qui peuvent prendre de l'ampleur en l'espace de quelques jours ou quelques semaines, les infections informatiques sont capables d'opérer sur des échelles de temps bien plus courtes. Il suffit de quelques heures pour qu'une épidémie de logiciel malveillant – ou *malware* – se propage largement. Au cours de leur premier stade, la taille des épidémies Mirai et WannaCry doublait toutes les quatre-vingts minutes. Certains malwares peuvent se propager encore plus vite, avec des épidémies qui doublent de taille en l'espace de quelques secondes[4]. Cependant, la contagion informatique n'a pas toujours été aussi rapide.

Tout a commencé par une blague. C'est à ce moment-là que le tout premier virus informatique s'est propagé en toute liberté, en dehors du réseau d'un laboratoire. En février 1982, Rich Skrenta a inventé un virus qui visait les ordinateurs domestiques Apple II. Skrenta, étudiant de quinze ans dans un lycée de Pennsylvanie, l'avait conçu dans l'idée qu'il soit agaçant plutôt que dangereux. De temps en temps, un court poème de son cru apparaissait sur les machines infectées[5].

Ce virus, qu'il nomma *Elk Cloner*, se propageait lors des échanges de jeux entre ordinateurs. Selon le spécialiste des réseaux Alessandro Vespignani, les premiers ordinateurs étant rarement en réseaux, les virus informatiques ressemblaient donc beaucoup aux infections biologiques. « Ils se propageaient à travers les disquettes. On était dans le cadre de schémas de contact et de cercles sociaux[6]. » Du fait de ce mode de transmission, Elk Cloner ne dépassa pas vraiment le cercle du groupe d'amis élargi de Skrenta. Même s'il réussit à aller jusqu'à ses cousins à Baltimore et à se frayer un chemin sur l'ordinateur d'un ami engagé dans l'US Navy, il circula rarement aussi loin.

Et pourtant, le règne des virus locaux et relativement inoffensifs n'allait pas durer. « Les virus informatiques ont rapidement basculé dans un monde totalement différent », explique Vespignani. « Ils mutaient. Les chemins de transmission changeaient. » Plutôt que de s'appuyer sur les interactions humaines, les logiciels malveillants se sont adaptés pour se propager directement d'ordinateur à ordinateur. Face à ces multiplications et à ces nouvelles menaces, il fallait une nouvelle terminologie. En 1984, l'informaticien Fred Cohen a proposé la première définition d'un virus informatique, le décrivant comme un programme qui crée des copies de lui-même en infectant d'autres programmes, de la même manière qu'un virus biologique a besoin d'infecter des cellules hôtes pour se reproduire[7]. En poursuivant l'analogie biologique, Cohen a comparé ces virus à des *vers informatiques*, capables de se multiplier et de se propager sans s'accrocher à d'autres programmes.

C'est en 1988 que l'on a entendu parler pour la première fois de ces vers informatiques, avec le *ver Morris*, créé par Robert Morris, un étudiant de l'université américaine Cornell. Lancé le 2 novembre, il s'est rapidement propagé à travers Arpanet, l'ancêtre d'Internet. Morris a soutenu que son ver avait été conçu pour se transmettre sans faire de vagues, uniquement pour évaluer la taille du réseau. Mais une petite erreur dans son code allait suffire pour ouvrir la porte à de gros problèmes.

À l'origine, quand il avait codé son programme, Morris avait prévu qu'en arrivant sur un nouvel ordinateur, il commence par vérifier si la machine était déjà infectée, afin d'éviter de multiplier les installations de vers. Le problème, c'était qu'il devenait facile de bloquer le ver : en soi, il suffisait aux utilisateurs de *vacciner* leur ordinateur en simulant une infection. Pour parer à cela, Morris s'est arrangé pour que son ver puisse parfois s'auto-répliquer sur une machine déjà infectée. Mais il a sous-estimé l'impact de cette possibilité. Lorsqu'il est sorti, le ver s'est propagé et s'est répliqué bien trop rapidement, détruisant un grand nombre d'ordinateurs[8].

Le ver Morris aurait fini par infecter 6 000 ordinateurs, soit environ 10 % de l'Internet de l'époque. Pour Paul Graham, contemporain de Morris, ce chiffre n'est cependant rien de plus qu'une hypothèse qui s'est rapidement répandue. « Les gens aiment les chiffres », a-t-il dit plus tard. « Alors maintenant, celui-ci se retrouve partout sur Internet, comme un petit ver[9]. »

Même exacts, les chiffres de l'épidémie Morris feraient pâle figure face aux malwares actuels. Au moment de l'épidémie Mirai en août 2016, ce sont presque soixante-cinq mille appareils qui ont été infectés en une journée. À son apogée, le *botnet* se composait de plus d'un demi-million de machines, avant de diminuer début 2017.

Et pourtant, Mirai et le ver Morris ont un point commun : aucun de leur créateur n'avait imaginé que l'épidémie puisse s'emballer à ce point. Même si Mirai a fait la une des journaux en touchant des sites comme Amazon et Netflix en octobre 2007, ce *botnet* avait été initialement conçu pour une raison bien plus spécifique. En remontant le fil, le FBI a découvert que tout avait commencé avec un étudiant de vingt-et-un ans, Paras Jha, deux de ses amis et le jeu vidéo Minecraft.

Minecraft rassemble plus de cinquante millions d'utilisateurs actifs à travers le monde, qui se retrouvent pour jouer ensemble dans de vastes univers virtuels. Son créateur a fait fortune, s'offrant une propriété d'une valeur de soixante-dix millions de dollars après la vente du jeu à Microsoft en 2014[10]. Les gestionnaires de serveurs indépendants hébergeant les différents paysages virtuels du jeu se sont également enrichis.

Alors que d'ordinaire la plupart des jeux en ligne multijoueurs sont contrôlés par une organisation centrale, Minecraft fonctionne sur le principe de la libre concurrence : il suffit de payer pour accéder à n'importe quel serveur. Avec la popularité croissante du jeu, certains propriétaires de serveurs ont gagné des centaines de milliers de dollars par an[11].

Du fait de l'argent en jeu, quelques propriétaires de serveurs ont décidé d'éliminer leurs concurrents. S'ils parvenaient à rediriger suffisamment d'activité factice sur un serveur – ce qui correspond à une attaque DDoS ou attaque par déni de service –, la connexion des joueurs ralentirait. Frustrés, ces utilisateurs chercheraient alors un serveur alternatif, qui serait, dans l'idéal, celui de l'instigateur de l'attaque. Des marchés noirs pour acheter des armes ont fait leur apparition en ligne, où des mercenaires vendaient des attaques DDoS de plus en plus sophistiquées, en même temps que, dans la plupart des cas, les moyens de s'en protéger.

C'est alors qu'est arrivé Mirai. Ce *botnet* était si puissant qu'il allait surpasser quiconque tenterait de l'égaler. Mais Mirai a rapidement quitté l'univers de Minecraft. Le 30 septembre 2016, quelques semaines avant l'attaque de Dyn, Jha et ses amis ont publié sur un forum Internet le code source à l'origine de Mirai. C'est une pratique courante chez les pirates : en rendant un code public, ils compliquent le travail des autorités pour en identifier les créateurs. Quelqu'un – sans qu'on sache vraiment qui – a alors téléchargé le code du trio et s'en est servi pour cibler Dyn avec une attaque DDoS.

Les créateurs originels de Mirai – qui vivaient dans le New Jersey, à Pittsburgh et en Nouvelle Orléans – ont finalement été arrêtés : le FBI avait saisi des appareils infectés et péniblement remonté la chaîne de transmission jusqu'à sa source. En décembre 2017, tous trois ont plaidé coupables pour avoir développé le *botnet*. Lors de leur condamnation, ils ont accepté de collaborer avec le FBI pour éviter que ce type d'attaques ne se reproduise. Un tribunal du New Jersey a également ordonné le versement par Jha de la somme de 8,6 millions de dollars en dédommagement[12].

En ciblant l'annuaire d'adresses de Dyn, le *botnet* de Mirai avait mis Internet à l'arrêt ; mais les systèmes de noms de domaines peuvent aussi parfois permettre de stopper une attaque. En mai 2017, alors que l'épidémie WannaCry enflait, le chercheur britannique en cybersécurité Marcus Hutchins a mis la main sur le code dissimulé à l'intérieur du ver. Il contenait une adresse longue et illisible – iuqerfsodp9ifjaposdfjhgosurijfaewrwergwea.com – à laquelle WannaCry tentait apparemment d'accéder. Remarquant que ce nom de domaine n'était pas déposé, Hutchins l'a acheté pour 10,69 dollars. Ce faisant, il a déclenché sans s'en douter un *kill switch*, un coupe-circuit qui a mis fin à l'attaque. Plus tard, il a tweeté : « Je dois admettre qu'avant de le faire je n'avais aucune idée qu'enregistrer le nom de domaine arrêterait le malware, donc, à la base, c'était un hasard[13] », « je ne peux donc ajouter à mon CV que la mention a mis fin par hasard à une cyberattaque internationale. »

L'une des raisons pour laquelle les vers Mirai et WannaCry se sont si largement propagés tient à leur efficacité à détecter des machines vulnérables. En termes épidémiques, les malwares d'aujourd'hui sont capables de créer énormément d'opportunités de transmission, bien plus que leurs prédécesseurs. En 2002, l'informaticien Stuart Staniford et ses collègues ont rédigé un article intitulé *How to own the Internet in Your Spare Time*[14] ou *Comment maîtriser Internet sur votre temps libre* (chez les hackers, *own* signifie *avoir le contrôle total sur*). Il montrait que le ver Code Red, qui s'était propagé dans les ordinateurs l'année précédente, avait été relativement lent. En moyenne, chaque serveur infecté n'avait infecté que 1,8 machine par heure. Cela restait bien plus rapide que la rougeole, l'une des infections humaines les plus contagieuses : dans une population susceptible, quelqu'un qui a contracté cette maladie va infecter 0,1 autre personne par heure en moyenne[15]. Mais Code Red était encore suffisamment lent pour indiquer, comme pour une épidémie humaine, qu'il lui fallait un certain temps pour vraiment décoller. Staniford et ses coauteurs ont estimé qu'avec un ver optimisé et plus efficace, une épidémie pourrait être bien plus rapide. Empruntant à Andy Warhol sa fameuse formule du quart d'heure de célébrité, ils ont surnommé cette hypothétique création le ver Warhol, car il serait capable d'atteindre la plupart de ses cibles en quinze minutes. Mais leur idée n'est pas restée longtemps au stade de l'hypothèse. L'année suivante, le premier ver Warhol au monde a fait son apparition lorsqu'un logiciel malveillant appelé Slammer (ou ver Sapphire en français) a infecté plus de soixante-quinze mille machines[16]. Là où l'épidémie Code Red avait, au départ, doublé de taille toutes les trente-sept minutes, Slammer doublait lui toutes les huit secondes et demie.

S'il avait commencé par se propager rapidement, Slammer finit par vite s'épuiser par manque de machines à infecter. Au final, les dommages furent aussi limités. Bien que de nombreux serveurs aient été ralentis du fait de l'impressionnante quantité d'infections, Slammer n'avait pas été conçu pour endommager les machines qu'il infectait. Voilà un autre exemple de la façon dont les logiciels malveillants peuvent être assortis d'un ensemble de symptômes, exactement comme de vraies infections. Certains vers sont presque invisibles ou affichent des poèmes, d'autres réclament des rançons ou lancent des attaques DDoS.

Comme l'ont prouvé les attaques de serveurs de Minecraft, un marché très dynamique peut se développer autour des vers les plus puissants. Ce genre de malware s'achète en général sur des places de marché en ligne cachées, comme les places de marché du *darknet* (qui opèrent en dehors des sites Internet classiques et visibles auxquels nous accédons avec les moteurs de recherche habituels). En s'intéressant à ce qu'il était possible d'acheter sur ces places de marché, la société de sécurité Kaspersky Lab a découvert qu'il est possible d'obtenir une attaque DDoS d'une durée de cinq minutes pour tout juste cinq dollars et une attaque d'une journée pour environ quatre cents dollars. Kaspersky a calculé que pour mettre en place un *botnet* d'environ mille ordinateurs, il faudrait débourser approximativement sept dollars par heure. Sachant que les vendeurs exigent en moyenne vingt-cinq dollars pour des attaques de cette durée, ils s'assurent une marge confortable[17]. L'année où WannaCry a attaqué, le marché des rançons sur le darknet a été estimé à des millions de dollars, les salaires de certains vendeurs atteignant des valeurs à six chiffres (non chargées, bien entendu)[18].

Malgré le succès des logiciels malveillants auprès des organisations criminelles, certains de leurs exemples les plus sophistiqués seraient le fruit d'évolutions de projets gouvernementaux. Pour infecter des ordinateurs sains, WannaCry a exploité une faille d'exploitation de type *zero-day*, c'est-à-dire une vulnérabilité du logiciel qui n'est pas encore détectée. L'agence de sécurité nationale américaine aurait préalablement identifié cette faille comme un moyen de collecter des renseignements, avant qu'elle ne tombe entre d'autres mains[19]. Pour combler ces failles, les sociétés de la tech sont prêtes à débourser des sommes folles. En 2019, Apple a offert une récompense de deux millions de dollars à quiconque parviendrait à entrer dans le système d'exploitation du nouvel iPhone[20].

Pendant une épidémie de malware, les failles de type *zero-day* peuvent faciliter la transmission en augmentant la susceptibilité des machines prises pour cibles. En 2010, on a découvert que le ver *Stuxnet* avait infecté l'installation nucléaire iranienne de Natanz. D'après ce qu'on a su plus tard, il aurait pu endommager les stratégiques centrifugeuses. Pour réussir à se propager dans les systèmes iraniens, le ver avait utilisé vingt failles *zero-day*, du jamais vu – ou presque – à l'époque. La sophistication de l'attaque était telle que de nombreux médias ont désigné les armées américaine et israélienne comme les probables créatrices du ver. Et pourtant, l'origine de l'infection initiale était peut-être bien plus simple : on raconte qu'un agent double aurait fait entrer le ver dans le système grâce à une clé USB infectée[21].

La solidité des réseaux d'ordinateurs se mesure à la faiblesse de leurs liens. Quelques années avant l'attaque de Stuxnet, des pirates avaient réussi à accéder à un système gouvernemental américain hautement sécurisé en Afghanistan. D'après le journaliste Fred Kaplan, les services secrets russes avaient fourni en clés USB infectées des boutiques situées à proximité du siège de l'OTAN à Kaboul. Un soldat américain avait fini par en acheter une et par l'utiliser sur un ordinateur sécurisé[22]. Les problèmes de sécurité ne sont pas seulement d'origine humaine. En 2017, un casino américain a eu la surprise de découvrir que ses données transitaient par l'ordinateur d'un pirate situé en Finlande. Mais le comble de la surprise est arrivé avec la découverte de l'origine de la fuite : plutôt que de s'attaquer au serveur principal bien protégé, l'attaquant était passé par l'aquarium connecté du casino[23].

Depuis toujours, les hackers ont principalement cherché à accéder ou à perturber les systèmes informatiques. Mais, alors que nos technologies sont de plus en plus connectées à Internet, on note un intérêt croissant pour l'utilisation des systèmes informatiques en vue de contrôler d'autres appareils – voire des technologies très personnelles. Au moment où l'aquarium du casino était pris pour cible au Nevada, Alex Lomas et ses collègues de la société britannique de sécurité Pen Test Partners se demandaient s'il serait possible d'entrer dans le système des sextoys connectés par Bluetooth. Il ne leur fallut pas longtemps pour découvrir que certains de ces appareils étaient extrêmement vulnérables aux attaques. En théorie, il suffisait de quelques lignes de code pour les pirater et les faire vibrer à leur niveau maximum. Ces appareils n'autorisant qu'une seule connexion simultanée, leur propriétaire ne pourrait alors pas les arrêter[24].

Les appareils connectés en liaison Bluetooth ont bien sûr une portée limitée, les hackers pourraient-ils donc vraiment les pirater ? Pour Lomas, c'est fort possible. Un jour qu'il se promenait dans les rues de Berlin, il vérifia quels étaient les appareils à proximité connectés en Bluetooth. Quelle ne fut pas sa surprise de voir apparaître dans la liste un identifiant familier : celui d'un des modèles de sextoys dont son équipe avait montré qu'il pouvait être piraté. Quelqu'un le transportait sans doute dans son sac, sans se douter qu'un pirate pouvait aisément l'allumer.

Hormis ceux connectés en Bluetooth, d'autres objets sont à risque. L'équipe de Lomas a découvert que d'autres appareils sont également vulnérables, dont une marque de sextoys équipés d'une caméra Wi-Fi. Si le mot de passe par défaut n'est pas modifié, il est relativement facile de pirater l'objet pour accéder au flux vidéo. Lomas a tenu à souligner que son équipe n'avait jamais tenté de se connecter à un appareil en dehors du cadre de leur laboratoire. Ils n'avaient pas non plus mené leurs recherches pour culpabiliser les utilisateurs. Bien au contraire : en s'attaquant au sujet, Lomas voulait s'assurer du fait que ces objets pouvaient être utilisés sans crainte d'être piratés, et, ce faisant, inciter le secteur à améliorer les normes utilisées.

Les sextoys ne sont pas les seuls objets à risque. Lomas a découvert que l'astuce du Bluetooth fonctionnait aussi sur les prothèses auditives de son père. Certaines cibles vont encore plus loin : des informaticiens de l'université de Brown ont révélé qu'une faille dans un système d'exploitation robotique connu permettait d'accéder à des robots utilisés dans le cadre de recherches. Début 2018, l'équipe a réussi à prendre le contrôle d'une machine de l'université de Washington (après y avoir été autorisée par ses propriétaires). Elle a aussi découvert l'existence de menaces plus proches d'elle. Deux de ses propres robots – un assistant industriel et un drone – étaient accessibles. « Ni l'un ni l'autre n'ont été volontairement disponibles sur l'Internet public », ont-ils fait observer, « et tous deux sont susceptibles de causer des dommages physiques s'ils ne sont pas correctement utilisés. » Bien que le travail de ces chercheurs se soit concentré sur les robots des universités, ils ont lancé un avertissement comme quoi des problèmes similaires pouvaient affecter des machines ailleurs. « Alors que les robots quittent les laboratoires pour faire leur apparition dans des contextes industriel et domestique, le nombre d'unités qui pourraient être détournées va forcément augmenter de manière considérable[25]. »

Avec l'Internet des objets, se créent de nouveaux liens entre différents aspects de nos vies. Sans que, le plus souvent, nous ne réalisions cependant où mènent vraiment ces connexions. Ce réseau caché est clairement apparu à l'heure du déjeuner du 28 février 2017, lorsque plusieurs personnes ont remarqué ne plus pouvoir allumer les lumières de leur maison connectée. Ou éteindre leur four. Ou accéder à leur garage.

On a rapidement identifié que l'origine du problème venait d'Amazon Web Services (AWS), une filiale du groupe spécialisée dans les services de cloud computing. En général, lorsque vous actionnez un interrupteur pour allumer une ampoule connectée, un serveur cloud (comme AWS), parfois situé à des milliers de kilomètres, est prévenu. Celui-ci va alors renvoyer un signal à l'ampoule pour qu'elle s'allume. Ce jour de février, cependant, certains des serveurs d'AWS s'étaient brièvement déconnectés. À cause de cette panne, beaucoup d'appareils domestiques avaient cessé de fonctionner[26].

AWS a la réputation d'être très fiable – la société annonce que ses serveurs fonctionnent à 99,99 % du temps – et cette fiabilité a sans conteste joué dans le succès de ce genre de services basés sur le cloud. À vrai dire, le succès est tel que, récemment, les trois quarts des bénéfices d'Amazon ont été générés par AWS[27]. Cependant, l'utilisation de plus en plus répandue du cloud et l'impact potentiel de la défaillance d'un serveur ont soulevé un certain nombre de questions. Certains se sont demandé si AWS était vraiment *too big to fail*, selon l'expression consacrée (trop gros pour faire faillite)[28]. Qu'une grande part du web repose sur une seule société et de petits problèmes à la base peuvent se retrouver largement amplifiés. Des préoccupations proches sont apparues en 2018, lorsque Facebook a annoncé que des millions de ses utilisateurs avaient été touchés par une faille dans son système de sécurité. Beaucoup d'internautes utilisent leur compte Facebook pour s'enregistrer sur d'autres sites : ce type d'attaque peut donc se propager bien plus loin qu'on ne l'imagine de prime abord[29].

Ce n'est pas la première fois que l'on rencontre ce mélange entre liens cachés et nœuds extrêmement connectés. Ce sont ces mêmes particularités du réseau qui avaient fragilisé le système financier d'avant 2008 et permis à des événements apparemment localisés d'avoir un retentissement international. Pour les réseaux en ligne, ces impacts peuvent cependant aller encore plus loin. Et conduire à des épidémies d'un genre plutôt inhabituel.

Peu après le bug du millénaire, est arrivé le *love bug*. Début mai 2000, des internautes du monde entier ont reçu des emails avec pour objet : *ILOVEYOU*. Le message contenait un ver informatique, dissimulé sous la forme d'un document texte, une lettre d'amour. Il suffisait de l'ouvrir pour que le ver corrompe les fichiers de l'ordinateur et s'envoie lui-même par email à tous les contacts du carnet d'adresses. Il s'est largement propagé, mettant à mal les messageries de plusieurs organisations, dont le Parlement britannique. Les services informatiques ont fini par mettre sur pied des mesures de protection adéquates. Mais c'est alors qu'une chose étrange s'est produite. Plutôt que de disparaître, le ver a persisté. Un an plus tard, c'était encore l'un des malwares les plus actifs sur Internet[30].

L'informaticien Steve White avait déjà observé ce phénomène avec d'autres vers et virus informatiques. En 1998, il avait fait remarquer que ces *bugs* restaient souvent un certain temps en ligne.

« Mais voici la clé du mystère[31] » écrivait-il, « d'après ce que l'on sait sur les incidents liés à ces virus, à l'échelle mondiale le nombre d'ordinateurs infectés au même moment est faible. » Même si les virus résistaient longtemps aux mesures de contrôle, laissant supposer qu'ils étaient très contagieux, ils affectaient en général assez peu d'ordinateurs : on pouvait donc en déduire que la contagion n'était pas leur point fort.

Pourquoi cet apparent paradoxe ? Quelques mois après l'attaque du *love bug*, Alessandro Vespignani et son collègue physicien Romualdo Pastor-Satorras ont pris connaissance de l'article publié par White. Les virus informatiques n'ayant pas l'air de se comporter comme des épidémies biologiques, ils se sont demandé si cela pouvait avoir un lien avec la structure du réseau. L'année précédente, une étude avait montré les grandes variations en matière de popularité sur le World wide web : la plupart des sites Internet avaient très peu de liens, contrairement à quelques autres[32].

Comme nous l'avons déjà vu pour les MST, plus il y a de variations dans le nombre de partenaires sexuels, plus le taux de reproduction de l'infection augmente. Une infection qui se serait étiolée si tout le monde s'était comporté de la même manière peut perdurer si certaines personnes ont beaucoup plus de partenaires que les autres. Vespignani et Pastor-Satorras ont compris que cela pouvait aller encore plus loin avec les réseaux informatiques[33]. De par la très grande variabilité du nombre de liens, même des infections en apparence faibles peuvent survivre. Cela s'explique par le fait que, dans ce type de réseaux, un ordinateur n'est qu'à quelques pas d'un nœud très fortement connecté, capable de largement propager l'infection grâce à un évènement super-contaminateur. C'est une version amplifiée du problème auquel ont fait face les banques en 2008, où quelques nœuds majeurs ont suffi à stimuler l'épidémie entière.

Dans les épidémies entraînées par des événements super-contaminateurs, le processus de transmission est extrêmement fragile. À moins de toucher un nœud majeur, une infection n'ira sans doute pas très loin. La super-contamination peut cependant rendre les épidémies moins prévisibles. Même si la plupart ne décollent pas, celles qui y parviennent peuvent balbutier pendant une durée étonnamment longue. Cela explique pourquoi une poignée de virus et de vers informatiques vont continuer à se propager, sans pour autant pouvoir tellement se transmettre à l'échelle individuelle. C'est aussi souvent valable pour les tendances des réseaux sociaux. Vous avez peut-être déjà vu un mème insolite se propager en vous demandant comment il avait fait pour rester en ligne si longtemps ; la cause est sans doute plutôt à chercher du côté du réseau en lui-même que du côté de la qualité du contenu[34]. Grâce à leur structure, les réseaux en ligne offrent aux infections des avantages qui n'existent pas ailleurs.

Le 22 mars 2017, des développeurs web du monde entier ont remarqué que leurs applications ne fonctionnaient pas correctement. De Facebook à Spotify, les sociétés qui utilisaient le langage de programmation JavaScript se sont retrouvées dans l'impossibilité de faire fonctionner certaines parties de leur logiciel. Les interfaces des utilisateurs s'affichaient mal, les images ne chargeaient pas, les mises à jour ne s'installaient pas.

Le problème ? Onze lignes de code informatique – dont la plupart d'entre nous ignorions tout de l'existence – avaient disparu. Le code en question avait été écrit par Azer Koçulu, un développeur installé à Oakland, en Californie. Ces onze lignes formaient un morceau de code JavaScript baptisé *left-pad*. En soi, left-pad n'était pas particulièrement complexe, il se contentait d'ajouter quelques caractères au début d'un texte. Le genre de chose que la plupart des développeurs peuvent faire en quelques minutes[35].

Mais la majorité d'entre eux ne crée rien à partir de zéro. Pour gagner du temps, ils utilisent des outils partagés, développés par d'autres. Pour cela, ils se tournent vers une ressource en ligne appelée *npm*, un registre qui rassemble des morceaux de codes utiles, comme left-pad. Il arrive que ces outils existants soient incorporés dans de nouveaux programmes, ensuite partagés. Certains d'entre eux entrent alors à leur tour dans d'autres nouveaux programmes, créant ainsi une chaîne de dépendance où chacun s'appuie sur l'autre. Dès que quelqu'un installe ou met à jour un programme, il doit charger tout ce qui se trouve dans la chaîne de dépendance sous peine de voir apparaître un message d'erreur. Le morceau de code left-pad se trouvait enfoui dans l'une de ces chaînes. Le mois précédant sa disparition, il avait été téléchargé plus de deux millions de fois.

Ce jour de mars, Koçulu avait retiré son code de npm, suite à un désaccord sur un copyright. Npm lui avait en effet demandé de renommer l'un de ses packages de code, après avoir reçu une plainte d'une autre société ; Koçulu s'y était refusé et avait fini par retirer tout son code. Dont left-pad. Ce qui signifiait que toutes les chaînes de programmes qui utilisaient l'outil conçu par Koçulu étaient désormais hors d'usage. Certaines d'entre elles étaient tellement longues, que beaucoup de développeurs ne s'étaient même pas rendu compte qu'ils dépendaient de ces onze lignes de code.

Le travail de Koçulu n'est qu'un exemple parmi d'autres d'un code informatique qui s'est propagé beaucoup plus loin qu'on ne l'aurait imaginé. Peu après cet incident, le développeur logiciel David Haney a remarqué qu'un autre outil disponible sur npm – composé d'une seule ligne de code – était devenu clé pour soixante-douze autres programmes. Il a dressé une liste signalant d'autres morceaux de logiciels qui dépendaient très fortement de petits bouts de code. « Je ne peux pas m'empêcher de m'étonner quand je vois des développeurs se rendre dépendants de simples lignes de fonctions qu'ils auraient pu écrire eux-mêmes les yeux fermés[36] », a-t-il écrit. Des morceaux de code empruntés peuvent souvent se propager beaucoup plus loin qu'on ne le pense. Des chercheurs de l'université de Cornell ont analysé des articles écrits avec LaTeX, un système de composition de documents scientifiques bien connu. Ils ont découvert que les universitaires réadaptaient souvent leurs codes les uns les autres. Certains fichiers circulaient à travers les réseaux de collaborateurs depuis plus de vingt ans[37].

En même temps qu'il se propage, le code peut aussi évoluer. Après la publication par les trois étudiants du code Mirai fin septembre 2016, des douzaines de variantes ont vu le jour, chacune avec des caractéristiques légèrement différentes. Ce n'était qu'une question de temps avant que le code ne soit modifié pour lancer une cyberattaque massive. Début octobre, quelques semaines avant l'incident de Dyn, la société de sécurité RSA avait fait une découverte surprenante sur une place de marché du *darknet* : un groupe de hackers offrait la possibilité de submerger une cible avec cent vingt-cinq gigabits d'activité par seconde. Pour soixante-quinze mille dollars, on pouvait avoir accès à un réseau de cent mille *bots* informatiques, qui semblait dériver d'une version adaptée du code Mirai[38]. Ce n'était cependant pas la première fois que ce code avait évolué. Dans les semaines précédant sa publication, les créateurs de Mirai l'avaient modifié plus de vingt fois, apparemment pour tenter d'augmenter son degré de contagiosité. Ces modifications comportaient des caractéristiques compliquant la détection du ver, mais aussi des ajustements pour combattre d'autres malwares qui se seraient attaqués aux mêmes machines saines. Une fois lâché dans la nature, Mirai allait poursuivre son évolution pendant des années ; de nouvelles variantes apparaissaient encore en 2019[39].

Quand Fred Cohen commença à écrire sur les virus informatiques en 1984, il souligna que les malwares pourraient évoluer au fil du temps, devenant plus difficiles à repérer. Plutôt que de trouver un équilibre, l'écosystème des virus informatiques et des logiciels antivirus n'allait avoir de cesse d'évoluer. « Au fil des évolutions, les équilibres se modifient avec un résultat incertain, sauf dans les cas les plus simples[40] », a-t-il observé. « Les analogies avec les théories biologiques de l'évolution sont très fortes et pourraient bien s'accorder avec les théories génétiques des maladies. »

Pour nous protéger des logiciels malveillants, nous avons l'habitude d'utiliser des logiciels antivirus qui vérifient l'absence de menace connue – en général, cela implique de rechercher des segments de codes connus. Une fois identifiée, la menace peut être neutralisée[41]. Les systèmes immunitaires humains peuvent réagir de façon très similaire en cas d'infection ou de vaccination. Les cellules immunitaires vont souvent apprendre la forme du pathogène spécifique auquel nous avons été exposés ; si nous sommes de nouveau infectés, elles sont en mesure de répondre rapidement et de neutraliser la menace. Cependant, il peut arriver que l'évolution entrave ce processus et que des agents pathogènes connus à un moment donné aient changé d'aspect pour passer inaperçus.

L'un des exemples les plus flagrants – et frustrants – de ce processus est l'évolution de la grippe. Le biologiste Peter Medawar a un jour comparé le virus grippal à « de l'acide nucléique enrobé de mauvaises nouvelles[42]. » À la surface d'un virus, on trouve deux types de « mauvaises nouvelles » : deux protéines appelées hémagglutinine et neuraminidase, ou HA et NA. HA permet au virus de s'attacher à la surface de la cellule hôte ; NA favorise la libération de nouvelles particules à partir des cellules infectées. Ces protéines peuvent exister sous différentes formes, dont tirent leur nom les différents types de grippe – comme H1N1, H3N2, H5N1, etc.

Les épidémies de grippe hivernales sont principalement dues aux H1N1 et H3N2. Au fur et à mesure qu'ils circulent, ces virus évoluent progressivement, ce qui entraîne une transformation de la forme des protéines. Par conséquent, notre système immunitaire n'identifie plus ces virus mutants comme des menaces. Nous retrouvons chaque année une épidémie de grippe – et, chaque année, des campagnes de vaccination – car, en somme, nos corps jouent au chat et à la souris dans le jeu de l'évolution qui les oppose à l'infection.

L'évolution peut aussi permettre à des infections numériques de perdurer. Au cours des dernières années, des logiciels malveillants ont commencé à s'auto-altérer de façon automatique pour être plus difficiles à identifier. Par exemple, en 2014, le *botnet Beebone* a infecté des milliers de machines à travers le monde. Le ver qui s'y cachait changeait d'apparence plusieurs fois par jour, donnant naissance à des millions de variantes uniques au fur et à mesure qu'il se propageait. Même si les logiciels antivirus connaissaient les nouvelles versions du code, le ver ne tardait pas à se transformer, modifiant tous les schémas connus. Beebone a finalement été mis hors de portée de nuire en 2015 lorsque la police a ciblé la partie du système qui n'évoluait pas : les noms de domaine fixes utilisés pour coordonner le *botnet*. Cela s'est avéré bien plus efficace que d'essayer d'identifier les vers mutants[43]. De la même manière, les biologistes espèrent concevoir des vaccins contre la grippe plus efficaces en ciblant les parties du virus qui restent stables[44].

Pour passer inaperçu, un malware va continuer à évoluer pendant que les autorités tentent de suivre sa trace. Les chemins de transmission vont eux aussi continuer à changer. En plus de chercher de nouvelles cibles – comme les appareils ménagers – les infections se propagent de plus en plus par les pièges à clics et les attaques sur-mesure lancées sur les réseaux sociaux[45]. En envoyant des messages personnalisés à des utilisateurs spécifiques, les pirates peuvent augmenter la probabilité qu'ils cliquent sur un lien et ouvrent, sans le vouloir, la porte à un logiciel malveillant. Cependant, l'évolution ne consiste pas simplement à aider des infections à se propager efficacement d'un ordinateur à l'autre ou d'une personne à l'autre. L'évolution, ce sont aussi de nouvelles manières d'aborder la contagion.

Chapitre 7

Sur la piste des épidémies

Leur liaison se solderait par une tentative de meurtre. Pendant plus de dix ans, Richard Schmidt, un gastro-entérologue de Lafayette en Louisiane, avait entretenu une relation avec Janice Trahan, une infirmière de quinze ans sa cadette. Rapidement, elle avait divorcé de son mari mais, malgré ses promesses, Schmidt n'avait pas quitté sa femme, ni ses trois enfants. Trahan avait déjà essayé de rompre mais cette fois serait la bonne.

Lorsqu'elle témoignerait plus tard, elle raconterait que, le 4 août 1994, quelques semaines après avoir pris cette décision, Schmidt était venu chez elle, une nuit. Il lui avait dit être passé lui administrer une dose de vitamine B_{12}. Ce n'était pas la première fois qu'il lui injectait des vitamines mais, cette nuit-là, elle lui avait répondu qu'elle n'en voulait pas. Avant qu'elle ne puisse réagir, il lui avait planté une aiguille dans le bras. Auparavant, les injections avaient toujours été indolores, mais cette fois-ci, la douleur se répandit immédiatement. Schmidt annonça alors qu'il devait partir pour l'hôpital.

La douleur persista toute la nuit et, dans les semaines qui suivirent, Janice Trahan tomba malade et présenta des symptômes grippaux. Les différents tests effectués à l'hôpital étaient tous négatifs. Un médecin avait émis l'hypothèse du VIH, mais sans faire de tests. Il déclara plus tard que l'un de ses collègues – un certain docteur Schmidt – lui avait affirmé que Trahan avait déjà été testée négative pour cette infection. Ses symptômes persistèrent jusqu'à ce qu'un autre docteur finisse par lui prescrire une nouvelle série de tests. En janvier 1995, Janice Trahan reçut enfin le véritable diagnostic : elle était séropositive.

Dès le mois d'août, elle avait fait part à l'une de ses collègues de ses doutes sur « l'injection dans le noir », supposant qu'il ne devait pas s'agir de la vitamine B_{12}. Son infection était récente, à n'en pas douter : elle avait fait don de son sang à plusieurs reprises et la dernière fois – en avril 1994 – le test VIH avait été négatif. D'après un spécialiste local du VIH, la progression de ses symptômes était cohérente avec une date d'infection remontant à début août. En fouillant le bureau de Schmidt, la police découvrit qu'une prise de sang sur un patient atteint du VIH avait eu lieu le 4 août – quelques heures seulement avant l'injection supposée à Trahan – et que la procédure d'enregistrement n'était pas conforme. Schmidt nia cependant avoir rendu visite à Trahan et lui avoir fait une quelconque injection[1].

Peut-être le virus lui-même pouvait-il donner des indices sur ce qui s'était réellement passé ? À l'époque, on avait déjà l'habitude d'effectuer des tests ADN pour vérifier si les suspects avaient des liens avec les scènes de crime. Dans le cas présent, c'était cependant un peu plus compliqué. Les virus comme le VIH évoluant relativement rapidement, le virus détecté dans le sang de Trahan ne serait pas forcément le même que celui présent dans le sang qui l'avait infectée. Sous le coup d'une accusation de tentative de meurtre au second degré, Schmidt prétendit que le virus du sida qui avait infecté Trahan différait bien trop de celui du patient d'origine pour imaginer qu'il puisse être à l'origine de l'infection. Dans la mesure où toutes les autres preuves désignaient Schmidt comme coupable, l'accusation marqua son désaccord. Elle devait maintenant fournir des preuves.

Le 20 juin 1837, Victoria ajoutait une branche à l'arbre généalogique de la couronne britannique en succédant à son oncle Guillaume IV sur le trône du Royaume-Uni de Grande-Bretagne et d'Irlande. Au même moment, à quelques encablures de là dans le quartier de Soho, un jeune biologiste se penchait lui aussi sur les arbres généalogiques, à bien plus grande échelle. De retour en Angleterre après cinq années passées à bord du HMS *Beagle*, un navire de la Royal Navy, Charles Darwin commençait à poser les grandes lignes de ses théories dans un carnet flambant neuf. Afin de clarifier ses idées, il griffonna le schéma simplifié d'un arbre de vie. L'idée était que les branches indiquent les relations évolutionnaires entre les différentes espèces. Comme dans un arbre généalogique, Darwin supposait que des organismes voisins seraient plus proches les uns des autres, tandis que des espèces distinctes seraient plus éloignées. En traçant toutes les branches, on aboutirait à une racine commune : un ancêtre commun unique.

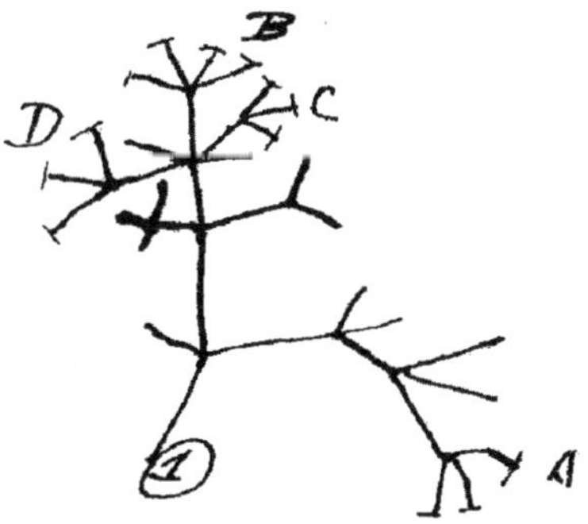

Première esquisse d'un arbre de vie par Darwin. L'espèce A est une parente lointaine des B, C et D, qui sont, elles, plus proches. Sur ce schéma, toutes les espèces ont évolué à partir d'un point de départ unique, signalé par le chiffre (1).

Darwin commença par dessiner des arbres évolutifs sur la base d'éléments comme les caractéristiques physiques. Au cours de son voyage sur le Beagle, il avait catégorisé des espèces d'oiseaux en fonction de caractéristiques telles que la forme de leur bec, la longueur de leur queue et leur plumage[2]. On appellerait plus tard ce domaine de recherche la phylogenèse ou phylogénie, du grec ancien *phylo* (espèce) et *genesis* (origine).

Si, à ses débuts, l'analyse évolutionnaire s'était concentrée sur l'aspect des différentes espèces, l'émergence du séquençage génétique a rendu possible la comparaison entre les organismes de façon bien plus détaillée. Nous pouvons voir quels sont les liens entre deux génomes en comparant la composition des chaînes de caractères qui constituent leurs séquences génomiques. Plus les similitudes sont nombreuses, moins il y a de mutations d'une séquence à l'autre. C'est un peu comme au Scrabble, quand on découvre ses lettres. Par exemple, il sera plus facile de passer de la séquence *AACG* à la séquence *AACC* que de partir de *AACG* pour aboutir à *TTGG*. Et, comme au Scrabble, on peut évaluer la durée du processus évolutif à partir des modifications subies par les lettres depuis la séquence d'origine.

En partant de là – et avec une forte puissance de calcul – nous pouvons positionner les séquences sur un arbre phylogénétique et reconstituer leur évolution au fil du temps. Nous pouvons aussi évaluer quand se sont produits les changements évolutifs importants. Cela nous permet de savoir comment une infection a pu se propager. Par exemple, après l'épidémie massive de SRAS en 2003, les chercheurs ont repéré le virus chez la civette, un petit animal proche de la mangouste. Et si la maladie avait régulièrement circulé chez les civettes avant de se répandre parmi la population humaine ?

Ce n'est pourtant pas ce que laissent entendre les analyses menées sur différents virus du SRAS. Les virus chez l'homme et chez la civette étaient étroitement liés, ce qui faisait d'eux des hôtes relativement récents pour les virus. Le SRAS était peut-être passé des civettes aux humains quelques mois avant le début de l'épidémie. En revanche, il était présent chez les chauves-souris depuis bien plus longtemps et s'était retrouvé chez les civettes aux alentours de 1998. En regardant l'histoire évolutionnaire des différents virus, il apparaissait que les civettes n'avaient sans doute été qu'une brève étape pour le SRAS, en route vers les humains[3].

Au cours du procès de Richard Schmidt, l'accusation s'est servie de ce type d'arguments phylogénétiques pour démontrer qu'il était plausible qu'un patient atteint du VIH et ayant consulté Schmidt soit à l'origine de l'infection de Trahan. Le biologiste évolutionniste David Hillis et ses collègues ont comparé les deux virus isolés avec d'autres, trouvés chez des patients de Lafayette atteints du VIH. Dans son témoignage, David Hillis a déclaré que les virus trouvés chez le patient de Schmidt et chez Trahan étaient « les deux séquences de l'analyse les plus proches, et [qu'elles étaient] aussi proches que ne pouvaient l'être les séquences isolées de deux individus. » Ce n'était pas une preuve suffisante pour affirmer avec certitude que l'infection de Trahan venait bien du patient de Schmidt, mais cela a mis à mal l'affirmation de la défense selon laquelle ces deux cas n'avaient aucun lien. Finalement, Schmidt a été reconnu coupable et condamné à une peine de cinquante ans d'emprisonnement. Quant à Janice Trahan, elle s'est remariée et a continué de vivre avec le VIH, célébrant son vingtième anniversaire de mariage en 2016[4].

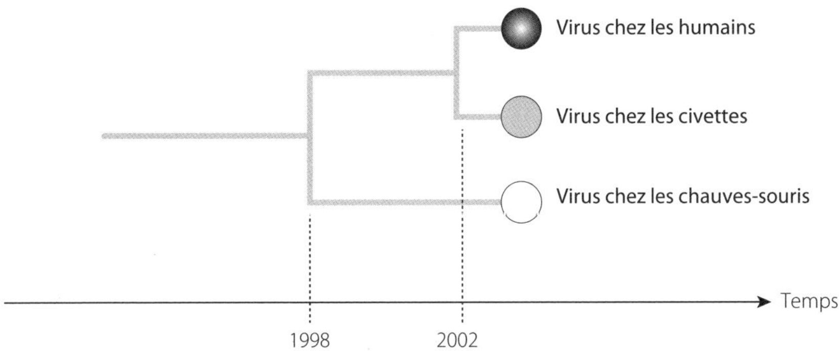

Arbre phylogénétique simplifié pour les virus du SRAS chez différentes espèces hôtes. Les lignes en pointillé montrent les durées estimées pendant lesquelles les virus se sont différenciés pour se déplacer vers un nouveau groupe d'hôtes. Source : Hon *et al.*, 2008.

Pour la première fois lors du procès de Schmidt, on a fait appel à l'analyse phylogénétique dans une affaire criminelle américaine. Depuis, ces méthodes ont été utilisées dans d'autres situations à travers le monde. Suite à une augmentation du nombre de cas d'hépatites C à Valence, en Espagne, les enquêteurs de police ont établi des liens entre un grand nombre de patients et l'anesthésiste Juan Maeso. L'analyse phylogénétique a confirmé qu'il était probablement à l'origine de l'épidémie et, en 2007, il a été reconnu coupable d'avoir infecté des centaines de patients en réutilisant des seringues usagées[5]. Les données génétiques ont aussi montré qu'elles pouvaient contribuer à apporter des preuves d'innocence. Peu après l'affaire Maeso, un groupe d'infirmières bulgares a été libéré d'une prison libyenne. Elles y avaient été retenues pendant huit ans après avoir été accusées d'avoir volontairement inoculé le virus du sida à des enfants. L'analyse phylogénétique a notamment contribué à leur libération en montrant qu'une grande partie des infections en question remontaient à plusieurs années avant l'arrivée de l'équipe dans le pays[6]. En plus de pointer vers la source probable d'une épidémie, les méthodes phylogénétiques peuvent nous révéler le moment où une maladie est arrivée quelque part. Imaginez que nous investiguions l'origine d'un virus comme le VIH, qui évolue relativement rapidement. Si les virus du VIH qui circulent dans une zone se ressemblent, cela laisse supposer qu'ils ont eu peu de temps pour évoluer : l'épidémie est donc probablement relativement récente. À l'inverse, si les virus sont très divers, cela signifie qu'ils ont déjà eu le temps d'évoluer : le virus initial a donc été introduit il y a un certain temps. Ces méthodes sont désormais fréquemment utilisées en santé publique. Souvenez-vous, dans les chapitres précédents, nous nous sommes intéressés à l'arrivée du virus Zika en Amérique latine et à celle du VIH en Amérique du Nord. Dans les deux cas, les équipes se sont servies de données génétiques pour estimer la période d'introduction du virus. Des chercheurs ont aussi appliqué ces notions à d'autres infections, de la pandémie de grippe aux superbactéries comme le staphylocoque doré résistant à la méticilline (SARM)[7].

Même sans avoir accès à des données génétiques, il est possible de déterminer si une épidémie a commencé avec un cas unique ou avec des introductions multiples. Lors de nos analyses des virus Zika isolés aux Îles Fidji en 2015 et 2016, nous avions trouvé deux groupes distincts de virus dans l'arbre phylogénétique. En prenant en compte leur rythme d'évolution, l'un des groupes avait atteint la capitale Suva en 2013- 2014 et s'était faiblement propagé pendant un ou deux ans, alors qu'une épidémie distincte avait débuté plus tard dans la partie occidentale du pays[8]. Je ne m'en étais pas rendu compte à l'époque, mais certains des moustiques que j'avais chassés pendant mon séjour de 2015 avaient probablement été infectés par le virus Zika.

L'analyse phylogénétique présente aussi l'avantage de pouvoir suivre la transmission qui s'opère au cours des derniers stades d'une épidémie. En mars 2016, un nouveau cluster de cas de virus Ebola est apparu en Guinée, et ce, trois mois après la déclaration de l'OMS comme quoi l'épidémie était terminée en Afrique occidentale. Peut-être le virus s'était-il propagé sans qu'on ne le remarque parmi les humains pendant tout ce temps ? Lorsque l'épidémiologiste Boubacar Diallo et ses collaborateurs ont séquencé les virus issus des nouveaux cas du cluster, ils ont mis à jour une autre explication potentielle. Ces nouveaux virus étaient proches d'un virus Ebola trouvé dans le sperme d'un homme de la région, guéri en 2014. Le virus était resté dans son corps pendant presque un an et demi, avant d'être transmis à une partenaire sexuelle et de déclencher une nouvelle épidémie[9].

Les données séquentielles jouent un rôle de plus en plus important dans l'analyse épidémique mais le concept de virus évolutif peut parfois entraîner des réactions alarmistes. Au cours des épidémies des virus Ebola et Zika, plusieurs reportages ont insisté sur leur capacité à évoluer[10]. Mais cette évolution n'est pas nécessairement problématique : tous les virus évoluent, dans le sens où leur séquence génétique change progressivement au fil du temps. Il peut arriver que cette évolution génère une différence que l'on remarque – comme lorsque le virus grippal change d'aspect – mais, le plus souvent, tout ceci s'opère en arrière-plan, sans effet notable sur l'épidémie.

La rapidité de l'évolution peut cependant impacter notre capacité à analyser les épidémies. L'analyse phylogénétique est plus efficace lorsque l'on s'intéresse à des agents pathogènes qui évoluent relativement rapidement, comme le VIH et la grippe. Parce que la séquence génétique change quand les agents pathogènes se propagent d'une personne à une autre, il est possible d'estimer le chemin probable de l'infection. À l'inverse, des virus comme la rougeole évoluent lentement ce qui signifie que, d'une personne à une autre, les variations seront faibles[11]. Par conséquent, chercher à déterminer la manière dont les cas sont liés revient plus ou moins à tenter de rassembler les morceaux d'un arbre généalogique humain dans un pays où tout le monde porterait le même nom.

Les limites biologiques des méthodes phylogénétiques se doublent de limites d'ordre pratique. Au cours des premiers stades de l'épidémie d'Ebola en Afrique occidentale, Pardis Sabeti, une généticienne du Broad Institute de Boston, a analysé les données séquentielles issues de quatre-vingt-dix-neuf cas au Sierra Leone. Les arbres phylogénétiques ont révélé que l'infection s'était propagée de la Guinée au Sierra Leone en mai 2014, probablement suite à un enterrement. Du fait de l'importance de l'épidémie, Sabeti et ses collègues ont rapidement ajouté ces nouvelles séquences génétiques à une base de données publique.

Puis l'effervescence initiale des recherches a été suivie d'une période de calme relatif. Plusieurs équipes avaient elles aussi collecté des échantillons de sang, mais aucune nouvelle séquence génétique n'a été présentée entre le 2 août et le 9 novembre 2014. Sur cette période, plus de dix mille cas d'Ebola ont été signalés en Afrique occidentale et le pic de l'épidémie a été atteint en octobre[12].

Ce retard dans la publication des séquences peut s'expliquer de plusieurs manières. La plus cynique consistera à dire que dans les milieux universitaires les nouvelles données sont synonymes de revenus. Les articles de recherche qui se servent des séquences génétiques pour étudier les épidémies ont toutes leurs chances d'être publiés dans des revues scientifiques prisées ; cela incite les chercheurs à garder pour eux des données potentiellement importantes. Cependant, si j'en crois mes interactions avec les chercheurs à cette période, j'aime à penser qu'il s'agit plus d'inconscience que de mauvaises intentions. Les mentalités scientifiques n'étaient alors tout simplement pas en phase avec le calendrier des épidémies. Les chercheurs ont l'habitude de développer des protocoles, de mener des analyses pointues, de rédiger leurs méthodes, de soumettre leurs résultats à l'examen de leurs pairs et collègues scientifiques. Ce processus peut prendre des mois, voire des années, et il a toujours ralenti la publication de nouvelles données.

Ces délais posent un problème en science comme en médecine. Lorsque Jeremy Farrar a pris la tête du Wellcome Trust en mars 2014, il a déclaré au *Guardian* que les recherches cliniques prenaient souvent trop de temps, ce qui est apparu comme une évidence dans les mois qui ont suivi, alors que l'épidémie d'Ebola enflait. « Nos systèmes actuels ne sont pas dimensionnés pour des situations qui évoluent rapidement », a-t-il résumé. « Rien ne nous permet de répondre en temps réel[13]. »

Les mentalités évoluent progressivement. Mi-2018, a débuté ce qui allait devenir une nouvelle épidémie massive d'Ebola en République démocratique du Congo. Cette fois, les chercheurs ont rapidement publié de nouvelles séquences de données. Des équipes ont aussi lancé un essai clinique pour quatre traitements expérimentaux. Dès le mois d'août 2019, ils avaient montré que l'injection rapide de cellules immunitaires anti-Ebola pouvait augmenter les chances de survie de 90 %, contre une moyenne de

30 % par le passé. Parallèlement, les scientifiques qui travaillent sur les épidémies publient de plus en plus d'articles non finalisés sur des sites Internet comme bioRxiv et medRxiv : ils rendent ainsi leurs nouvelles recherches accessibles avant qu'elles ne soient revues par leurs pairs[14].

Pendant son séjour au Sierra Leone, Sabeti a découvert que *Kenema*, le nom de la ville où elle était installée avec son équipe, signifiait *limpide comme une rivière, translucide et ouvert au regard de tous*[15]. Cet esprit d'ouverture s'est reflété dans le travail mené par son équipe, qui, très tôt dans l'épidémie, a partagé ses quatre-vingt-dix-neuf séquences. On retrouve cette attitude au sein de la communauté plus large des chercheurs spécialistes des épidémies. L'un des meilleurs exemples en est le projet Nextstrain, initié par les bio informaticiens Trevor Bedford et Richard Neher. Cette plateforme en ligne compile automatiquement des séquences génétiques pour montrer quels sont les liens de parenté entre les différents virus et quelle peut en être l'origine. Même si au départ Bedford et Neher s'étaient concentrés sur la grippe, la plateforme analyse désormais tous les virus, du Zika à la tuberculose[16]. Nextstrain est une formidable idée car non seulement elle agrège et permet de visualiser toutes les séquences disponibles, mais aussi parce qu'elle se démarque du processus lent et compétitif de la publication des articles scientifiques.

Début 2020, Nextstrain a montré en temps réel, et de façon cruciale, que la COVID-19 était aux États-Unis un problème bien plus conséquent que ne le laissaient penser les données initiales[17]. Le 27 février, la maladie a été diagnostiquée chez un adolescent de Mill Creek, près de Seattle, où travaille Trevor Bedford. Jusqu'alors, seule une poignée de cas avait été signalée dans l'État. En vingt-quatre heures, le coronavirus de Mill Creek avait été séquencé et les résultats mis en ligne et récupérés par le système Nextstrain. L'arbre phylogénétique initial suggérait que la COVID-19 se propageait depuis un certain temps, sans avoir été détectée. Bedford a publié sur Twitter un fil de discussion décrivant l'analyse, largement relayé[18] : « Je crois que nous sommes confrontés dans l'État de Washington à une épidémie déjà importante, non détectée jusqu'à présent en raison d'une définition restreinte des cas, nécessitant un voyage direct en Chine », a-t-il conclu. Sa théorie a rapidement été vérifiée : dans les jours qui ont suivi, le nombre de cas et de décès a commencé à augmenter fortement dans cet État.

Alors qu'il est de plus en plus facile de séquencer des agents pathogènes, les méthodes de la phylogénèse vont nous permettre de continuer à améliorer notre compréhension des épidémies de maladies. Elles vont nous aider à découvrir quand se déclenchent les infections, comment grandissent les épidémies et quelles étapes d'un processus de transmission peuvent nous avoir échappé. Ces méthodes sont aussi le reflet d'une tendance plus globale dans l'analyse épidémique : la capacité à combiner de nouvelles sources de données pour arriver à une information traditionnellement difficile à obtenir. Avec la phylogenèse, nous sommes en mesure de mettre à jour la propagation des épidémies en associant des informations sur les patients à des données génétiques sur les virus qui les ont infectés. Ces méthodes consistant à établir des liens entre des données deviennent un formidable moyen pour comprendre comment des choses mutent et se propagent dans une population. Mais elles sont parfois utilisées de manière inattendue.

Boucles d'or était une vieille femme malhonnête et vulgaire qui avait cambriolé trois gentils ours bruns. Ou, du moins, c'était le cas lorsque le poète Robert Southey publia son histoire pour la première fois en 1837 : après avoir englouti trois bols de soupe à grand renfort de jurons et cassé une chaise, elle entendait les ours revenir et s'échappait par une fenêtre. Southey ne l'avait affublée ni d'un nom, ni d'une chevelure dorée ; ces détails ne feraient leur apparition que quelques décennies plus tard, alors que cette vilaine femme se transformerait en une enfant pénible pour devenir enfin la Boucles d'or que nous connaissons aujourd'hui[19].

Ce conte qui met en scène les ours existe depuis fort longtemps. Quelques années avant que Southey ne publie son histoire, une dénommée Eleanor Mure avait écrit un livre pour son neveu. À la fin de son histoire, les ours attrapaient la vieillarde. Fâchés par les dégâts qu'elle avait causés, ils la brûlaient, tentaient de la noyer et finissaient par l'empaler sur le clocher de la cathédrale Saint-Paul. Dans une version populaire encore plus ancienne, c'était un renard malicieux que les trois ours mettaient en déroute.

Pour Jamie Tehrani, anthropologue à l'université de Durham, on peut considérer la culture comme de l'information qui mute en se transmettant d'une personne à une autre et d'une génération à la suivante. Les histoires populaires sont utiles à notre compréhension de la propagation et l'évolution de la culture, car elles sont le produit de leur société. « Par définition, il n'existe pas une version unique des histoires populaires qui fasse autorité », rappelle Tehrani. « Ce sont des histoires qui appartiennent à toute la communauté. Elles ont cette qualité organique[20]. »

Tehrani a débuté son travail sur les histoires populaires avec *Le petit chaperon rouge*. En Europe occidentale, on connaît souvent la version des frères Grimm datée du XIXe siècle : alors qu'elle rend visite à sa grand-mère, une petite fille est accueillie par un loup déguisé. Des versions alternatives existent cependant et d'autres contes populaires lui ressemblent. En Europe de l'est et au Moyen-Orient, on raconte l'histoire du *Loup et les Sept Chevreaux*, où un loup se sert de son déguisement pour que des chevreaux le laissent entrer dans leur bergerie. En Asie orientale, c'est l'histoire de *La vieille femme tigre*, où un groupe d'enfants rencontre un tigre qui prétend être leur grand-mère.

Ce conte s'est propagé à travers le monde, sans que l'on ne sache vraiment par où. La plupart des historiens s'accordent à dire que la version d'origine serait celle d'Asie orientale, les histoires européennes et orientales lui succédant. Mais *Le petit chaperon rouge* et *Le loup et les sept chevreaux* dérivent-ils vraiment de *La vieille femme tigre* ? Parce que les histoires populaires se sont longtemps transmises par voie orale plutôt que par écrit, nous disposons de traces peu nombreuses et parcellaires. Nous savons rarement exactement d'où et de quand date une histoire.

En ce sens, les approches de la phylogenèse peuvent être utiles. Pour enquêter sur l'évolution du *Petit chaperon rouge* et ses variantes, Tehrani a rassemblé presque soixante versions différentes, issues de multiples continents. En lieu et place d'une séquence génétique, il a résumé chaque histoire sur la base d'un ensemble de soixante-douze éléments de l'intrigue, comme le genre du héros, l'astuce utilisée pour tromper et la chute de l'histoire. Après avoir évalué la manière dont ces caractéristiques évoluaient, il a obtenu un arbre phylogénétique retraçant les relations entre les histoires[21]. De son analyse, allait émerger une conclusion inattendue : à en croire cet arbre phylogénétique, *Le loup et les sept chevreaux* ainsi que *Le petit chaperon rouge* seraient nés les premiers. Contrairement à une croyance répandue, *La vieille femme tigre* serait un mélange d'histoires préexistantes plutôt que la version originale à partir de laquelle auraient évolué les autres.

La pensée évolutionniste est depuis longtemps utilisée dans l'étude des langues et des cultures. Des décennies avant que Darwin n'esquisse son arbre de vie, le linguiste William Jones s'était intéressé à l'émergence des langues, un domaine connu sous le nom de *philologie*. En 1786, Jones avait observé des similitudes entre le grec, le sanskrit et le latin : « Aucun philologue ne pourrait étudier [ces trois langues] sans être convaincu qu'elles sont issues d'une source commune qui, peut-être, n'existe plus[22]. » En termes d'évolution, il pensait que ces langues avaient évolué à partir d'un ancêtre commun unique. Ses réflexions allaient ensuite influencer bon nombre de lettrés, dont les frères Grimm, linguistes passionnés. Non seulement ils rassemblèrent différentes variantes d'histoires populaires, mais ils s'attachèrent aussi à étudier l'évolution des langues[23].

Grâce aux méthodes phylogénétiques actuelles, nous pouvons analyser l'évolution de ce type d'histoires de façon bien plus détaillée. Après son travail sur *Le petit chaperon rouge*, Jamie Tehrani a collaboré avec Sara Graça da Silva à l'université de Lisbonne pour étudier un spectre d'histoires bien plus large, retraçant l'évolution de deux cent soixante-quinze histoires populaires au total. Ils ont découvert que certaines d'entre elles étaient très anciennes ; *Nain Tracassin* et *La Belle et la bête* pourraient avoir fait leur apparition il y a plus de quatre mille ans : elles seraient donc aussi anciennes que les langues indo-européennes qui ont contribué à leur propagation. Bien que beaucoup d'histoires populaires aient fini par largement voyager, da Silva et Tehrani ont aussi trouvé des traces de rivalités locales quant à la manière de les raconter. « La proximité spatiale semble avoir eu un effet négatif sur la diffusion des contes », ont-ils observé, « les sociétés auraient été plus promptes à rejeter les histoires de leurs voisins qu'à les adopter[24]. »

Les histoires populaires sont souvent liées à l'identité d'un pays, même si elles n'en sont pas originaires. Quand les frères Grimm ont compilé leur recueil d'histoires traditionnelles « allemandes », ils ont remarqué des similitudes avec des histoires présentes dans bien d'autres cultures, aussi bien indiennes qu'arabes. L'analyse phylogénétique vient confirmer cette notion d'emprunts. « Il y a peu de choses spécifiques à chacune des traditions orales nationales », rappelle Tehrani. « En réalité, elles sont très mondialisées. »

Pourquoi les hommes se sont-ils mis à raconter des histoires ? Parce qu'elles nous aident notamment à conserver des informations utiles. Savoir raconter des histoires était une compétence très prisée dans les sociétés de chasseurs-cueilleurs ; cela laisse supposer que les histoires remontent aux tout premiers stades de l'humanité car ceux qui savaient bien les raconter étaient des compagnons plus recherchés[25]. Deux théories s'opposent quant au genre d'informations basées sur des récits que nous avons peu à peu privilégiés. Pour certains chercheurs, les histoires les plus importantes sont celles en lien avec la notion de survie : au fond, nous cherchons à localiser la nourriture et les dangers. Cela expliquerait que nous nous souvenions des récits qui évoquent des réactions comme le dégoût (nous ne voulons pas nous empoisonner). D'autres ont défendu le fait que, parce que la vie de l'homme est dominée par les interactions sociales, ce seraient les informations les plus pertinentes d'un point de vue social qui seraient privilégiées. Cela impliquerait que nous nous rappelions plutôt des détails concernant les relations et des actions en rupture avec les normes sociales[26].

Pour mettre à l'épreuve ces deux théories, Tehrani et ses collègues ont mené une expérience sur la propagation des légendes urbaines. Leur étude simulait le jeu du *téléphone arabe :* des histoires circulent d'une personne à une autre, puis à une autre, et la dernière version montre ce dont on se souvient. Ils ont découvert que les histoires contenant des informations liées à des questions de société ou de survie étaient plus mémorables que des histoires neutres – avec un avantage pour les histoires de société.

D'autres facteurs peuvent aussi contribuer au succès des histoires. Des expériences menées précédemment avec le *téléphone arabe* ont montré qu'au fur et à mesure qu'elles se propagent, les histoires ont tendance à être raccourcies et simplifiées : on se souvient des grandes lignes mais on oublie les détails. Les surprises peuvent également nous aider. Les histoires sont plus accrocheuses si nous y incluons des éléments absurdes. Le tout est de parvenir à atteindre un certain équilibre. Certes, les histoires ont besoin d'éléments surprenants, mais pas trop. Les histoires populaires contiennent en général beaucoup d'éléments qui nous sont familiers, auxquels viennent se mêler quelques rebondissements aberrants. Prenez l'histoire de Boucles d'or, cette petite fille qui explore la maison d'une famille (la mère, le père et le bébé). Le *twist*, tient bien sûr au fait qu'il s'agisse d'une famille d'ours. Cette astuce narrative explique aussi l'attirance que peuvent susciter les théories du complot qui partent d'événements réels et y ajoutent une dimension inattendue[27].

La structure de l'histoire compte aussi. La popularité de *Boucles d'or* ne tient peut-être pas tant à elle qu'aux trois ours. Ils transforment l'histoire en une inoubliable séquence de triplets : les bols de soupe sont trop chauds, trop froids, juste bien ; les lits sont trop mous, trop durs, juste bien. Cette astuce rhétorique, connue sous le nom de *règle des trois*, est souvent utilisée en politique, des discours d'Abraham Lincoln à ceux de Barack Obama[28]. Pourquoi les listes composées de trois éléments sont-elles si puissantes ? Peut-être du fait de l'importance des triplets en mathématique : en général, il nous faut au moins trois éléments dans une séquence pour créer (ou déconstruire) un modèle mathématique[29].

Les modèles peuvent aussi faciliter la diffusion des mots. Souvent, quand une langue évolue, les nouveaux mots doivent trouver leur place face à d'autres, déjà populaires. On tend alors à privilégier les mots qui obéissent à des règles en place déjà bien établies. Par exemple, en anglais, les verbes conjugués au passé se terminent souvent par *-ed* ; il est donc logique que l'ancien mot *smelt* (du verbe *to smell / sentir* au passé) ait laissé place à *smelled*, alors que *wove* (du verbe *to weave / tisser* au passé) devenait peu à peu *weaved*[30].

Et pourtant, certains mots ont évolué en sens inverse. Dans les années 1830, en Angleterre, pour dire qu'on avait *allumé une bougie* on aurait dit : *lighted a candle* ; désormais, on utilise *having lit one*. Pourquoi ces mots irréguliers l'ont-ils emporté sur ceux plus couramment utilisés ? Pour un groupe de biologistes et de linguistes de l'université de Pennsylvanie, c'est peut-être une question de sonorités. Ils ont remarqué qu'au milieu du XXe siècle, pour conjuguer le verbe *plonger* (*to dive*) au passé, les Américains se sont mis à dire *dove* plutôt que *dived*. À peu près à la même époque, avec les nouvelles voitures à la mode, on s'est mis à utiliser des mots comme *drive* et *drove* (du verbe *conduire*). De même, l'habitude d'utiliser le terme *split* (du verbe *se séparer*) pour dire que l'on partait, a coïncidé avec l'emploi des formes traditionnelles *lit* et *quit*, plutôt que *lighted* et *quitted*.

Les nouveaux mots comme les nouvelles histoires peuvent se propager de deux façons. Soit de génération en génération, avec parfois quelques variations : c'est la *transmission verticale*. Soit par un mélange entre différentes communautés d'une même génération, dans un processus de *transmission horizontale*. Da Silva et Tehrani ont montré l'influence de ces deux types de transmissions sur la propagation des histoires populaires ; le plus souvent, c'est la route verticale qui a primé. Cependant, dans d'autres contextes, la transmission horizontale peut l'emporter. Les développeurs de programmes informatiques réutilisent souvent des lignes de code existantes, soit parce qu'elles contiennent une fonctionnalité pratique dont ils ont besoin, soit pour gagner du temps. En matière d'évolution, le code informatique peut donc *voyager à travers le temps*, et des morceaux d'anciens langages ou programmes peuvent soudain réapparaître dans des nouveaux[31].

Si des morceaux d'histoire ou de code informatique se mélangent au sein d'une même génération, cela rend plus difficile le tracé précis d'un arbre évolutif. Si des parents racontent à leurs enfants des histoires de famille traditionnelles, puis que les enfants y ajoutent des morceaux issus des histoires familiales de leurs amis, alors la nouvelle histoire fusionne ces différentes branches ensemble. Les biologistes connaissent bien ce problème. Prenez la pandémie de grippe porcine de 2009. L'épidémie a commencé lorsque les gènes de quatre virus – un virus de grippe aviaire, un de grippe humaine et deux souches différentes de virus porcin – se sont mélangés pour infecter un cochon au Mexique, créant de fait un nouveau virus hybride qui s'est ensuite répandu parmi les hommes[32]. L'un des gènes était étroitement lié à d'autres virus grippaux humains ; un autre ressemblait à des souches de grippe aviaire en circulation ; d'autres encore, à des virus d'origine porcine. Et pourtant, en combinant le tout, ce nouveau virus grippal ne ressemblait à aucun autre virus connu. Ce type d'évolution nous montre que la simple métaphore de l'arbre a ses limites. Bien que l'arbre de vie de Darwin encapsule beaucoup des caractéristiques de l'évolution, la réalité – avec des gènes susceptibles de passer ou non d'une génération à une autre – ressemble plus à un drôle de buisson broussailleux[33].

Le fait que le processus de transmission soit horizontal ou vertical peut avoir un impact fort sur la manière dont des caractéristiques se propagent à travers une population. Dans le parc marin de Shark Bay, sur la côte occidentale australienne, quelques grands dauphins se sont mis à utiliser des accessoires pour chercher leur nourriture. C'est en 1984 que des biologistes marins ont remarqué pour la première fois ce comportement. Des dauphins détachaient des morceaux d'éponges de mer et s'en servaient comme d'un masque protecteur pour chercher des poissons dans les fonds marins. Mais tous les dauphins de Shark Bay n'ont pas adopté pas cette *technique de l'éponge* – approximativement un sur dix[34]. Pourquoi ce comportement ne s'est-il pas répandu plus largement ? Vingt ans après la première observation, un groupe de chercheurs s'est appuyé sur des données génétiques pour montrer que cette tactique résultait presque uniquement d'une transmission verticale. Bien que les dauphins soient connus pour leur caractère très sociable, il semble qu'après qu'un premier dauphin ait eu cette idée, elle ne se soit diffusée que dans sa famille. Les individus sans lien de parenté ont continué à chercher leur nourriture sans éponge. Cette famille de dauphins a ainsi créé sa propre tradition.

Pour l'écologiste Lucy Aplin, le monde animal offre lui aussi bien des exemples de transmissions tant verticales qu'horizontales. « Cela dépend vraiment des espèces ainsi que de l'apprentissage du comportement. » Elle insiste sur le rôle important joué par le type de transmission sur l'ampleur de la propagation de nouvelles informations. « Prenez par exemple les dauphins, chez qui l'essentiel de l'apprentissage se fait de façon verticale : on aboutit à des comportements propres à certaines familles dont la propagation au reste de la population est relativement difficile. » À l'inverse, la transmission horizontale peut se traduire par une adoption beaucoup plus rapide des innovations. Elle est fréquente chez les espèces d'oiseaux comme les mésanges charbonnières. « L'essentiel de leur apprentissage social se fait de façon horizontale au cours de la période hivernale », dit Aplin, « l'obtention des informations passe par l'observation d'individus sans liens de parenté, plutôt que par une transmission des parents aux petits[35]. »

La survie de certains animaux pourrait dépendre du type de transmission à l'œuvre. Alors que les hommes modifient de plus en plus l'environnement naturel, les espèces capables de se transmettre efficacement des innovations s'adaptent mieux à ces changements. « On voit de plus en plus que certaines espèces font preuve d'une capacité d'adaptation très forte face à des environnements changeants », dit Lucy Aplin. « Elles semblent ainsi réussir à s'adapter aux modifications de leurs habitats et aux changements dus aux hommes. »

Au niveau microscopique aussi, une transmission efficace aide les organismes à résister au changement humain. Plusieurs types de bactéries ont muté pour devenir résistants aux antibiotiques. Ces mutations génétiques, qui se propagent verticalement lorsque les bactéries se reproduisent, se transmettent aussi souvent horizontalement au sein d'une même génération. De même que des logiciels de développement peuvent copier-coller du code d'un fichier à un autre, les bactéries peuvent récupérer de petits morceaux de matériel génétique entre elles. Au cours des dernières années, des chercheurs ont découvert que cette transmission horizontale favorisait l'émergence de superbactéries comme le SARM et de MST résistantes aux traitements[36]. Au fur et à mesure de l'évolution des bactéries, il se pourrait que l'on ne parvienne plus à traiter bon nombre d'infections courantes. Par exemple, en 2018 au Royaume-Uni, on a diagnostiqué chez un homme une super-gonorrhée qui a résisté à tous les antibiotiques classiques. Cet homme avait été infecté en Asie, mais l'année suivante deux nouveaux cas sont apparus au Royaume-Uni, cette fois-ci avec des liens en Europe[37]. Pour réussir à suivre et à prévenir ce genre d'infections, les chercheurs vont avoir besoin de toutes les données disponibles.

Grâce aux nouvelles sources d'information à disposition, comme les séquences génétiques, nous comprenons de mieux en mieux comment différentes maladies et caractéristiques se propagent à travers les populations. D'ailleurs, l'une des évolutions majeures des soins médicaux du XXIe siècle sera notre capacité à séquencer et analyser les génomes de façon rapide et peu onéreuse. En plus de détecter des épidémies, les chercheurs seront capables d'étudier l'influence des gènes humains sur les maladies, d'Alzheimer au cancer[38]. La génétique trouve aussi des applications sociales. Nos génomes pouvant nous révéler des informations sur nos ancêtres, les amateurs de généalogie se voient de plus en plus souvent offrir des kits de tests ADN.

L'accès à ce genre de données peut pourtant impacter nos vies privées de façon imprévue. Dans la mesure où nous partageons un grand nombre de caractéristiques génétiques avec nos proches, il devient possible de faire des découvertes sur des personnes non testées. Par exemple, en 2013, *The Times* a déclaré que le prince William avait un ancêtre indien, après que deux de ses cousins éloignés du côté de sa mère aient été testés. L'article s'est rapidement heurté aux critiques des chercheurs en génétique car des informations d'ordre personnel avaient été révélées sans le consentement du prince[39]. Certaines révélations sur nos ascendants peuvent avoir des conséquences désastreuses : plusieurs familles ont été bouleversées après que des kits de tests ADN déposés au pied du sapin aient révélé des adoptions jusqu'alors demeurées secrètes ou des infidélités[40].

Nous avons vu comment les données sur nos comportements en ligne sont collectées et partagées pour du ciblage publicitaire. Les annonceurs ne se contentent pas de mesurer combien de personnes cliquent sur une publicité ; ils savent de quel genre de personnes est-ce qu'il s'agit, ce qu'elles ont fait avant ce clic, et après. En combinant ces différentes données, ils peuvent reconstituer la manière dont une chose en influence une autre. Cette approche est fréquente dans l'analyse des données génétiques humaines. Plutôt que de s'intéresser à des séquences génétiques isolées, les scientifiques vont les comparer à des informations comme l'origine ethnique ou le passif médical. Leur objectif est de mettre à jour des tendances qui lient les différents ensembles de données. Ceci leur permet par exemple d'anticiper des facteurs de risques liés à une maladie ou à une origine ethnique, grâce au code génétique. Voilà pourquoi les investisseurs s'intéressent tant aux sociétés de tests ADN comme la société américaine de biotechnologie 23andMe. Elles ne se contentent pas de collecter les données génétiques de leurs clients ; elles rassemblent des informations sur qui ils sont, ce qui donne accès à des renseignements sur leur santé bien plus approfondis[41].

Les sociétés privées ne sont pas les seules à élaborer de tels jeux de données. Entre 2006 et 2010, un demi-million de volontaires ont participé au projet UK Biobank, qui vise à étudier les grandes tendances en matière de génétique et de santé sur les prochaines décennies. Au fur et à mesure que les ensembles de données grossiront et s'étendront, des équipes du monde entier pourront y accéder : il s'agira là d'une ressource scientifique très utile. Depuis 2017, des milliers de chercheurs se sont inscrits pour y accéder, avec des projets en lien avec des maladies, des traumatismes, des sujets de nutrition ou de santé physique et mentale[42].

Partager des informations médicales avec les chercheurs présente d'énormes avantages. Mais si les données doivent être accessibles à un grand nombre de personnes, il faut aussi réfléchir à la protection de nos vies privées. Pour limiter les risques, toutes les informations qui permettraient l'identification des participants peuvent être supprimées. Par exemple, lorsque des chercheurs accèdent à des données d'ordre médical, les informations personnelles comme le nom et l'adresse auront souvent été préalablement retirées. Cependant, même sans ce genre de données, l'identification d'un individu reste possible. Au milieu des années 1990, Latanya Sweeney, alors étudiante au MIT, a considéré que si vous connaissiez l'âge, le genre et le code postal d'un citoyen américain, vous pouviez souvent en déduire son identité. À l'époque, plusieurs bases de données médicales comportaient ces trois types d'information. D'après Sweeney, en faisant le rapprochement avec les listes électorales, il était sans doute possible de trouver le ou la propriétaire de ces dossiers médicaux[43].

Alors, c'est ce qu'elle a fait. « Pour vérifier mes hypothèses, j'avais besoin de quelqu'un que j'allais rechercher parmi les données », raconta-t-elle plus tard[44]. L'État du Massachusetts avait depuis peu rendu gratuit aux chercheurs l'accès aux dossiers d'hospitalisation « anonymisés ». Bien que le gouverneur William Weld ait assuré que la vie privée des patients demeurait bien protégée, l'analyse menée par Sweeney semblait prouver le contraire. Après avoir dépensé vingt dollars pour accéder aux listes électorales de Cambridge, où vivait Weld, elle a croisé son âge, son genre et son code postal avec les données d'hospitalisation. Elle lui a rapidement envoyé par email les données médicales qu'elle avait trouvées. Cette expérience, et le battage médiatique qui s'ensuivit, finiraient par aboutir à d'importants changements quant au stockage et au partage des données de santé aux États-Unis[45].

Ce que l'on découvre sur la vie d'autrui se propage d'un ordinateur à un autre, en même temps que les données. La prudence n'est pas de mise que pour les informations médicales ou génétiques : même des jeux de données en apparence anodins peuvent receler des informations étonnamment personnelles. En mars 2014, Chris Whong, qui se présentait lui-même comme *un fou de données*, a utilisé le Freedom of Information Act (une loi américaine d'accès à l'information) pour réclamer les informations sur toutes les courses faites par les taxis jaunes new-yorkais au cours de l'année précédente. Lorsque la New York City Taxi and Limousine Commission (le régulateur des taxis new-yorkais) a publié le jeu de données, il comportait l'heure et le lieu de départ et d'arrivée, le tarif et les pourboires laissés par les passagers[46]. Au total, plus de cent soixante-treize millions de trajets. Les numéros de licence des taxis étaient remplacés par une suite de chiffres apparemment aléatoire. Mais il s'est avéré que ces courses étaient loin d'être anonymes. Trois mois après la publication de ces données, l'informaticien Vijay Pandurangan a montré comment déchiffrer les codes des taxis, en retraduisant ces suites de chiffres illisibles en numéros de licences d'origine. Puis c'est un étudiant, Anthony Tockar, qui a détaillé dans un article de blog ce que ces données pouvaient encore révéler. Il a découvert qu'avec quelques astuces simples, beaucoup d'informations sensibles pouvaient en être extraites[47].

Il a d'abord montré le harcèlement dont pouvaient être victimes les célébrités. Après avoir passé des heures à faire défiler des recherches d'images de « célébrités dans les taxis de Manhattan en 2013 », il a identifié plusieurs photos sur lesquelles on distinguait le numéro de licence du taxi. En croisant ces informations avec des blogs et des magazines *people*, il a déterminé quels étaient les points de départ ou d'arrivée, et fait le rapprochement avec le jeu de données des taxis – censé être anonyme. Il a également pu savoir si ces célébrités avaient ou non laissé un pourboire – et son montant. « Bien que ces informations soient relativement anodines, surtout un an plus tard, j'ai tout de même révélé des informations qui ne faisaient jusqu'alors *pas partie du domaine public* », a fait observer Anthony Tockar.

Convaincu que son analyse susciterait peu de réactions, Tockar a décidé d'aller un peu plus loin. Il s'est intéressé à un club de strip-tease du quartier de Hell's Kitchen à New York, et notamment aux courses de taxis qui en partaient très tôt le matin. Il a rapidement identifié un client régulier et a remonté sa trace jusqu'à son domicile. Une rapide recherche sur les réseaux sociaux lui a suffi pour le retrouver sur Internet. Tockar savait donc à quoi ressemblait cet homme, combien valait sa maison et quel était son statut marital. Il a décidé de n'en rien publier mais n'importe qui aurait pu facilement arriver au même résultat. « Je n'insisterai jamais assez sur les possibles conséquences de cette analyse », a souligné Anthony Tockar.

Avec des données GPS de bonne qualité, il est très facile d'identifier quelqu'un[48]. Nos traces GPS peuvent rapidement révéler où nous habitons, le chemin que nous empruntons pour aller travailler, nos rendez-vous et nos rencontres. Comme avec les données des taxis new-yorkais, on comprend aisément la mine d'or que pourraient représenter ces informations pour des harceleurs, des voleurs ou des maîtres-chanteurs. Dans une enquête réalisée en 2014, 85 % des refuges pour victimes de violences domestiques ont indiqué protéger des personnes qui avaient été suivies de façon abusive grâce à leur GPS[49]. Ces données GPS peuvent même mettre en péril des opérations militaires. En 2017, la position exacte de bases militaires américaines a malencontreusement été révélée lorsque des militaires équipés de *trackers* d'activité physique grand public y ont téléchargé leurs itinéraires de jogging et de vélo[50].

Malgré ces risques, l'accessibilité des données relatives aux mouvements permet également des découvertes scientifiques précieuses, qu'il s'agisse de permettre aux chercheurs d'anticiper la propagation d'un virus, d'aider les équipes de secours qui interviennent auprès des populations déplacées après une catastrophe naturelle, ou de permettre à un urbaniste d'améliorer les réseaux de transports urbains[51]. Les données GPS haute résolution simplifient encore plus l'analyse des interactions entre des groupes de personnes spécifiques. Par exemple, des études ont utilisé des données issues de téléphones portables pour suivre des phénomènes de ségrégation sociale, de formations politiques et d'inégalités, tant aux États-Unis qu'en Chine[52].

Si, à la lecture de cette dernière phrase vous avez ressenti comme un léger malaise, rassurez-vous, vous n'êtes pas les seuls. Les préoccupations concernant nos vies privées augmentent en même temps que la disponibilité des données numériques. Les questions telles que les inégalités sont un enjeu sociétal majeur – qui mérite sans aucun doute de faire l'objet de recherches –, mais elles s'accompagnent d'un vif débat : jusqu'où aller dans le détail de ces recherches sur nos revenus, nos vies politiques ou sociales ? Quand il s'agit de comprendre le comportement humain, nous sommes souvent face à cette question : quel prix sommes-nous prêts à payer pour savoir ?

Chaque fois que j'ai travaillé avec mes collaborateurs sur des projets impliquant des données relatives à des déplacements, le respect de la vie privée a été au centre de nos préoccupations. D'un côté, nous voulons obtenir les données les plus utiles possible, surtout si cela peut nous permettre de mettre des populations à l'abri d'épidémies. De l'autre, il nous faut protéger la vie privée de ces individus, même si cela implique de restreindre les informations collectées ou publiées. Pour les maladies comme la grippe ou la rougeole, nous sommes face à un dilemme car les enfants – qui présentent de forts risques d'infection – sont aussi un groupe d'âge sensible pour être mis sous surveillance[53]. Les études qui pourraient nous révéler des éléments utiles et intéressants sur les comportements sociaux sont légion mais, parce qu'elles risquent d'empiéter sur des vies privées, leur mise en œuvre serait difficile à justifier.

Pour les rares études où nous collectons effectivement des données GPS haute résolution, les participants savent que seule notre équipe aura accès à leur localisation exacte et ils nous donnent préalablement leur consentement. Mais tout le monde n'a pas le même rapport à la vie privée. Imaginez que votre téléphone donne accès en continu à vos données GPS à des sociétés dont vous n'avez jamais entendu parler. C'est sans doute plus probable que vous ne le croyez. Ces dernières années, un réseau encore méconnu de courtiers en données GPS a vu le jour. Ces sociétés achètent des données sur nos mouvements auprès de centaines d'applications à qui nous avons donné accès à notre GPS, avant de les revendre à des annonceurs, des chercheurs et d'autres groupes[54]. La plupart des utilisateurs ont oublié depuis longtemps qu'ils avaient installé ces applications – pour faire du sport, consulter la météo ou jouer – et encore plus qu'ils avaient autorisé un *tracking* permanent. En 2019, le journaliste américain Joseph Cox a raconté avoir fait appel aux services d'un chasseur de primes pour suivre un téléphone en se servant de données de localisation rachetées[55]. Il avait déboursé trois cents dollars.

L'accès aux données de localisation étant de plus en plus facile, il s'accompagne de l'émergence de nouveaux types de délits. Le *phishing*, ces messages qui font que des clients divulguent des informations sensibles est depuis longtemps utilisé par les escrocs. Ils développent désormais l'hameçonnage ciblé (ou *spear phishing*) qui inclut des données spécifiques aux utilisateurs. En 2016, plusieurs habitants de Pennsylvanie ont reçu des emails leur demandant de payer une amende pour un récent excès de vitesse. Le message comportait des informations exactes quant à la vitesse et la localisation de leur voiture. Mais il n'avait rien officiel. La police suspecte les fraudeurs d'avoir obtenu des données GPS à partir d'une application, puis de les avoir utilisées pour identifier les personnes qui circulaient rapidement sur de petites routes[56].

Malgré toute la puissance qui se cache derrière les jeux de données sur nos mouvements, ils ont néanmoins leurs limites. Même en disposant d'un grand nombre de détails sur nos déplacements, un type d'interaction reste quasiment impossible à mesurer. Il s'agit d'un évènement bref, souvent invisible et particulièrement intangible au cours des premiers stades d'une épidémie. C'est aussi l'un de ceux qui ont déclenché l'un des incidents les plus célèbres du monde médical.

Après une semaine fatigante, le médecin venait de récupérer les clés de sa chambre numéro 911 à l'hôtel Metropole de Hong Kong. Il ne se sentait pas très bien mais avait tout de même voyagé en bus pendant trois heures depuis le sud de la Chine pour assister au mariage de son neveu ce week-end-là. Quelques jours plus tôt, il avait attrapé une sorte de grippe et n'avait pas réussi à s'en débarrasser. Son état allait cependant encore largement empirer puisqu'il entra en unité de soins intensifs vingt-quatre heures plus tard, et décéda après dix jours[57].

Nous étions le 21 février 2003, et ce médecin était le premier cas de SRAS à Hong Kong. Au final, seize autres seraient liés à l'hôtel Metropole : des personnes qui avaient occupé des chambres faisant face à celle du médecin, voisines ou dans le même couloir. Alors que l'épidémie se propageait, il devenait urgent de comprendre le nouveau virus qui en était à l'origine. Les scientifiques ne disposaient même pas d'informations de base comme le délai entre l'infection et l'apparition des symptômes (c'est-à-dire la période d'incubation). Quand des cas se déclarèrent en Asie du sud-est, la statisticienne Christl Donnelly et ses collègues de l'Imperial College de Londres et de Hong Kong s'attaquèrent au calcul de cette information primordiale[58].

Le problème, quand on calcule une période d'incubation, c'est que l'on assiste rarement au moment où l'infection a effectivement lieu. Tout ce que l'on voit, ce sont des personnes qui présentent ensuite des symptômes. Par conséquent, pour calculer une période d'incubation moyenne, il faut trouver des individus qui n'ont pu être infectés que durant une période spécifique. Par exemple, un homme d'affaires avait séjourné une seule journée en même temps que le médecin chinois à l'hôtel Metropole. Il était tombé malade du SRAS six jours plus tard, ce qui devait correspondre à la période d'incubation. Donnelly et ses collègues tentèrent de trouver d'autres exemples comme celui-ci, mais ils étaient peu nombreux. Sur les mille quatre cents cas de SRAS recensés à Hong Kong à la fin du mois d'avril, seulement cinquante-sept avaient été exposés de façon certaine au virus. Une fois compilés, ces exemples laissaient deviner une période d'incubation d'environ 6,4 jours. Cette méthode a depuis été utilisée pour calculer les périodes d'incubation d'autres infections nouvelles, notamment la pandémie de grippe en 2009, celle du virus Ebola en 2014 et celle du SARS-cov2 en 2019[59].

Bien sûr, il existe un autre moyen pour calculer une période d'incubation : infecter quelqu'un de manière délibérée et observer ce qui se passe. C'est à New York, dans les années 1950 et 1960, que l'on trouve l'un des exemples les plus tristement célèbres de ce procédé.

La Willowbrook State School de Staten Island accueillait plus de six mille enfants présentant des déficiences intellectuelles. Surchargée et sale, l'école était souvent frappée par des épidémies d'hépatite, ce qui avait conduit le pédiatre Saul Krugman à monter un projet d'étude sur cette infection[60]. En collaboration avec Robert McCollum et Joan Giles, ses recherches consistaient à inoculer volontairement l'hépatite à des enfants afin d'en comprendre le développement et la propagation. En plus de mesurer la durée de la période d'incubation, l'équipe découvrit l'existence de deux types différents de virus d'hépatite. Le premier, que l'on appelle désormais hépatite A, se propageait d'une personne à une autre, le second, l'hépatite B, se transmettait par le sang.

Ces travaux de recherche ont été à l'origine tant de controverses que de découvertes. Au début des années 1970, les critiques se sont multipliées contre ces expériences auxquelles on a fini par mettre un terme. L'équipe qui avait mené l'étude a estimé que le projet était conforme à l'éthique : il avait reçu l'approbation de plusieurs comités médicaux d'éthique, les parents avaient donné leur consentement et l'état sanitaire de l'école faisait que beaucoup de ces enfants auraient de toute manière fini par contracter la maladie. Ce à quoi les opposants ont répondu que, entre autres choses, les formulaires de consentement n'avaient fait qu'effleurer les véritables implications de l'étude et que Krugman surestimait le nombre d'enfants qui auraient fini par être naturellement infectés. « Ce furent les expériences médicales les moins conformes à l'éthique jamais réalisées sur des enfants aux États-Unis », a déclaré Maurice Hilleman, l'un des pionniers de la vaccination[61].

Se pose donc la question de l'utilisation des connaissances dont nous disposons. L'étude de Willowbrook a été mentionnée par des centaines d'articles de recherche, ce qui n'a pas été du goût de tous. « Chaque nouvelle référence au travail de Krugman et Giles vient renforcer son apparente respectabilité éthique et, à mon sens, il faut cesser d'y faire référence ou, au moins, les considérer avec la plus grande prudence », a écrit le médecin Stephen Goldby dans une lettre adressée à la revue scientifique médicale *The Lancet* en 1971[62].

Les exemples de connaissances médicales à l'origine douteuse sont nombreux. L'augmentation importante du nombre d'écoles de médecine au début du XIXe siècle en Grande-Bretagne est allée de pair avec un besoin massif de cadavres pour les classes d'anatomie. L'approvisionnement légal étant limité, un marché noir s'est mis en place ; de plus en plus de corps ont été dérobés dans les cimetières et vendus à des professeurs[63]. Mais ce sont les expériences menées sur des vivants qui ont le plus choqué. Pendant la Seconde Guerre mondiale, des médecins nazis ont volontairement inoculé des maladies (dont le typhus et le choléra) à des patients d'Auschwitz afin de calculer des données comme la période d'incubation[64]. Après la guerre, la communauté médicale a créé le Code Nuremberg qui définit un ensemble de principes pour apprécier le caractère éthique des études. Malgré cela, les controverses se sont poursuivies. L'essentiel de nos connaissances sur la typhoïde provient d'études qui ont impliqué des prisonniers américains dans les années 1950 et 1960[65]. Et puis, bien sûr, il y a eu Willowbrook, qui a radicalement bouleversé notre connaissance de l'hépatite.

Malgré les récits parfois terribles d'expériences menées sur les humains, les études impliquant des infections délibérées se multiplient[66]. Dans le monde entier, des volontaires s'engagent pour des recherches sur le paludisme, la grippe, la dengue, entre autres. En 2019, des dizaines d'études de ce type étaient en cours. Certains pathogènes sont assurément trop dangereux – comme le virus Ebola – mais, dans certains cas, les bénéfices d'une expérience impliquant une infection peuvent l'emporter sur le faible risque encouru par les participants. Les expériences actuelles ont renforcé leurs principes éthiques, en particulier pour ce qui est des informations fournies aux participants, et du recueil de leur consentement ; mais il importe toujours de trouver le juste équilibre entre bénéfices et risques. Cette recherche d'équilibre devient également de plus en plus importante dans d'autres aspects de nos vies.

Chapitre 8

Cherchez l'erreur

Grenville Clark s'apprête à débuter sa conférence lorsqu'on lui tend une note[1]. Avocat de formation, Clark a organisé cet évènement pour échanger sur l'avenir des Nations Unies, nouvellement créées, et sur leur impact sur la paix dans le monde. Un participant de dernière minute souhaite se joindre à la soixantaine déjà rassemblée à l'université de Princeton. La note que tient Clark est signée de la main d'Albert Einstein, basé à l'Institute for Advanced Studies voisin.

Nous sommes en janvier 1946, et, parmi la communauté des physiciens, nombreux sont ceux que hante le souvenir de leur rôle dans les bombardements récents d'Hiroshima et de Nagasaki[2]. Bien que pacifiste de longue date – et opposant aux bombardements – la lettre adressée par Einstein au président Roosevelt en 1939, le mettant en garde contre le risque d'une bombe atomique nazie, avait déclenché le programme nucléaire américain[3]. Au cours de la conférence de Princeton, un participant interroge Einstein sur l'incapacité de l'humanité à gérer les nouvelles technologies[4]. Comment se faisait-il, alors que nous étions parvenus à découvrir la structure d'un atome, que nous n'ayons pas su élaborer des moyens politiques pour empêcher que l'atome ne nous détruise ? « Mon ami », répond Einstein, « c'est simple. C'est parce que la politique est plus complexe que la physique. »

La physique nucléaire est l'un des exemples les plus probants de la *technologie à double usage*[5]. Les avancées scientifiques et sociales des recherches sont allées de pair avec des usages extrêmement néfastes.

Dans les précédents chapitres, nous avons vu plusieurs exemples d'utilisations tant positives que négatives des technologies. Les réseaux sociaux peuvent nous permettre de garder le contact avec de vieux amis et de découvrir de nouvelles idées, utiles ; ils peuvent pourtant aussi permettre la propagation de mésinformations et autres contenus dangereux. En analysant des épidémies de criminalité nous pouvons identifier des personnes à risque et permettre l'interruption de la transmission ; nous pouvons également alimenter des algorithmes policiers biaisés, susceptibles de cibler de façon disproportionnée des groupes minoritaires. Les données GPS à grande échelle nous donnent des clés pour réagir efficacement face à des catastrophes, pour améliorer les systèmes de transport et comprendre comment de nouvelles maladies peuvent se propager[6], mais elles ouvrent également la voie à des risques de fuites discrètes d'informations personnelles, mettant en danger notre vie privée et, même, notre sécurité.

En mars 2018, le journal *The Observer* a révélé que Cambridge Analytica avait secrètement recueilli les données de dizaines de millions d'utilisateurs de Facebook, dans l'objectif de dresser les profils psychologiques d'électeurs américains et britanniques[7]. Quoique la pertinence de ces profils ait été contestée par les statisticiens[8], ce scandale a mis à mal la confiance du grand public envers les sociétés du secteur technologique. Pour l'ingénieur logiciel – et ex-physicien – Yonatan Zunger, se jouait là une version moderne des débats éthiques déjà menés dans des domaines tels que la physique nucléaire ou la médecine[9]. « Le monde de l'informatique, à la différence des autres sciences, n'a pas encore été confronté aux conséquences véritablement négatives du travail qu'effectuent ses professionnels », a-t-il alors écrit. N'oublions pas, quand une nouvelle technologie apparaît, les leçons déjà parfois durement apprises par les chercheurs d'autres secteurs.

Lorsque le terme *big data* est devenu à la mode au début du XXIe siècle, ses multiples utilisations potentielles ont suscité l'optimisme. On espérait que les données collectées dans un but donné puissent être utilisées dans d'autres domaines. Google Flu Trends (GFT) en a été une bonne illustration[10]. En analysant les tendances sur les requêtes saisies par des millions d'utilisateurs, les chercheurs pensaient possible d'évaluer l'activité grippale en temps réel, plutôt que de devoir attendre une ou deux semaines les publications officielles des chiffres de la maladie[11]. La première version de GFT a été annoncée début 2009, avec des résultats prometteurs. Les critiques n'ont cependant pas tardé à fuser.

Le projet s'est principalement heurté à trois limites. D'abord, les prévisions ne fonctionnaient pas toujours très bien. Entre 2003 et 2008, GFT avait corroboré les pics de la grippe hivernale saisonnière, mais quand la pandémie a décollé de manière inattendue au printemps 2009, GFT l'a largement sous-estimée[12]. Pour reprendre les termes d'un groupe d'universitaires, « la première version de GFT était à la frontière entre un détecteur de grippe et un détecteur d'hiver[13]. »

Ensuite, nous avions peu de visibilité sur la manière dont étaient faites les prévisions. Au fond, GFT ressemblait à une machine impénétrable : les données des requêtes entraient par un côté et les prévisions ressortaient par un autre. Google ne mettait à disposition de la communauté des chercheurs ni les données brutes ni la méthode employée : il était donc impossible de décomposer les analyses et de comprendre pourquoi l'algorithme tombait juste dans certains cas mais pas dans d'autres.

Enfin, le dernier – et sans doute le plus gros – problème de GFT, était son manque d'ambition. Chaque hiver, nous sommes confrontés à des épidémies de grippe car le virus évolue et diminue l'efficacité des vaccins connus. De même, l'inquiétude principale des gouvernements face à une future pandémie de grippe est de ne pas disposer d'un vaccin efficace pour lutter contre la nouvelle souche. En cas de pandémie, il faut compter six mois pour développer un vaccin[14], ce qui laisse le temps au virus de largement se propager. Pour prévoir la courbe des épidémies de grippe, il nous faut mieux comprendre la façon dont les virus évoluent, dont les personnes interagissent et dont les populations construisent leur immunité[15]. Face à l'ampleur de ce défi, GFT se contentait de chercher à précéder d'environ une semaine les habituels rapports d'activité grippale. En termes d'analyse de données, l'idée était intéressante, mais en matière de gestion des épidémies elle n'avait rien de révolutionnaire. Les chercheurs ou les sociétés tombent souvent dans ce piège lorsqu'elles parlent d'utiliser de grands jeux de données pour des aspects plus larges de nos vies. On a tendance à penser que, parce que le nombre de données est si conséquent, on doit pouvoir y trouver la réponse à d'autres questions importantes. Dans la pratique, cela revient à chercher un problème à une solution.

Fin 2016, l'épidémiologiste Caroline Buckee a pitché son travail à des acteurs de la Silicon Valley pour une levée de fonds dans le domaine de la tech. Buckee a l'habitude de mettre la technologie au service de l'étude des épidémies : au cours des dernières années, elle a travaillé sur plusieurs études qui utilisaient les données GPS pour investiguer la transmission du paludisme. Mais elle est aussi bien consciente des limites de cette technologie. Au cours de cet évènement, elle a été frappée par l'état d'esprit ambiant comme quoi il aurait suffi d'argent et de développeurs pour qu'une poignée de sociétés résolvent l'ensemble des problèmes sanitaires mondiaux. « Dans un monde où les magnats de la technologie deviennent les principaux financeurs de la recherche, nous ne devons pas nous laisser séduire par l'idée que de jeunes diplômés férus d'informatique puissent résoudre à eux seuls les problèmes de santé publique, assis derrière leurs ordinateurs »[16], s'est-elle exclamée par la suite.

Beaucoup d'approches technologiques ne sont ni réalisables ni durables. Buckee cite de nombreuses tentatives échouées d'études pilotées par la technologie ou d'applications qui espéraient venir *disrupter* les méthodes traditionnelles. Il faut aussi apprécier l'impact réel des mesures de santé, plutôt que d'imaginer que les bonnes idées vont tomber du ciel comme des start-up à succès. Comme le dit Caroline Buckee, « se préparer à lutter contre une pandémie nécessite un engagement de long terme, avec des questions complexes et des dimensions multiples – pas de la disruption. »

La technologie peut tout de même jouer un rôle important dans l'analyse épidémique moderne. Les chercheurs ont l'habitude d'utiliser des modèles mathématiques pour faciliter la conception de mesures de contrôle, des smartphones pour collecter des données sur des patients, et des séquences d'agents pathogènes pour suivre la propagation d'une infection[17]. Les principales difficultés sont cependant souvent d'ordre pratique plus qu'informatique. Être capable de rassembler et d'analyser des données est une chose, repérer une épidémie et avoir les moyens d'agir en est une autre. En 2014, lors de la première grande épidémie du virus Ebola, la transmission s'est concentrée sur le Sierra Leone, le Liberia et la Guinée, trois pays parmi les plus pauvres au monde. Une deuxième grande épidémie a débuté en 2018, lorsque le virus a touché une zone de conflit dans la partie nord-est de la République démocratique du Congo ; en juillet 2019, avec déjà deux mille cinq cents cas – et d'autres à venir – l'OMS a déclaré l'urgence de santé publique d'importance internationale (USPPI)[18]. Même dans la terminologie scientifique employée, le déséquilibre mondial entre les capacités sanitaires est sensible : c'est au Mexique qu'est apparue la pandémie grippale de 2009 mais sa désignation officielle est *A/California/7/2009(H1N1)* car c'est un laboratoire de Californie qui a, le premier, identifié ce nouveau virus[19].

Face à ces défis logistiques, la recherche peut avoir du mal à suivre le rythme des nouvelles épidémies. En 2015 et 2016, le virus Zika s'est largement propagé, poussant les chercheurs à planifier des études cliniques et des essais de vaccins à grande échelle[20]. Mais, alors que la plupart de ces études s'apprêtaient à démarrer, il n'y eut plus de cas. C'est une situation frustrante et fréquente dans l'étude des épidémies : quand les infections cessent, les questions fondamentales sur la contagion n'ont pas toujours trouvé de réponse. Voilà pourquoi il est essentiel de renforcer les capacités de recherche à long terme. Notre équipe de recherche a réussi à générer beaucoup de données sur l'épidémie du virus Zika aux Îles Fidji, mais cela n'a été possible que parce que nous nous trouvions sur place pour nos investigations sur la dengue. De même, certaines des meilleures données sur le virus Zika sont venues d'une étude au long cours sur la dengue au Nicaragua menée par Eva Harris de l'université de Californie, Berkeley[21].

Dans d'autres secteurs aussi, les chercheurs ont du retard sur les épidémies. Beaucoup d'études sur le phénomène de mésinformation des élections présidentielles américaines de 2016 n'ont été publiées qu'en 2018 ou 2019. Certains projets de recherche sur les ingérences dans les élections ont même eu du mal à décoller, alors que d'autres sont désormais impossibles à mener car les sociétés de réseaux sociaux ont – volontairement ou non – supprimé les données indispensables[22].

Parallèlement, des sources de données fragmentées et non fiables viennent ralentir les recherches sur les crises financières, la violence armée et la consommation des opioïdes[23].

L'obtention des données n'est cependant qu'une facette du problème. Même la meilleure collecte de données sur une épidémie contiendra des anomalies et des exceptions susceptibles de perturber l'analyse. Au cours de son travail sur le suivi des radiations et des cancers, Alice Stewart a remarqué que les épidémiologistes ont rarement le luxe de disposer d'un jeu de données parfait : « on ne cherche pas un problème dans un environnement immaculé mais dans un contexte très désordonné[24]. » Cette difficulté est propre à de nombreux domaines, qu'il s'agisse d'évaluer la propagation de l'obésité à partir de données sur des relations amicales, de faire émerger des tendances dans une épidémie de consommation d'opioïdes ou de suivre l'impact d'informations sur différents réseaux sociaux. Nos vies sont désordonnées et compliquées, les jeux de données qui en résultent le sont donc aussi.

Pour mieux appréhender la contagion, nous devons prendre en compte sa nature dynamique. Il faut adapter nos études en fonction des différentes épidémies, aller vite pour que nos résultats soient aussi utiles que possible, et trouver de nouvelles manières d'agencer ensemble différents types d'informations. Par exemple, pour investiguer les épidémies fugaces, les chercheurs combinent désormais des données issues de cas de malades, du comportement humain, de l'immunité des populations et de l'évolution des agents pathogènes. Pris séparément, chaque jeu de données a ses propres failles mais, une fois réunis, ils peuvent donner à voir une image plus complète de la contagion. Pour décrire ces méthodes, Caroline Buckee cite Virginia Woolf : « la vérité ne peut être atteinte qu'en rassemblant une grande variété d'erreurs »[25].

En plus d'améliorer nos méthodes, nous devrions aussi nous concentrer sur les questions qui comptent vraiment. Prenez la contagion sociale. Au vu de la quantité de données désormais disponibles, pourquoi ne comprenons-nous pas mieux la manière dont les idées se propagent ? Notamment parce que ce qui nous intéresse ne correspond pas nécessairement aux priorités des sociétés du secteur technologique. Leur objectif final est que l'interaction des utilisateurs avec leurs produits génère des revenus publicitaires. Cela se reflète dans notre approche de la contagion en ligne. Nous avons tendance à nous concentrer sur les indicateurs conçus par les réseaux sociaux eux-mêmes (*Comment puis-je obtenir plus de likes ? Comment faire pour que cette publication devienne virale ?*) plutôt que sur des résultats qui contribueront vraiment à améliorer notre état de santé, notre bonheur ou notre réussite.

Si nous ciblons les bonnes questions, les outils informatiques modernes peuvent nous permettre d'accéder à une vision sans précédent des comportements sociaux. L'ironie, bien sûr, tient au fait que les questions qui nous intéressent le plus sont aussi les plus susceptibles de faire naître des controverses. Souvenez-vous de l'étude sur la contagion des émotions sur Facebook, où les chercheurs avaient modifié des fils d'actualité pour y faire apparaître des publications plus joyeuses ou plus tristes. En dépit des critiques sur la manière dont cette recherche a été conçue et menée, cette équipe a posé une question importante : comment le contenu que nous voyons sur les réseaux sociaux impacte-t-il notre état émotionnel ?

Par définition, les émotions et la personnalité sont des sujets émotifs et personnels. En 2013, le psychologue Michal Kosinski et ses collègues ont publié une étude suggérant qu'il était possible de prédire les traits de personnalité d'une personne – comme l'extraversion et l'intelligence – à partir des pages Facebook qu'elle aimait[26]. Plus tard, Cambridge Analytica allait se servir d'une idée similaire pour établir des profils d'électeurs, déclenchant une vague de critiques[27]. En publiant pour la première fois leur étude, Kosinski et son équipe avaient bien conscience du risque qu'elle puisse être récupérée à des fins compromettantes. Ils avaient même, dans l'article d'origine, anticipé un probable retour de flammes pour les sociétés de technologie. Les chercheurs avaient émis l'hypothèse selon laquelle, au fur et à mesure de la prise de conscience de ce qui pouvait être extrait de nos données, certaines personnes se détourneraient totalement des technologies digitales.

Si les utilisateurs sont mal à l'aise avec l'utilisation de leurs données, deux possibilités s'offrent aux chercheurs et aux sociétés. La première consiste tout simplement à ne pas en parler. Face aux préoccupations sur la protection de nos vies privées, beaucoup de sociétés de tech ont minimisé l'importance de la collecte et de l'analyse des données, de peur d'être l'objet de mauvaise presse et de protestations de leurs utilisateurs. Pendant ce temps, les courtiers en données (dont la plupart d'entre nous n'avons jamais entendu parler) gagnent de l'argent en vendant des données (dont nous ignorions qu'elles étaient en leur possession) à des chercheurs externes (dont nous ignorions qu'ils les analysaient). Dans cette situation, l'hypothèse de départ semble avoir été la suivante : si vous dites aux gens ce que vous allez faire de leurs données, ils ne seront pas d'accord. De nouvelles lois sur la protection de la vie privée comme le règlement général sur la protection des données (RGPD) en Europe ou le Consumer Privacy Act en Californie compliquent certaines de ces activités. Mais si les équipes de recherche continuent à ne faire qu'effleurer la notion éthique de leurs analyses, d'autres scandales éclateront et la perte de confiance grandira. Les utilisateurs seront de plus en plus réticents à partager leurs données, même pour des études qui en valent la peine, et les chercheurs seront rebutés par les efforts à déployer et par les controverses suscitées par ces analyses[28]. Alors, notre compréhension du comportement et les bénéfices sociaux et sanitaires qui peuvent en découler stagneront.

L'autre option consiste à privilégier la transparence. Plutôt que d'analyser la vie des gens à leur insu, laissons-les décider par eux-mêmes. Impliquons-les dans les débats, pensons en termes d'autorisation plutôt qu'en termes de pardon. Si les bénéfices sociaux sont dans notre ligne de mire, alors, faisons de la recherche un effort social. À l'annonce du projet Care.data par le NHS en 2013, nous avions bon espoir qu'un meilleur partage des données puisse aboutir à de meilleures recherches en santé. Trois ans plus tard, le projet était annulé après que le grand public et les médecins aient perdu toute confiance dans l'utilisation des données. En théorie, l'apport de Care.data aurait pu être immense, mais les patients semblaient ne pas être au courant du projet, ou il ne leur inspirait pas confiance[29].

Refuserions-nous les recherches exploitant de façon intensive nos données si nous savions ce qu'elles impliquent véritablement ? Pas nécessairement, d'après mon expérience. Au cours de la dernière décennie, j'ai mené avec mes collaborateurs plusieurs projets de « science citoyenne » grand public mêlant recherches sur la contagion et discussions plus larges sur les épidémies, les données et l'éthique. Nous avons étudié les réseaux d'interactions, l'évolution des comportements sociaux et les impacts en termes de tendances d'infections[30]. Notre projet le plus ambitieux a été une collecte massive de données en collaboration avec la BBC en 2017-2018[31]. Nous avons demandé aux auditeurs de télécharger une application sur leur téléphone qui suivrait leurs déplacements à un kilomètre près au cours d'une journée. Nous leur avons également demandé de compter le nombre de leurs interactions sociales. Une fois l'étude achevée, ce jeu de données contribuerait à la constitution d'une ressource accessible gratuitement aux chercheurs. À notre grande surprise, des dizaines de milliers de personnes se sont portées volontaires, et ce, sans rien attendre en retour. Je ne parle ici que d'une seule étude, bien sûr, mais cela prouve que l'analyse de données à grande échelle est toujours possible de façon transparente et bénéfique d'un point de vue social.

En mars 2018, la BBC a diffusé le programme *Contagion !* qui présentait le premier jeu de données que nous avions rassemblé. D'autres articles sur la collecte de données à grande échelle ont été publiés cette semaine-là : quelques jours plus tôt, le scandale Cambridge Analytica avait éclaté. Alors que nous avions demandé aux participants de partager leurs données sur la base du volontariat afin d'aider les chercheurs à mieux comprendre les épidémies de maladies, Cambridge Analytica avait apparemment collecté de grandes quantités de données sur Facebook – à l'insu des internautes – pour aider les politiciens à influencer leurs électeurs[32]. Nous avions là deux études comportementales, deux immenses jeux de données et deux résultats très différents. Ce contraste n'a pas échappé à quelques commentateurs, dont le journaliste Hugo Rifkind. Dans sa chronique télé pour le *Times*, on a pu lire : « Alors que cette semaine nous nous sommes tous accordés pour dire que la surveillance des données et d'Internet – *bruits de sifflets et huées* – corrompt la société, *Contagion !* nous a heureusement rappelé qu'elle peut aussi, en quelque sorte, contribuer à la sauver[33]. »

Près de deux ans plus tard, le 29 février 2020, un premier rapport paraissait au sujet d'une transmission locale de COVID-19 au Royaume-Uni, dans la ville de Haslemere, dans le Surrey[34]. Il se trouve que c'était justement la ville que nous avions choisie comme point de départ d'une simulation de pandémie fictive dans le cadre du programme *Contagion!*. Nous savions donc à quoi nous attendre : en cas de transmission à Haslemere, les épidémies décolleraient probablement à Londres une ou deux semaines plus tard. En effet, dix jours après, nous apprenions qu'un membre du Parlement avait été infecté, signe avant-coureur de cette épidémie qui grossissait rapidement. Au cours des mois suivants, mes collègues et moi-même avons utilisé les jeux de données de la BBC pour étudier plusieurs aspects de la transmission au Royaume-Uni, de l'efficacité potentielle des nouvelles stratégies de recherche de contacts à l'évolution du comportement social d'un pays en quarantaine[35].

Bien qu'il soit important de savoir comment les gens interagissent si nous voulons stopper une épidémie, l'ombre de Cambridge Analytica planerait sur les discussions au sujet des données et du respect de la vie privée tout au long de la lutte contre la COVID-19. Cela influencerait notre degré d'acceptation des différentes formes de surveillance – des applications de recherche de contacts à l'obligation de laisser ses coordonnées dans les bars ou restaurants. Pendant ce temps, les techniques de manipulation en ligne, affinées dans les années 2010 avec des contenus politiques et des campagnes anti-vaccination, trouveraient naturellement leur place dans le diagramme de Venn d'une pandémie hautement polarisée. Partout dans le monde, les réponses seraient façonnées – et souvent étouffées – par la mésinformation et la désinformation qui se propagent en même temps que virus lui-même. Il semblerait que la politique soit, elle aussi, plus complexe que l'épidémiologie.

Le temps que vous lisiez ce livre, environ trois cents personnes seront décédées du paludisme. Il y aura eu un peu plus de cinq cents morts du VIH et environ quatre-vingts de la rougeole, pour la plupart, des enfants. La mélioïdose, une infection bactérienne dont vous n'avez peut-être jamais entendu parler, aura fait plus de soixante victimes[36].

Les maladies infectieuses continuent à faire des ravages à travers le monde. En plus des menaces identifiées, nous sommes constamment menacés par le risque d'une nouvelle pandémie – comme la COVID-19 – et par l'émergence croissante d'infections résistantes aux traitements. Cependant, en même temps que notre connaissance de la contagion a progressé, les maladies infectieuses ont globalement diminué. Leur taux de mortalité à l'échelle mondiale a été divisé par deux au cours des vingt dernières années[37].

Alors que les maladies infectieuses reculent, d'autres menaces attirent notre attention, dont beaucoup peuvent aussi être contagieuses. En 1950, la première cause de mortalité pour un homme britannique d'une trentaine d'années était la tuberculose. Depuis les années 1980, c'est le suicide[38]. Ces dernières années, pour les jeunes adultes de Chicago, ce sont les homicides[39]. Sans oublier les conséquences sociales plus larges de la contagion. Quand j'ai analysé le phénomène de *neknomination* en 2014, le phénomène de la transmission sur Internet apparaissait comme une question marginale, presque un objet de curiosité. Trois ans plus tard, il était au centre des débats, on s'inquiétait de la propagation des fausses informations – et du rôle des réseaux sociaux – et de multiples enquêtes gouvernementales étaient lancées[40].

Au fur et à mesure que nous prenons conscience de la contagion, beaucoup d'idées jusqu'alors cantonnées à l'étude des maladies infectieuses trouvent désormais place dans d'autres types d'épidémies. Après la crise financière de 2008, les banques centrales se sont emparées de l'idée selon laquelle la structure d'un réseau pouvait amplifier un phénomène de contagion, une théorie avancée par des chercheurs en IST dans les années 1980 et 1990. Les récents efforts pour traiter la violence comme une infection – plutôt que simplement comme le fait de *mauvaises personnes* – font écho au rejet de l'idée que des maladies étaient dues au *mauvais air* dans les années 1880-1890. Des concepts comme le taux de reproduction aident les chercheurs à quantifier la propagation des innovations et des contenus en ligne, en même temps que les méthodes utilisées pour étudier les séquences d'agents pathogènes mettent à jour la transmission et l'évolution des cultures. Ce faisant, nous trouvons de nouvelles manières d'accélérer les idées bénéfiques et de ralentir celles qui sont dangereuses. Comme l'espérait Ronald Ross en 1916, une *théorie contemporaine des événements* contribue désormais à nos analyses, des maladies et des comportements sociaux à la politique et à l'économie.

Bien souvent, il a fallu mettre à mal les croyances populaires sur les épidémies. Comme celle de devoir supprimer tous les moustiques pour contrôler le paludisme ou vacciner toute une population pour éviter les épidémies. Ou encore l'idée selon laquelle les systèmes bancaires sont naturellement stables et que les contenus en ligne sont hautement contagieux. Il a aussi fallu aller chercher de nouvelles explications : pourquoi voyait-on apparaître des cas de syndrome de Guillain-Barré sur les îles du Pacifique ? pourquoi les virus informatiques survivent-ils si longtemps ? pourquoi la plupart des idées ont-elles du mal à se propager aussi facilement que les maladies ?

En analyse épidémique, les moments les plus importants ne sont pas ceux où nous avons raison. Ce sont ceux où nous comprenons que nous nous sommes trompés. Quand quelque chose ne sonne pas juste : une tendance qui retient notre attention, une exception qui vient contredire ce que nous prenions pour une règle. Que nous cherchions à lancer une innovation ou à faire décliner une infection, voilà les moments à atteindre au plus vite. Ces moments qui nous permettent de démêler les chaînes de transmission, à la recherche des maillons faibles, des liens manquants et inhabituels. Ces moments qui nous permettent de nous retourner, de comprendre comment se sont vraiment passées les épidémies. Puis de regarder loin devant nous, pour changer la manière dont elles se produiront à l'avenir.

Lectures complémentaires

Pour approfondir les sujets traités dans cet ouvrage, vous trouverez ci-dessous des suggestions additionnelles d'articles, de publications et de livres. Pour toute reproduction, les données et codes pour générer les données chiffrées sont disponibles ici : https://github.com/adamkucharski/rules-of-contagion/

Chapitre 1

Une série de trois publications de Paul Fine propose des informations complémentaires sur la théorie de la modélisation mécaniste et des concepts qui en découlent, comme l'immunité collective : « Ross's A Priori Pathometry – A Perspective » (*Proceedings of the Royal Society of Medicine*, 1975) ; « John Brownlee and the measurement of infectiousness: an historical study in epidemic theory » (*Journal of the Royal Statistical Society* : Series A, 1979) ; « Herd Immunity: History, Theory, Practice » (*Epidemiological Reviews*, 1993). Pour une description plus technique de l'analyse de Ross et de son héritage, voir la publication de David Smith et de ses collègues « Ross, Macdonald, and a Theory for the Dynamics and Control of Mosquito-Transmitted Pathogens » (*PLOS Pathogens*, 2012).

Chapitre 2

L'article de Donald MacKenzie et Taylor Spears « "The Formula That Killed Wall Street"?: The Gaussian Copula and the Material Cultures of Modelling » (*Social Studies of Science*, 2012) offre une approche utile des modélisations sous-jacentes aux CDO par l'histoire orale.

Liar's Poker: Rising Through the Wreckage on Wall Street (W. W. Norton & Company, 1989) et *The Big Short: Inside the Doomsday Machine* (W. W. Norton & Company, 2010) de Michael Lewis, expliquent les débuts du marché des prêts hypothécaires et le chaos qui allait en découler.

When Genius Failed: The Rise and Fall of Long-Term Capital Management de Roger Lowenstein (Random House, 2000) traite de la chute de ce fonds d'investissement.

Seeking the Positives: A Life Spent on the Cutting Edge of Public Health de John Potterat (CreateSpace, 2015) donne des précisions sur le travail qu'il a mené quant à l'impact des réseaux sociaux sur les épidémies de gonorrhée et autres MST.

Pour une vision d'ensemble technique de la modélisation des maladies, *Modelling Infectious Diseases in Humans and Animals* (Princeton University Press, 2007) de Matt Keeling et Pej Rohani est à mes yeux un manuel indispensable.

Le discours d'Andy Haldane « Rethinking the Financial Network » (retranscription de la *Bank of England*, 2009) est arrivé à point nommé pour réfléchir aux liens entre écologie, épidémiologie et marchés financiers. Plus tard, sa publication avec Robert May, « Systemic risk in banking ecosystems » (*Nature*, 2011), il a poussé plus loin ces concepts, y ajoutant des détails techniques.

Chapitre 3

Connected: The Amazing Power of Social Networks and How They Shape Our Lives de Nicholas Christakis et James Fowler (HarperPress, 2011) décrit la recherche sur les dynamiques des réseaux sociaux, notamment leurs études sur la propagation de l'obésité et d'autres caractéristiques. Leur publication ultérieure « Social contagion theory: examining dynamic social networks and human behavior » (*Statistics in Medicine*, 2013) traite des critiques formulées à l'encontre de leurs recherches et des difficultés techniques inhérentes à l'évaluation de la contagion sociale.

Le livre de Damon Centola *How Behavior Spreads: The Science of Complex Contagions* (Princeton University Press, 2018) présente son travail sur la contagion complexe, ainsi que d'autres points de vue issus d'études comportementales à grande échelle.

Randomized experiments to detect and estimate social influence in networks de Sean Taylor et Dean Eckles (Complex Spreading Phenomena in Social Systems, 2018) est une étude technique utile des méthodes d'étude de la contagion sociale.

D'autres perspectives issues des études NATSAL sont disponibles dans le livre de David Spiegelhalter *Sex by Numbers: What Statistics Can Tell Us About Sexual Behaviour* (Wellcome Collection, 2015).

« Culture and cultural evolution in birds: a review of the evidence de Lucy Aplin » (*Animal Behaviour*, 2019) offre une vision globale des développements culturels chez les animaux, avec un focus sur les oiseaux.

Chapitrc 4

Pour plus d'échanges et d'études de cas sur la propagation de la violence, dont les contributions de Carl Bell, Gary Slutkin et Charlotte Watts, voir les publications parues dans « Contagion of Violence: Workshop Summary », dans le cadre du Forum on Global Violence Prevention (*The National Academies Collection*, 2013).

« Smallpox: The Death of a Disease – The Inside Story of Eradicating a Worldwide Killer » de D.A. Henderson (*Prometheus*, 2009) expose la manière dont le traçage des contacts et la vaccination dite « en anneau » ont été déployés pour éradiquer la variole.

La publication de Neil Ferguson et de ses collègues « Planning for smallpox outbreaks » (*Nature*, 2003) traite des modélisations de la variole et d'autres infections à caractère urgent, ainsi que de leurs limites.

« Avoidable error in the modelling of outbreaks of emerging pathogens, with special reference to Ebola » de Aaron King et ses collègues (*Proceedings of the Royal Society B*, 2015) fournit une description technique de certains écueils potentiels propres à la prévision des épidémies de maladies infectieuses.

Weapons of Math Destruction: How Big Data Increases Inequality and Threatens Democracy de Cathy O'Neil (Penguin, 2016) met en lumière les préjudices et biais inhérents à de nombreux algorithmes très utilisés, notamment par la police.

Hello World: How to be Human in the Age of the Machine de Hannah Fry (Penguin, 2019) approfondit les rôles – et risques – des algorithmes dans nos vies.

Chapitre 5

Le livre de Duncan Watts *Everything is Obvious: Why Common Sense is Nonsense* (Atlantic Books, 2011) propose des visions pertinentes quant aux difficultés liées à la compréhension et à la prévision des comportements sociaux en ligne. Sa publication ultérieure avec « Jake Hofman et Amit Sharma, Prediction and explanation in social systems » (*Science*, 2017) approfondit les aspects techniques de cette recherche.

La publication de Justin Cheng et de ses collègues « Do Diffusion Protocols Govern Cascade Growth? » (*AAAI*, 2018) est une décomposition des composants du taux de reproduction des contenus en ligne par le prisme des données.

Les archives de Facebook Research (https://research.fb.com/publications) contiennent une variété d'autres articles qui s'intéressent à la propagation des comportements et contenus en ligne.

Le rapport de Whitney Phillips « The Oxygen of Amplification: Better Practices for Reporting on Extremists » (*Data & Society*, 2018) est un résumé pertinent des tentatives de manipulations médiatiques et des moyens possibles pour en venir à bout.

Zucked: Waking Up to the Facebook Catastrophe (HarperCollins, 2019) de Roger McNamee traite des inconvénients des réseaux sociaux, notamment en s'attardant sur les travaux de Tristan Harris et Renée DiResta. « Protecting elections from social media manipulation » de Sinan Aral et Dean Eckles (*Science*, 2019) propose des manières de mesurer de façon rigoureuse la manipulation en ligne et les implications possibles pour des élections.

Chapitre 6

Pour en savoir plus sur les origines et les suites de l'attaque Mirai, voir les deux articles de Garrett Graff pour le magazine *Wired* : « How a Dorm Room Minecraft Scam Brought Down the Internet » (2017) et « The Mirai Botnet Architects Are Now Fighting Crime With the FBI » (2018).

Des publications essentielles telles que « Computer Viruses – Theory and Experiments » de Fred Cohen (1984) et « How to 0wn the Internet in Your Spare Time » de Stuart Staniford et ses collègues (Comptes rendus du onzième USENIX Security Symposium, 2002) apportent des précisions plus techniques sur l'histoire des virus et des vers.

Linked: The New Science of Networks d'Albert-László Barabási (Perseus, 2002) raconte l'histoire de la théorie des réseaux, et notamment la manière dont ces derniers impactent les épidémies de malwares.

Chapitre 7

« Towards a genomics-informed, real-time, global pathogen surveillance system » de Jennifer Gardy et Nick Loman (*Nature Reviews Genetics*, 2018) s'intéresse à la manière dont les outils de séquençage peuvent permettre de diagnostiquer et d'analyser les maladies. « Outbreak analytics: a developing data science for informing the response to emerging pathogens » (*Philosophical Transactions of the Royal Society B*, 2019) se penche sur les usages de la science des données pendant les épidémies, ainsi que sur les possibilités d'améliorations.

Les deux articles d'origine d'Anthony Tockar sur le blog *Neustar*, « Differential Privacy: The Basics et Riding with the Stars: Passenger Privacy in the NYC Taxicab Dataset », permettent d'entrer dans le détail de l'analyse des taxis de New York et de ses implications (disponibles sur : https://research.neustar.biz).

Bit By Bit: Social Research in the Digital Age de Matthew Salganik (Princeton University Press, 2018) propose un tour d'horizon des questions éthiques et logiques en jeu dans la recherche actuelle sur les comportements sociaux.

Chapitre 8

Le livre de David Sumpter *Outnumbered: From Facebook and Google to Fake News and Filter-bubbles* (Bloomsbury, 2018) évalue la probabilité statistique des affirmations avancées au sujet des algorithmes en ligne, avec un focus particulier sur le scandale Cambridge Analytica.

Getting to Zero: A Doctor and a Diplomat on the Ebola Frontline de Sinead Walsh et Oliver Johnson (Zed Books, 2018) est un récit sur les coûts politiques, logistiques et humains de la réponse apportée à l'épidémie du virus Ebola en Afrique occidentale.

Notes

Prologue

1. OMS, « Coronavirus disease 2019 (COVID-19) Situation Report –24 », 13 février 2020.

2. Kucharski A. J. *et al.*, « Early dynamics of transmission and control of COVID-19: a mathematical modelling study », *Lancet Inf Dis*, 2020.

3. Gale J., « Coronavirus May Infect Up to 500,000 in Wuhan Before It Peaks », *Bloomberg*, 8 février 2020.

4. Cyranoski D., « When will the coronavirus outbreak peak? », *Nature*, 18 février 2020.

5. The Novel Coronavirus Pneumonia Emergency Response Epidemiology Team. « The Epidemiological Characteristics of an Outbreak of 2019 Novel Coronavirus Diseases (COVID-19) – China, 2020 », *China CDC Weekly*, 2020.

6. Russell T. W. *et al.*, « Estimating the infection and case fatality ratio for COVID-19 using age-adjusted data from the outbreak on the Diamond Princess cruise ship », *MedRxiv*, 9 mars 2020. (Puis publié par Eurosurveillance.)

7. Linde P., « Uncontrolled spread of coronavirus in Spain forces a change of scenario », *El Pais*, 10 mars 2020.

8. Hayes A, Nair A., « Coronavirus: Sixth person dies in UK as confirmed cases rise to 382 », *Sky News*, 10 mars 2020; Jit M et al.

« Estimating number of cases and spread of coronavirus disease (COVID-19) using critical care admissions, United Kingdom, February to March 2020 », *Eurosurveillance*, 2020.

9. Leclerc Q. *et al.*, « What settings have been linked to SARS-CoV-2 transmission clusters? », *Wellcome Open Research*, 2020.

10. Kucharski A. J. *et al.*, « Early dynamics of transmission and control of COVID-19: a mathematical modelling study », *Lancet Inf Dis*, 2020.

11. Lancet Global Health Lab, 17 mars 2020. Disponible sur : https://www.lshtm.ac.uk/newsevents/events/virtual-event-what-bestway-stop-pandemic.

12. Glenny M., « Coronavirus is boomtime for computer hackers: how to keep your tech secure when working from home », *Sunday Times*, 24 mai 2020.

13. Éléments de contexte sur la pandémie de 1918 : Barry J.M., « The site of origin of the 1918 influenza pandemic and its public health implications », *Journal of Translational Medicine*, 2004 ; Johnson N.P.A.S. et Mueller J., « Updating the Accounts: Global Mortality of the 1918–1920 "Spanish" Influenza Pandemic », *Bulletin of the History of Medicine*, 2002 ; « World War One casualty and death tables », *PBS*, octobre 2016. https://www.uwosh.edu/faculty_staff/henson/188/WWI_Casualties%20and%20Deaths%20%20PBS.html. Remarque : plusieurs théories alternatives ont récemment vu le jour quant à l'origine de la pandémie de 1918, certaines défendant la thèse selon laquelle l'introduction est bien antérieure. Branswell H., « A shot-in-the-dark email leads to a century-old family treasure – and hope of cracking a deadly flu's secret », *STAT News*, 2018.

14. Exemples de citations dans les médias : Gerstel J., « Paroles d'experts : incertitude garantie sur le H1N1 », *Toronto Star*, 9 octobre 2009 ; Osterholm M.T., « Comprendre la pandémie de H1N1 : que se passe-t-il ? », *Center for Infectious Disease Research and Policy*, 2009.

15. D'autres groupes sont parvenus aux mêmes conclusions. Équipe d'Intervention Rapide de l'OMS contre Ebola, « Ebola Virus Disease in West Africa – The First 9 Months of the Epidemic and Forward Projections », *The New England Journal of Medicine* (*NEJM*), 2014.

16. « Ransomware cyber-attack : Who has been hardest hit ? », *BBC News Online*, 15 mai 2017 ; « What you need to know about the WannaCry Ransomware », *Symantec Blogs*, 23 octobre 2017. Les tentatives d'exploitation sont passées de 2 000 à 80 000 en 7 heures, soit un temps de doublement de : 7/log2(80 000/2 000) = 1,32 heure.

17. Media Metrics #6 : « The Video Revolution. The Progress & Freedom Foundation Blog », 2 mars 2008. http://blog.pff.org/archives/2008/03/print/005037.html. Le taux d'adoption est passé de 2.2 % des foyers en 1981 à 18 % des foyers en 1985, soit un temps de doublement de : 365 × 4/log2(0,18/0,02) = 481 jours.

18. Étymologie : « influenza », *Emerging Infectious Diseases,* 12(1) : 179, 2006.

Chapitre 1 : Une théorie des événements

1. Dumas A., *Le comte de Monte-Cristo* (1844-1846), chapitre 117.

2. Kucharski A.J. *et al.*, « Using paired serology and surveillance data to quantify dengue transmission and control during a large outbreak in Fiji », *eLIFE*, 2018.

3. Pastula D.M. *et al.*, « Investigation of a Guillain-Barré syndrome cluster in the Republic of Fiji », *Journal of the Neurological Sciences*, 2017 ; Musso D. *et al.*, « Rapid spread of emerging Zika virus in the Pacific area », *Clinical Microbiology and Infection*, 2014 ; Sejvar J.J. *et al.*, « Population incidence of Guillain-Barré syndrome: a systematic review and meta-analysis », *Neuroepidemiology*, 2011.

4. Willison H.J. *et al.*, « Guillain-Barré syndrome », *The Lancet*, 2016.

5. Kron J., « In a Remote Ugandan Lab, Encounters With the Zika Virus and Mosquitoes Decades Ago », *New York Times*, 5 avril 2016.

6. Amorim M. et Melo A.N., « Revisiting head circumference of Brazilian newborns in public and private maternity hospitals », *Arquivos de Neuro-Psiquiatria*, 2017.

7. OMS, « Déclaration à l'issue de la première réunion du Comité (2005) (RSI 2005) Comité d'urgence du RSI concernant le virus Zika et la recrudescence de troubles neurologiques et de malformations néonatales », 2016.

8. Rasmussen S.A. *et al.*, « Zika Virus and Birth Defects – Reviewing the Evidence for Causality », *NEJM*, 2016.

9. Rodrigues L.C., « Microcephaly and Zika virus infection », *The Lancet*, 2016.

10. Sauf mention contraire, les éléments contextuels sont tirés de : Ross R., *The Prevention of Malaria* (New York, 1910) ; Ross R., *Memoirs, With a Full Account of the Great Malaria Problem and its Solution* (Londres, 1923).

11. Barnes J., *The Beginnings Of The Cinema In England, 1894–1901*, vol.1, 1894-1896 (University of Exeter Press, 2015).

12. Joy D.A. *et al.*, « Early origin and recent expansion of Plasmodium falciparum », *Science*, 2003.

13. Mason-Bahr P., « The Jubilee of Sir Patrick Manson: A Tribute to his Work on the Malaria Problem », *Postgraduate Medical Journal*, 1938.

14. À K.W.K. et Yuen K-Y., « In memory of Patrick Manson, founding father of tropical medicine and the discovery of vector-borne infections », *Emerging Microbes and Infections*, 2012.

15. Burton R., *First Footsteps in East Africa* (Londres, 1856).

16. Hsu E., « Reflections on the "discovery" of the antimalarial qinghao », *British Journal of Clinical Pharmacololgy*, 2006.

17. Sallares R., *Malaria and Rome: A History of Malaria in Ancient Italy* (Oxford University Press, 2002).

18. Ross a affirmé que les participants avaient été informés des implications et a justifié les risques pris pour mener cette expérience : « Je pense qu'il est tout à fait justifié de mener cette expérience du fait de l'importance immense qu'aurait un résultat positif et parce que j'ai toujours de la quinine à portée de main. », (Ross, 1923). La manière dont les risques étaient expliqués aux participants demeure cependant floue ; la quinine n'est pas aussi efficace que les traitements désormais utilisés pour les études sur le paludisme

(Achan J. *et al.*, « Quinine, an old anti-malarial drug in a modern world: role in the treatment of malaria », *Malaria Journal*, 2011).

19. Bhattacharya S. *et al.*, « Ronald Ross: Known scientist, unknown man », *Science and Culture*, 2010.

20. Chernin E., « Sir Ronald Ross vs. Sir Patrick Manson: A Matter of Libel », *Journal of the History of Medicine and Allied Sciences*, 1988.

21. Manson-Bahr P., *History Of The School Of Tropical Medicine In London, 1899-1949*, (Londres, 1956).

22. Reiter P., « From Shakespeare to Defoe: Malaria in England in the Little Ice Age », *Emerging Infectious Diseases*, 2000.

23. High R., « The Panama Canal – the American Canal Construction », *International Construction*, octobre 2008.

24. Griffing S.M. *et al.*, « A historical perspective on malaria control in Brazil », *Memórias do Instituto Oswaldo Cruz*, 2015.

25. Jorland G. *et al.*, *Body Counts: Medical Quantification in Historical and Sociological Perspectives* (McGill-Queen's University Press, 2005).

26. Fine P.E.M., « John Brownlee and the Measurement of Infectiousness: An Historical Study in Epidemic Theory », *Journal of the Royal Statistical Society*, Series A, 1979.

27. Fine P.E.M., « Ross's a priori Pathometry – a Perspective », *Proceedings of the Royal Society of Medicine*, 1975.

28. Ross R., « The Mathematics of Malaria », *The British Medical Journal*, 1911.

29. Reiter P., « From Shakespeare to Defoe: Malaria in England in the Little Ice Age », *Emerging Infectious Diseases*, 2000.

30. Éléments de contexte sur McKendrick tirés de : Gani J., « Anderson Gray McKendrick », *StatProb: The Encyclopedia Sponsored by Statistics and Probability Societies.*

31. Lettre GB 0809 Ross/106/28/60. Avec l'autorisation de Library & Archives Service, London School of Hygiene & Tropical Medicine. © Ross Family.

32. Lettre GB 0809 Ross/106/28/112. Avec l'autorisation de Library & Archives Service, London School of Hygiene & Tropical Medicine. © Ross Family.

33. Heesterbeek J.A., « A Brief History of R0 and a Recipe for its Calculation, *Acta Biotheoretica*, 2002.

34. Éléments de contexte sur Kermack tirés de : Davidson J.N., « William Ogilvy Kermack », *Biographical Memoirs of Fellows of the Royal Society*, 1971 ; Coutinho S.C., « A lost chapter in the pre-history of algebraic analysis: Whittaker on contact transformations », *Archive for History of Exact Sciences*, 2010.

35. Kermack W.O. et McKendrick A.G., « A Contribution to the Mathematical Theory of Epidemics », *Proceedings of the Royal Society A*, 1927.

36. Fine P.E.M., « Herd Immunity: History, Theory, Practice », *Epidemiologic Reviews*, 1993 ; Farewell V. et Johnson T., « Major Greenwood (1880–1949): a biographical and bibliographical study », *Statistics in Medicine*, 2015.

37. Dudley S.F., « Herds and Individuals », *Public Health*, 1928.

38. Hendrix K.S. *et al.*, « Ethics and Childhood Vaccination Policy in the United States », *American Journal of Public Health*, 2016.

39. Fine P.E.M., « Herd Immunity: History, Theory, Practice », *Epidemiologic Reviews*, 1993.

40. Mallet H-P. *et al.*, « Bilan de l'épidémie à virus Zika survenue en Polynésie française, 2013–14 », *Bulletin d'informations sanitaires, épidémiologiques et statistiques*, 2015.

41. Duffy M.R. *et al.*, « Zika Virus Outbreak on Yap Island, Federated States of Micronesia », *NEJM*, 2009.

42. Cao-Lormeau V.M. *et al.*, « Guillain-Barré Syndrome outbreak associated with Zika virus infection in French Polynesia: a case-control study », *The Lancet*, 2016.

43. Stoddard S.T. *et al.*, « House-to-house human movement drives dengue virus transmission », *PNAS*, 2012.

44. Kucharski A.J. *et al.*, « Transmission Dynamics of Zika Virus in Island Populations: A Modelling Analysis of the 2013–14 French Polynesia Outbreak », *PLOS Neglected Tropical Diseases*, 2016.

45. Faria N.R. *et al.*, « Zika virus in the Americas: Early epidemiological and genetic findings », *Science*, 2016.

46. Andronico A. *et al.*, « Real-Time Assessment of Health-Care Requirements During the Zika Virus Epidemic in Martinique », *American Journal of Epidemiology*, 2017.

47. Rozé B. *et al.*, « Guillain-Barré Syndrome Associated With Zika Virus Infection in Martinique in 2016: A Prospective Study », *Clinical Infectious Diseases*, 2017.

48. Fine P.E.M., « Ross's a priori Pathometry – a Perspective », *Proceedings of the Royal Society of Medicine*, 1975.

49. Ross R., « An Application of the Theory of Probabilities to the Study of a priori Pathometry – Part I », *Proceedings of the Royal Society A*, 1916.

50. Clarke B., « The challenge facing first-time buyers », *Council of Mortgage Lenders*, 2015.

51. Rogers E.M., *Diffusion of Innovations*, Troisème Édition, (New York, 1983).

52. Éléments de contexte tirés de : Bass F. M., « A New Product Growth for Model Consumer Durables », *Management Science*, 1969.

53. Éléments de contexte tirés de : Bass F. M. « A New Product Growth for Model Consumer Durables », *Management Science*, 2004.

54. La modélisation simple de Ross « susceptible-infecté », peut s'écrire ainsi : dS/dt = -bSI, dI/dt = bSI, où b est le taux d'infection. Le taux de nouvelles infections atteint son pic quand dI/dt s'accroît le plus rapidement, c'est-à-dire que la deuxième dérivée de la fonction dI/dt est égale à zéro. En utilisant la règle de trois, on obtient : I = (3 – sqrt(3))/6 = 0.21.

55. Jackson A.C., « Diabolical effects of rabies encephalitis », *Journal of NeuroVirology*, 2016.

56. Robinson A. *et al.*, « Plasmodium-associated changes in human odor attract mosquitoes », *PNAS*, 2018.

57. Van Kerckhove K. *et al.*, « The Impact of Illness on Social Networks: Implications for Transmission and Control of Influenza », *American Journal of Epidemiology*, 2013.

58. Éléments de contexte sur Hudson tirés de : O'Connor J.J. *et al.*, « Hilda Phoebe Hudson », *JOC/EFR*, 2002 ; Warwick A., *Masters of Theory: Cambridge and the Rise of Mathematical Physics* (University of Chicago Press, 2003).

59. Hudson H., « Simple Proof of Euclid II. 9 and 10 », *Nature*, 1891.

60. Chambers S., « At last, a degree of honour for 900 Cambridge women », *The Independent*, 30 mai 1998.

61. Ross R. et Hudson H., « An Application of the Theory of Probabilities to the Study of a priori Pathometry. Part II and Part III », *Proceedings of the Royal Society A*, 1917.

62. Lettre GB 0809 Ross/161/11/01. Avec l'autorisation de Library & Archives Service, London School of Hygiene & Tropical Medicine. © Ross Family ; Aubin D. *et al.*, « The War of Guns and Mathematics: Mathematical Practices and Communities in France and Its Western Allies around World War I », *American Mathematical Society*, 2014.

63. Ross R., « An Application of the Theory of Probabilities to the Study of a priori Pathometry. Part I », *Proceedings of the Royal Society A*, 1916.

Chapitre 2 : Paniques et pandémies

1. Le mathématicien Andrew Odlyzko indique qu'il est probable que les pertes totales aient été supérieures à 20 000 livres sterling. De plus, il admet un multiple de 1 000 pour convertir les valeurs monétaires de 1720 en valeurs actuelles ; à cette époque, le salaire annuel de Newton à Cambridge était d'environ 100 livres sterling.

Odlyzko A., « Newton's financial misadventures in the South Sea Bubble », *Notes and Records, The Royal Society*, 2018.

2. Éléments de contexte sur Thorp et Simons tirés de : Patterson S., *The Quants* (Crown Business New York, 2010). Éléments de contexte sur LTCM tirés de : Lowenstein R., *When Genius Failed: The Rise and Fall of Long Term Capital Management* (Random House, 2000).

3. Allen F. *et al.*, « The Asian Crisis and the Process of Financial Contagion », *Journal of Financial Regulation and Compliance*, 1999. Données sur la popularité du terme contagion financière tirées de Google Ngram.

4. Éléments de contexte sur les CDO tirés de : MacKenzie D. *et al.*, « "The Formula That Killed Wall Street"? The Gaussian Copula and the Cultures of Modelling », 2012.

5. « Deutsche Bank appoints Sajid Javid Head of Global Credit Trading, Asia », Communiqué de presse de la Deutsche Bank, 11 octobre 2006 ; Roy S., « Credit derivatives: Squeeze is over for EM CDOs », *Euromoney*, 27 juillet 2006 ; Herrmann J., « What Thatcherite union buster Sajid Javid learned on Wall Street », *The Guardian*, 15 juillet 2015.

6. Derman E., « Model Risk », *Goldman Sachs Quantitative Strategies Research Notes*, avril 1996.

7. Interview CNBC, 1er juillet 2005.

8. Selon MacKenzie, *et al.* (2012) : « La crise n'a pas été le fait de "drogués de la modélisation", mais d'acteurs créatifs, pleins de ressources, bien informés et réfléchis, qui ont exploité en toute conscience le rôle que pouvait jouer la modélisation dans la gouvernance. », Ils citent plusieurs exemples de personnes qui ont joué avec les calculs pour s'assurer que les CDO apparaissent à la fois rentables et peu risquées.

9. Tavakoli J., « Comments on SEC Proposed Rules and Oversight of NRSROs », Courrier addressé à la Securities and Exchange Commission, 13 février 2007.

10. MacKenzie D. *et al.*, « "The Formula That Killed Wall Street"? The Gaussian Copula and the Cultures of Modelling », 2012.

11. *New Directions for Understanding Systemic Risk* (National Academies Press, Washington DC, 2007).

12. Chapple S., « Math expert finds order in disorder, including stock market », *San Diego Union-Tribune*, 28 août 2011.

13. May R., « Epidemiology of financial networks », Présentation à la LSHTM à l'occasion du bicentenaire de John Snow, avril 2013. Disponible sur YouTube.

14. Pour des éléments de contexte sur May, voir note précédente.

15. « Was tulipmania irrational? », *The Economist*, 4 octobre 2013.

16. Goldgar A., « Tulip mania: the classic story of a Dutch financial bubble is mostly wrong », *The Conversation*, 12 février 2018.

17. Dictionnaire d'étymologie en ligne. Origine et sens du terme bulle : https://www.etymonline.com/word/bubble.

18. Reproduit avec l'autorisation des auteurs : Frehen R.G.P. *et al.*, « New Evidence on the First Financial Bubble », *Journal of Financial Economics*, 2013.

19. Frehen R.G.P. *et al.*, « New Evidence on the First Financial Bubble », *Journal of Financial Economics*, 2013.

20. Odlyzko A., « Newton's financial misadventures in the South Sea Bubble », *Notes and Records, The Royal Society*, 2018.

21. Odlyzko A., « Collective hallucinations and inefficient markets: The British Railway Mania of the 1840s », 2010.

22. Kindleberger C.P. *et al.*, *Manias, Panics and Crashes: A History of Financial Crises* (Palgrave Macmillan, New York, 1978).

23. Chow E.K., « Why China Keeps Falling for Pyramid Schemes », *The Diplomat*, 5 mars 2018 ; « Pyramid schemes cause huge social harm in China », *The Economist*, 3 février 2018.

24. Rodrigue J-P., « Stages of a bubble », extrait de : *The Geography of Transport Systems* (Routledge, New York, 2017). https://transportgeography.org/?page-_id=9035.

25. Sornette D. *et al.*, « Financial bubbles: mechanisms and diagnostics », *Review of Behavioral Economics*, 2015.

26. Coffman K.G. *et al.*, « The size and growth rate of the Internet », *First Monday*, octobre 1998.

27. Odlyzko A., « Internet traffic growth: Sources and implications », 2000.

28. John Oliver à propos des cryptomonnaies : « You're not investing, you're gambling », *The Guardian*, 12 mars 2018.

29. Données tirées de : https://www.coindesk.com/price/bitcoin. Le prix s'élevait à 19 395 dollars le 18 décembre 2017 et à 3 220 dollars le 16 décembre 2018.

30. Rodrigue J-P., « Stages of a bubble », extrait de : *The Geography of Transport Systems* (Routledge, New York, 2017). https://transportgeography.org/?page-_id=9035.

31. Kindleberger C.P. *et al.*, *Manias, Panics and Crashes: A History of Financial Crises* (Palgrave Macmillan, New York, 1978).

32. Odlyzko A., « Collective hallucinations and inefficient markets: The British Railway Mania of the 1840s », 2010.

33. Sandbu M., « Ten years on: Anatomy of the global financial meltdown », *Financial Times*, 9 août 2017.

34. Alessandri P. *et al.*, « Banking on the State », *Bank of England Paper*, novembre 2009.

35. Elliott L. et Treanor J., « The minutes that reveal how the Bank of England handled the financial crisis », *The Guardian*, 7 janvier 2015.

36. Entretien de l'auteur avec Nim Arinaminpathy, août 2017.

37. Brauer F., « Mathematical epidemiology: Past, present, and future », *Infectious Disease Modelling*, 2017 ; Bartlett M.S., « Measles Periodicity and Community Size », *Journal of the Royal Statistical Society. Series A*, 1957.

38. Heesterbeek J.A., « A Brief History of R0 and a Recipe for its Calculation », *Acta Biotheoretica*, 2002.

39. Smith D.L. *et al.*, « Ross, Macdonald, and a Theory for the Dynamics and Control of Mosquito-Transmitted Pathogens », *PLOS Pathogens*, 2012.

40. Nájera J.A. *et al.*, « Some Lessons for the Future from the Global Malaria Eradication Programme (1955–1969) », *PLOS Medicine*, 2011. Une proposition pour éradiquer la variole a aussi été faite en 1953, mais elle a reçu un accueil mitigé.

41. Éléments de contexte sur le taux de reproduction tirés de : Heesterbeek J.A., « A Brief History of R0 and a Recipe for its Calculation », *Acta Biotheoretica*, 2002.

42. Abbott S. *et al.*, « Variation temporelle dans la transmission au cours de l'épidémie de COVID-19 », outbreak. CMMID COVID-19 repository. Disponible sur : https://cmmid.github.io/topics/covid19/current-patterns-transmission/global-time-varying-transmission.html

43. Estimation du taux de reproduction : Fraser C. *et al.,* « Pandemic potential of a strain of influenza A (H1N1): early findings », *Science,* 2009 ; Équipe d'Intervention Rapide de l'OMS contre Ebola, « Ebola Virus Disease in West Africa – The First 9 Months of the Epidemic and Forward Projections », *NEJM*, 2014 ; Riley S. *et al.*, « Transmission dynamics of the etiological agent of SARS in Hong Kong », *Science*, 2003 ; Gani R. et Leach S., « Transmission potential of smallpox in contemporary populations », *Nature,* 2001 ; Anderson R.M. et May R.M., *Infectious Diseases of Humans: Dynamics and Control* (Oxford University Press, Oxford, 1992) ; Guerra F.M. *et al.*, « The basic reproduction number (R0) of measles: a systematic review », *The Lancet*, 2017.

44. Centers for Disease Control and Prevention, « Transmission of Measles », 2017. https://www.cdc.gov/measles/transmission/html.

45. Fine P.E.M. et Clarkson J.A., « Measles in England and Wales – I: An Analysis of Factors Underlying Seasonal Patterns », *International Journal of Epidemiology*, 1982.

46. « How Princess Diana changed attitudes to aids », *BBC News Online*, 5 avril 2017.

47. May R.M. et Anderson R.M., « Transmission dynamics of hiv infection », *Nature*, 1987.

48. Eakle R. *et al.*, « Pre-exposure prophylaxis (PrEP) in an era of stalled hiv prevention: Can it change the game? », *Retrovirology*, 2018.

49. Anderson R.M. et May R.M., *Infectious Diseases of Humans: Dynamics and Control* (Oxford University Press, Oxford, 1992).

50. Fenner F. *et al.*, « Smallpox and its Eradication », *Organisation mondiale de la Santé*, 1988.

51. Wehrle P.F. *et al.*, « An Airborne Outbreak of Smallpox in a German Hospital and its Significance with Respect to Other Recent Outbreaks in Europe », *Bulletin of the World Health Organization*, 1970.

52. Woolhouse M.E.J. *et al.*, « Heterogeneities in the transmission of infectious agents : Implications for the design of control programs », *PNAS*, 1997. L'idée s'appuie sur les observations préalables de l'économiste du XIXe siècle Vilfredo Pareto, qui avait remarqué que 20 % des Italiens possédaient 80 % des terres.

53. Endo A. *et al.*, « Estimating the overdispersion in COVID-19 transmission using outbreak sizes outside China », *Wellcome Open Research*, 2020 ; Adam D. C. *et al.*, « Clustering and superspreading potential of SARS-COV-2 infections in Hong Kong », *Nature Med*, 2020.

54. Lloyd-Smith J.O. *et al.*, « Superspreading and the effect of individual variation on disease emergence », *Nature*, 2005.

55. Worobey M. *et al.*, « 1970s and "Patient 0" hiv-1 genomes illuminate early hiv/aids history in North America », *Nature*, 2016.

56. Cumming J.G., « An epidemic resulting from the contamination of ice cream by a typhoid carrier », *Journal of the American Medical Association*, 1917.

57. Bollobas B., « To Prove and Conjecture : Paul Erdős and His Mathematics », *American Mathematical Monthly*, 1998.

58. Potterat J.J. *et al.*, « Sexual network structure as an indicator of epidemic phase », *Sexually Transmitted Infections*, 2002.

59. Watts D.J. et Strogatz S.H., « Collective dynamics of "small-world" networks », *Nature*, 1998.

60. Barabási A.L. et Albert R., « Emergence of Scaling in Random Networks », *Science*, 1999. Une idée similaire est apparue dans les années 1970 lorsque le physicien Derek de Solla Price a analysé les publications universitaires. Il a suggéré que l'attachement préférentiel puisse expliquer les grandes variations dans le nombre de citations : un article avait plus de probabilités d'être cité s'il l'avait déjà été. Price D.D.S., « A General Theory of Bibliometric and Other Cumulative Advantage Processes », *Journal of the American Society for Information Science*, 1976.

61. Liljeros F. *et al.*, « The web of human sexual contacts », *Nature,* 2001 ; de Blasio B. *et al.*, « Preferential attachment in sexual networks », *PNAS*, 2007.

62. Yorke J.A. *et al.*, « Dynamics and control of the transmission of gonorrhea », *Sexually Transmitted Diseases*, 1978.

63. May R.M. et Anderson R.M., « The Transmission Dynamics of Human Immunodeficiency Virus (hiv) », *Philosophical Transactions of the Royal Society B*, 1988.

64. Foy B.D. *et al.*, « Probable Non – Vector-borne Transmission of Zika Virus, Colorado, USA », *Emerging Infectious Diseases*, 2011.

65. Counotte M.J. *et al.*, « Sexual transmission of Zika virus and other flaviviruses: A living systematic review », *PLOS Medicine*, 2018 ; Folkers K.M., « Zika: The Millennials' S.T.D.? », *New York Times*, 20 août 2016.

66. D'autres ont abouti à la même conclusion de manière indépendante : Yakob L. *et al.*, « Low risk of a sexually-transmitted Zika virus outbreak », *The Lancet Infectious Diseases*, 2016 ; Althaus C.L. et Low N., « How Relevant Is Sexual Transmission of Zika Virus? », *PLOS Medicine*, 2016.

67. Éléments de contexte sur les débuts de la transmission du VIH tirés de : Worobey *et al.*, « 1970s and "Patient 0" hiv-1 genomes illuminate early hiv/aids history in North America », *Nature*, 2016. ; McKay R.A., "“Patient Zero" : The Absence of a Patient's View of the Early North American aids Epidemic », *Bulletin of the History of Medicine*, 2014.

68. Avant que le CDC ne soit renommé Centers for Disease Control and Prevention en 1992.

69. McKay R.A., « "Patient Zero": The Absence of a Patient's View of the Early North American aids Epidemic », *Bull Hist Med*, 2014.

70. Sapatkin D., « Aids: The truth about Patient Zero », *The Philadelphia Inquirer*, 6 mai 2013.

71. OMS, « Mali : un cas de maladie à virus Ebola importé de Guinée. Évaluation de la situation », 10 novembre 2014.

72. Robert A. *et al.*, « Determinants of transmission risk during the late stage of the West African Ebola epidemic », *American Journal of Epidemiology*, 2019.

73. Nagel T., « Moral Luck », 1979.

74. Potterat J.J. *et al.*, « Gonorrhoea as a Social Disease », *Sexually Transmitted Diseases*, 1985

75. Potterat J.J., *Seeking The Positives: A Life Spent on the Cutting Edge of Public Health* (Createspace, 2015).

76. Kilikpo Jarwolo J.L., « The Hurt – and Danger – of Ebola Stigma », *ActionAid*, 2015.

77. Gregory A. *et al.*, « Coronavirus: hunt for Patient Zero, Britain's virus spreader », *Sunday Times*, 1er mars 2020.

78. Meyer R., Madrigal A., « Exclusive: The Strongest Evidence Yet That America Is Botching Coronavirus Testing », *The Atlantic*, 6 mars 2020 ; UK testing data available from: https://en.wikipedia.org/wiki/Template:COVID-19_pandemic_data/United_Kingdom_medical_cases

79. Frith J., « Syphilis – Its Early History and Treatment until Penicillin and the Debate on its Origins », *Journal of Military and Veterans, Health*, 2012.

80. Badcock J., « Pepe's story: How I survived Spanish flu », *BBC News Online*, 21 mai 2018.

81. Enserink M., « War Stories », *Science*, 15 mars 2013.

82. Haldane A., « Rethinking the Financial Network », *Bank of England*, 28 avril 2009.

83. Crampton T., « Battling the spread of SARS, Asian nations escalate travel restrictions », *New York Times*, 12 avril 2003. Bien que des restrictions liées aux déplacements aient été imposées durant l'épidémie, elles ont sans doute eu un effet moins important que l'identification de cas et le traçage des contacts. En effet, l'OMS n'a pas fait de recommandations sur les restrictions à cette période : « Organisation mondiale de la Santé. Résumé des mesures de l'OMS en matière de déplacements internationaux », *OMS*, 24 juin 2003.

84. Owens R.E. et Schreft S.L., « Identifying Credit Crunches », *Contemporary Economic Policy*, 1995

85. Éléments de contexte et citation tirés de l'entretien de l'auteur avec Andy Haldane, juillet 2018.

86. Soramäki K. *et al.*, « The topology of interbank payment flows », *Federal Reserve Bank of New York Staff Report*, 2006.

87. Gupta S. *et al.*, « Networks of sexual contacts: implications for the pattern of spread of hiv », *aids*, 1989.

88. Haldane A. et May R.M., « The birds and the bees, and the big banks », *Financial Times,* 20 février 2011.

89. Haldane A., « Rethinking the Financial Network », *Bank of England*, 28 avril 2009.

90. Buffett W., Lettre aux actionnaires Berkshire Hathaway Inc., 27 février 2009.

91. Keynes J.M., « The Consequences to the Banks of the Collapse of Money Values », *Essays in Persuasion*, 1931.

92. Tavakoli J., Commentaires sur les règles proposées par la SEC et la supervision des NRSROs. Lettre adressée à la Securities and Exchange Commission, 13 février 2007.

93. Arinaminpathy N. *et al.*, « Size and complexity in model financial systems », *PNAS*, 2012 ; Caccioli F. *et al.*, « Stability analysis of financial contagion due to overlapping portfolios », *Journal of Banking & Finance*, 2014 ; Bardoscia M. *et al.*, « Pathways towards instability in financial networks », *Nature Communications*, 2017.

94. Haldane A. et May R.M., « The birds and the bees, and the big banks », *Financial Times*, 20 février 2011.

95. Authers J., « In a crisis, sometimes you don't tell the whole story », *Financial Times*, 8 septembre 2018.

96. Arinaminpathy N. *et al.*, « Size and complexity in model financial systems », *PNAS*, 2012.

97. Recommandations du rapport final de la commission indépendante des banques, septembre 2011.

98. NdT : En France, la loi de séparation et de régulation des activités bancaires a été définitivement adoptée au mois de juillet 2013.

99. Withers I., « EU banks spared ringfencing rules imposed on British lenders », *The Telegraph*, 24 octobre 2017.

100. Bank for International Settlements, publication statistique : « OTC derivatives statistics at end-June 2018 », 31 octobre 2018.

101. Entretien de l'auteur avec Barbara Casu, septembre 2018.

102. Jenkins P., « How much of a systemic risk is clearing ? », *Financial Times*, 8 janvier 2018.

103. Battiston S. *et al.*, « The price of complexity in financial networks », *PNAS*, 2016.

Chapitre 3 : Mesurer l'amitié

1. Éléments de contexte tirés de : Shifman M., *ITEP Lectures in Particle Physics, arXiv*, 1995.

2. Pais A. J., *Robert Oppenheimer : A Life* (Oxford University Press, 2007).

3. Goffman W. et Newill V.A., « Generalization of epidemic theory: An application to the transmission of ideas », *Nature,* 1964. L'analogie proposée par Goffman a cependant ses limites. Il a notamment défendu que le modèle SIR pourrait s'appliquer à la propagation des rumeurs, mais d'autres lui ont opposé que de simples modifications dans le modèle peuvent aboutir à des résultats très différents. Par exemple, dans un modèle épidémique simple, nous posons souvent l'hypothèse selon laquelle une personne cesse d'être infectieuse après un certain temps, ce qui vaut pour beaucoup de maladies. Daryl Daley et David Kendall, deux mathématiciens de Cambridge, ont suggéré que dans la modélisation d'une rumeur, les propagateurs ne vont pas nécessairement se rétablir naturellement ; ils peuvent ne cesser de répandre la rumeur qu'une fois qu'ils rencontrent quelqu'un qui l'a déjà entendue. Daley D.J. et Kendall D.G., « Epidemics and rumours », *Nature,* 1964.

4. L'échelle du génie de Landau.

5. Khalatnikov I. M et Sykes J.B. (eds.), *Landau: The Physicist and the Man : Recollections of L.D. Landau* (Pergamon, 2013).

6. Bettencourt L.M.A. *et al.*, « The power of a good idea: Quantitative modeling of the spread of ideas from epidemiological models », *Physica A*, 2006.

7. Azouly P. *et al.*, « Does Science Advance One Funeral at a Time? », *National Bureau of Economic Research*, document de travail, 2015.

8. Catmull E., « How Pixar Fosters Collective Creativity », Harvard Business Review, septembre 2008.

9. Grove J., « Francis Crick Institute: "gentle anarchy" will fire research », *THE*, 2 septembre 2016.

10. Bernstein E.S. et Turban S., « The impact of the "open" workspace on human collaboration », *Philosophical Transactions of the Royal Society B*, 2018.

11. Éléments de contexte et citations tirés de: « History of the National Survey of Sexual Attitudes and Lifestyles », *Witness Seminar*, organisé par le Wellcome Trust Centre for the History of Medicine à l'UCL, Londres, le 14 décembre 2009.

12. Mercer C.H. *et al.*, « Changes in sexual attitudes and lifestyles in Britain through the life course and over time: findings from the National Surveys of Sexual Attitudes and Lifestyles (Natsal) », *The Lancet*, 2013.

13. http://www.bbc.co.uk/pandemic.

14. Van Hoang T. *et al.*, « A systematic review of social contact surveys to inform transmission models of close contact infections », *BioRxiv*, 2018.

15. Mossong J. *et al.*, « Social Contacts and Mixing Patterns Relevant to the Spread of Infectious Diseases », *PLOS Medicine*, 2008 ; Kucharski A.J. *et al.*, « The Contribution of Social Behaviour to the Transmission of Influenza A in a Human Population », *PLOS Pathogens*, 2014.

16. Eames K.T.D. *et al.*, « Measured Dynamic Social Contact Patterns Explain the Spread of H1N1v Influenza », *PLOS Computational Biology*, 2012 ; Eames K.T.D., « The influence of school holiday timing on epidemic impact », *Epidemiology and Infection*, 2013 ; Baguelin M. *et al.*, « Vaccination against pandemic influenza A/ H1N1v in England: a real-time economic evaluation », *Vaccine*, 2010.

17. Eames K.T.D., « The influence of school holiday timing on epidemic impact », *Epidemiology and Infection*, 2013.

18. Eggo R.M. *et al.*, « Respiratory virus transmission dynamics determine timing of asthma exacerbation peaks: Evidence from a population-level model », *PNAS*, 2016.

19. Kucharski A.J. *et al.*, « The Contribution of Social Behaviour to the Transmission of Influenza A in a Human Population », *PLOS Pathogens*, 2014.

20. Byington C.L. *et al.*, « Community Surveillance of Respiratory Viruses Among Families in the Utah Better Identification of Germs-Longitudinal Viral Epidemiology (BIG-LoVE) Study », *Clinical Infectious Diseases*, 2015.

21. Brockmann D. et Helbing D., « The Hidden Geometry of Complex, Network-Driven Contagion Phenomena », *Science*, 2013.

22. Gog J.R. *et al.*, « Spatial Transmission of 2009 Pandemic Influenza in the US », *PLOS Computational Biology*, 2014.

23. Keeling M.J. *et al.*, « Individual identity and movement networks for disease metapopulations », *PNAS*, 2010.

24. Odlyzko A., « The forgotten discovery of gravity models and the inefficiency of early railway networks », 2015.

25. Christakis N.A. et Fowler J.H., « Social contagion theory : examining dynamic social networks and human behavior », *Statistics in Medicine*, 2012.

26. Cohen-Cole E. et Fletcher J.M., « Detecting implausible social network effects in acne, height, and headaches: longitudinal analysis », *British Medical Journal*, 2008.

27. Lyons R., « The Spread of Evidence-Poor Medicine via Flawed Social-Network Analysis », *Statistics, Politics, and Policy*, 2011.

28. Norscia I. et Palagi E., « Yawn Contagion and Empathy in *Homo sapiens* », *PLOS ONE*, 2011. Remarquez que malgré la facilité à mettre en œuvre des expériences sur le bâillement, l'analyse des résultats peut s'avérer difficile. Kapitány R. et Nielsen M., « Are Yawns really Contagious? A Critique and Quantification of Yawn Contagion », *Adaptive Human Behavior and Physiology*, 2017.

29. Norscia I. *et al.*, « She more than he: gender bias supports the empathic nature of yawn contagion in *Homo sapiens* », *Royal Society Open Science*, 2016.

30. Millen A. et Anderson J.R., « Neither infants nor toddlers catch yawns from their mothers », *Royal Society Biology Letters*, 2010.

31. Holle H. *et al.*, « Neural basis of contagious itch and why some people are more prone to it », *PNAS*, 2012 ; Sy T. *et al.*, « The Contagious Leader: Impact of the Leader's Mood on the Mood of Group Members, Group Affective Tone, and Group Processes », *Journal of Applied Psychology*, 2005 ; Johnson S.K., « Do you feel what I feel? Mood contagion and leadership outcomes », *The Leadership Quarterly*, 2009 ; Bono J.E. et Ilies R., « Charisma, positive emotions and mood contagion », *The Leadership Quarterly*, 2006.

32. Sherry D.F. et Galef B.G., « Cultural Transmission Without Imitation: Milk Bottle Opening by Birds », *Animal Behaviour*, 1984.

33. Éléments de contexte tirés de : Aplin L.M. *et al.*, « Experimentally induced innovations lead to persistent culture via conformity in wild birds », *Nature*, 2015. Citations tirées d'un entretien de l'auteur avec Lucy Aplin, août 2017.

34. Weber M., *Economy and Society* (Bedminster Press Incorporated, New York, 1968).

35. Manski C., « Identification of Endogenous Social Effects: The Reflection Problem », *Review of Economic Studies*, 1993.

36. Datar A. et Nicosia N., « Association of Exposure to Communities With Higher Ratios of Obesity With Increased Body Mass Index and Risk of Overweight and Obesity Among Parents and Children' JAMA Pediatrics », 2018.

37. Citations extraites d'un entretien de l'auteur avec Dean Eckles, août 2017.

38. Édito, « Epidemiology is a science of high importance », *Nature Communications*, 2018.

39. Éléments de contexte sur le tabagisme et le cancer tirés de : Howick J. *et al.*, « The evolution of evidence hierarchies: what can Bradford Hill's "guidelines for causation" contribute ? », *Journal of the Royal Society of Medicine*, 2009 ; Mourant A., « Why Arthur Mourant Decided To Say "No" To Ronald Fisher », *The Scientist*, 12 décembre 1988.

40. Éléments de contexte tirés de : Ross R., *Memoirs, With a Full Account of the Great Malaria Problem and its Solution* (Londres, 1923).

41. Racaniello V., « Koch's postulates in the 21st century », *Virology Blog*, 22 janvier 2010.

42. « Notice nécrologique d'Alice Stewart », *The Telegraph*, 16 août 2002.

43. Rasmussen S.A. *et al.*, « Zika Virus and Birth Defects – Reviewing the Evidence for Causality », *NEJM*, 2016.

44. Greene G., *The Woman Who Knew Too Much: Alice Stewart and the Secrets of Radiation* (University of Michigan Press, 2001).

45. Éléments de contexte et citations tirés de l'entretien de l'auteur avec Nicholas Christakis, juin 2018.

46. Snijders T.A.B., « The Spread of Evidence-Poor Medicine via Flawed Social-Network Analysis », *SOCNET Archives*, 17 juin 2011.

47. Granovetter M.S., « The Strength of Weak Ties », *American Journal of Sociology*, 1973.

48. Dhand A., « Social networks and risk of delayed hospital arrival after acute stroke », *Nature Communications*, 2019.

49. Éléments de contexte tirés de : Centola D. et Macy M., « Complex Contagions and the Weakness of Long Ties », *American Journal of Sociology*, 2007 ; Centola D.,

How Behavior Spreads: The Science of Complex Contagions (Princeton University Press, 2018).

50. Darley J.M. et Latane B., « Bystander intervention in emergencies: Diffusion of responsibility », *Journal of Personality and Social Psychology*, 1968.

51. Centola D., *How Behavior Spreads: The Science of Complex Contagions* (Princeton University Press, 2018).

52. Coviello L. *et al.*, « Detecting Emotional Contagion in Massive Social Networks », *PLOS ONE*, 2014 ; Aral S. et Nicolaides C., « Exercise contagion in a global social network », *Nature Communications*, 2017.

53. Fleischer D., « Executive Summary », *The Prop 8 Report*, 2010. http://prop8report.lgbtmentoring.org/read-the-report/executive-summary.

54. Éléments de contexte sur le *deep canvassing* tirés de : Issenberg S., « How Do You Change Someone's Mind About Abortion? Tell Them You Had One », *Bloomberg*, 6 octobre 2014 ; Resnick B., « These scientists can prove it's possible to reduce prejudice », *Vox*, 8 avril 2016 ; Bohannon J., « For real this time: Talking to people about gay and transgender issues can change their prejudices », *Associated Press*, 7 avril 2016.

55. Mandel D.R., « The psychology of Bayesian reasoning », *Frontiers in Psychology*, 2014.

56. Nyhan B. et Reifler J., « When Corrections Fail: The persistence of political misperceptions », *Political Behavior*, 2010.

57. Wood T. et Porter E., « The elusive backfire effect: mass attitudes steadfast factual adherence », *Political Behavior*, 2018.

58. LaCour M.H. et Green D.P., « When contact changes minds: An experiment on transmission of support for gay equality », *Science*, 2014.

59. Broockman D. et Kalla J., « Irregularities in LaCour (2014) », document de travail, mai 2015.

60. Duran L., « How to change views on trans people? Just get personal », *Take Two®*, 7 avril 2016.

61. Commentaire de : Gelman A., « LaCour and Green 1, This American Life 0 », 16 décembre 2015

62. Wood T. et Porter E., « The elusive backfire effect: mass attitudes' steadfast factual adherence », *Political Behavior*, 2018.

63. Weiss R. et Fitzgerald M., « Edwards, First Lady at Odds on Stem Cells », *Washington Post*, 10 août 2004.

64. Citations tirées d'un entretien de l'auteur avec Brendan Nyhan, novembre 2018.

65. Nyhan B. *et al.*, « Taking Fact-checks Literally But Not Seriously? The Effects of Journalistic Fact-checking on Factual Beliefs and Candidate Favorability », *Political Behavior*, 2019.

66. https://twitter.com/brendannyhan/status/859573499333136384.

67. Strudwick P.A., « Former MP Has Made A Heartfelt Apology For Voting Against Same-Sex Marriage », *BuzzFeed*, 28 mars 2017.

68. On a aussi prouvé que des personnes qui expliquent pourquoi elles ont changé d'avis peuvent être plus convaincantes qu'un message à sens unique. Lyons B.A. *et al.*, « Conversion messages and attitude change: Strong arguments, not costly signals », *Public Understanding of Science*, 2019.

69. Feinberg M. et Willer R., « From Gulf to Bridge: When Do Moral Arguments Facilitate Political Influence ? », *Personality and Social Psychology Bulletin*, 2015.

70. Roghanizad M.M. et Bohns V.K., « Ask in person: You're less persuasive than you think over email », *Journal of Experimental Social Psychology*, 2016.

71. How J.J. et De Leeuw E.D., « A comparison of nonresponse in mail, telephone, and face-to-face surveys », *Quality and Quantity*, 1994 ; Gerber A.S. et Green D.P., « The Effects of Canvassing, Telephone Calls, and Direct Mail on Voter Turnout: A Field Experiment », *American Political Science Review*, 2000 ; Okdie B.M. *et al.*, « Getting to know you: Face-to-face versus online interactions », *Computers in Human Behavior*, 2011.

72. Swire B. *et al.*, « The role of familiarity in correcting inaccurate information », *Journal of Experimental Psychology Learning Memory and Cognition*, 2017.

73. Citations tirées d'un entretien de l'auteur avec Briony Swire-Thompson, juillet 2018.

74. Broockman D. et Kalla J., « Durably reducing transphobia: A field experiment on door-to-door canvassing », *Science*, 2016.

Chapitre 4 : Quelque chose dans l'air

1. Éléments de contexte et citations tirés de l'entretien de l'auteur avec Gary Slutkin, avril 2018.

2. Statistiques de : Bentle K. *et al.*, « 39,000 homicides: Retracing 60 years of murder in Chicago », *Chicago Tribune*, 9 janvier 2018 ; « Illinois State Fact Sheet », *National Injury and Violence Prevention Resource Center*, 2015.

3. Slutkin G., « Treatment of violence as an epidemic disease » ; Fine P. *et al.*, « John Snow's legacy: epidemiology without borders », *The Lancet*, 2013.

4. Éléments de contexte sur le travail de John Snow sur le choléra tirés de : Snow J., *On the mode of communication of cholera* (Londres, 1855) ; Tulodziecki D., « A case study in explanatory power : John Snow's conclusions about the pathology and transmission of cholera », *Studies in History and Philosophy of Biological and Biomedical Sciences*, 2011 ; Hempel S., « John Snow », *The Lancet*, 2013 ; Brody H. *et al.*, « Map-making and myth-making in Broad Street: the London cholera epidemic, 1854 », *The Lancet*, 2000.

5. *Reason for abstraction : Seuphor M., Piet Mondrian: Life and Work* (Abrams, New York, 1956) ; Tate Modern, « Five ways to look at Malevich's Black Square ». https://www.tate.org.uk/art/artists/kazimir-malevich-1561/five-ways-look-malevichs-black-square.

6. Éléments de contexte sur le choléra : Locher W.G., « Max von Pettenkofer (1818–1901) as a Pioneer of Modern Hygiene and Preventive Medicine », *Environmental Health and Preventive Medicine*, 2007 ; Morabia A., « Epidemiologic Interactions, Complexity, and the Lonesome Death of Max von Pettenkofer », *American Journal of Epidemiology*, 2007.

7. García-Moreno C. *et al.*, « WHO Multi-country Study on Women's Health and Domestic Violence against Women », *Organisation mondiale de la Santé*, 2005.

8. Citations tirées d'un entretien de l'auteur avec Charlotte Watts, mai 2018.

9. Éléments de contexte sur les facteurs qui influencent la contagion de la violence : Patel D.M. *et al.*, *Contagion of Violence: Workshop Summary* (National Academies Press, 2012).

10. Gould M.S. *et al.*, « Suicide Clusters: A Critical Review », *Suicide and Life-Threatening Behavior*, 1989.

11. Cheng Q. *et al.*, « Suicide Contagion: A Systematic Review of Definitions and Research Utility », *PLOS ONE*, 2014.

12. Phillips D.P., « The Influence of Suggestion on Suicide: Substantive and Theoretical Implications of the Werther Effect », *American Sociological Review*, 1974.

13. OMS, « Is responsible and deglamourized media reporting effective in reducing deaths from suicide, suicide attempts and acts of self-harm? », 2015. https://www.who.int.

14. Fink D.S. *et al.*, « Increase in suicides the months after the death of Robin Williams in the US », *PLOS ONE*, 2018.

15. Towers S. *et al.*, « Contagion in Mass Killings and School Shootings », *PLOS ONE*, 2015.

16. Brent D.A. *et al.*, « An Outbreak of Suicide and Suicidal Behavior in a High School », *Journal of the American Academy of Child and Adolescent Psychiatry*, 1989.

17. Aufrichtig A. *et al.*, « Want to fix gun violence in America? Go local », *The Guardian*, 9 janvier 2017.

18. Citations tirées d'un entretien de l'auteur avec Charlie Ransford, avril 2018.

19. Confino J., « Guardian-supported Malawi sex workers' project secures funding from Comic Relief », *The Guardian*, 9 juin 2010.

20. Bremer S., « 10 Shot, 2 Fatally, at Vigil on Chicago's Southwest Side », *NBC Chicago*, 7 mai 2017.

21. Tracy M. *et al.*, « The Transmission of Gun and Other Weapon-Involved Violence Within Social Networks », *Epidemiologic Reviews*, 2016.

22. Green B. *et al.*, « Modeling Contagion Through Social Networks to Explain and Predict Gunshot Violence in Chicago, 2006 to 2014 », *JAMA Internal Medicine*, 2017.

23. En ajustant une distribution binomiale négative des épreuves à la distribution de la taille des clusters de Green *et al.*, j'ai obtenu une estimation maximale de probabilité pour le paramètre de dispersion k = 0.096. (Méthode de : Blumberg S. et Lloyd-Smith J.O., *PLOS Computational Biology*, 2013.) Pour contexte, MERS-CoV avait un R0 = 0.63 et k = 0.25 (Kucharski A.J. et Althaus C.L., « The role of superspreading in Middle East respiratory syndrome coronavirus (MERS-CoV) transmission », *Eurosurveillance*, 2015).

24. Fenner F. *et al.*, *Smallpox and its Eradication* (Organisation mondiale de la Santé, Genève, 1988).

25. Ganyani T. *et al.*, « Estimating the generation interval for coronavirus disease (COVID-19) based on symptom onset data, mars 2020 », *Eurosurveillance*, 2020.

26. Évaluations des méthodes d'interruption de la violence : Skogan W.G. *et al.*, « Evaluation of CeaseFire-Chicago », *U.S. Department of Justice report*, mars 2009 ; Webster D.W. *et al.*, « Evaluation of Baltimore's Safe Streets Program », *Johns Hopkins report*, janvier 2012 ; Thomas R. *et al.*, « Investing in Intervention: The Critical Role of State-Level Support in Breaking the Cycle of Urban Gun Violence », *Giffords Law Center report*, 2017.

27. Exemples de critiques à l'encontre de Cure Violence : Page C., « The doctor who predicted Chicago's homicide epidemic », *Chicago Tribune*, 30 décembre 2016 ; « We need answers on anti-violence program », *Chicago Sun Times*, 1 juillet 2014.

28. Patel D.M. *et al.*, *Contagion of Violence : Workshop Summary* (National Academies Press, 2012).

29. Éléments de contexte tirés de : Seenan G., « Scotland has second highest murder rate in Europe », *The Guardian*, 26 septembre 2005 ; Henley J., « Karyn McCluskey: the woman who took on Glasgow's gangs », *The Guardian*, 19 décembre 2011 ; Ross P., « No mean citizens: The success behind Glasgow's VRU », *The Scotsman*, 24 novembre 2014 ; Geoghegan P., « Glasgow smiles: how the city halved its murders by "caring people into change" », *The Guardian*, 6 avril 2015 ; « 10 Year Strategic Plan », *Scottish Violence Reduction Unit*, 2017.

30. Adam K., « Glasgow was once the "murder capital of Europe". Now it's a model for cutting crime », *Washington Post*, 27 octobre 2018.

31. Les évaluations formelles ne sont pas disponibles pour tous les aspects du programme URV, mais certains éléments ont été évalués : Williams D.J. *et al.*, « Addressing gang-related violence in Glasgow: A preliminary pragmatic quasi-experimental evaluation of the Community Initiative to Reduce Violence (CIRV) », *Aggression and Violent Behavior*, 2014 ; Goodall C. *et al.*, « Navigator : A Tale of Two Cities », *Rapport sur douze*, 2017.

32. « Mayor launches new public health approach to tackling serious violence », Communiqué de presse de la Mairie de Londres, 19 septembre 2018 ; Bulman M., « Woman who helped dramatically reduce youth murders in Scotland urges London to treat violence as a "disease" », *The Independent*, 5 avril 2018.

33. Éléments de contexte sur le travail mené par Nightingale en Crimée tirés de : Gill C.J. et Gill G.C., « Nightingale in Scutari: Her Legacy Reexamined », *Clinical Infectious Diseases*, 2005 ; Nightingale F., *Notes on Matters Affecting the Health, Efficiency, and Hospital Administration of the British Army : Founded Chiefly on the Experience of the Late War* (Londres, 1858) ; Magnello M.E., « Victorian statistical graphics and the iconography of Florence Nightingale's polar area graph », *Journal of the British Society for the History of Mathematics Bulletin*, 2012.

34. Nelson S. et Rafferty A.M., *Notes on Nightingale: The Influence and Legacy of a Nursing Icon* (Cornell University Press, 2012).

35. Éléments de contexte sur Farr tirés de : Lilienfeld D.E., « Celebration: William Farr (1807–1883) – an appreciation on the 200th anniversary of his birth », *International Journal of Epidemiology*, 2007 ; Humphreys N.A., « Vital statistics: a memorial volume of selections from the reports and writings of William Farr », *The Sanitary Institute of Great Britain*, 1885.

36. Nightingale F., *A Contribution to the Sanitary History of the British Army During the Late War with Russia* (Londres, 1859).

37. Cité par : Diamond M. et Stone M., « Nightingale on Quetelet », *Journal of the Royal Statistical Society A*, 1981.

38. Cook E., *The Life of Florence Nightingale* (Londres, 1913).

39. Cité par : MacDonald L., *Florence Nightingale on Society and Politics, Philosophy, Science, Education and Literature* (Wilfrid Laurier University Press, 2003).

40. Pearson K., *The Life, Letters and Labours of Francis Galton* (Cambridge University Press, Londres, 1914).

41. Patel D.M. *et al.*, *Contagion of Violence: Workshop Summary* (National Academies Press, 2012).

42. Statistiques issues de : Grinshteyn E. et Hemenway D., « Violent Death Rates: The US Compared with Other High-income OECD Countries, 2010 », *The American Journal of Medicine*, 2016 ; Koerth-Baker M., « Mass Shootings Are A Bad Way To Understand Gun Violence », *Five Thirty Eight*, 3 octobre 2017.

43. Éléments de contexte tirés de : Thompson B., « The Science of Violence », *Washington Post*, 29 mars 1998 ; Wilkinson F., « Gunning for Guns », *Rolling Stone*, 9 décembre 1993.

44. Cillizza C., « President Obama's amazingly emotional speech on gun control », *Washington Post*, 5 janvier 2016.

45. Borger J., « The Guardian profile: Ralph Nader », *The Guardian*, 22 octobre 2004.

46. Éléments de contexte tirés de : Jensen C., « 50 Years Ago, "Unsafe at Any Speed" Shook the Auto World », *New York Times*, 26 novembre 2015.

47. Kelly K., « Car Safety Initially Considered "Undesirable" by Manufacturers, the Government and Consumers », *Huffington Post*, 4 décembre 2012.

48. Frankel T.C., « Their 1996 clash shaped the gun debate for years. Now they want to reshape it », *Washington Post*, 30 décembre 2015.

49. Kates D.B. *et al.*, « Public Health Pot Shots », *Reason*, avril 1997.

50. Turvill J.L. *et al.*, « Change in occurrence of paracetamol overdose in UK after introduction of blister packs », *The Lancet*, 2000 ; Hawton K. *et al.*, « Long term effect of reduced pack sizes of paracetamol on poisoning deaths and liver transplant activity in England and Wales: interrupted time series analyses », *British Medical Journal*, 2013.

51. Dickey J. et Rosenberg M., « We won't know the cause of gun violence until we look for it », *Washington Post*, 27 juillet 2012.

52. Eléments de contexte et citations tirés d'un entretien de l'auteur avec Toby Davies, août 2017.

53. Davies T.P. *et al.*, « A mathematical model of the London riots and their policing », *Scientific Reports*, 2013.

54. Exemple : Myers P., « Staying streetwise », *Reuters*, 8 septembre 2011.

55. Cité dans : De Castella T. et McClatchey C., « UK riots: What turns people into looters ? », *BBC News Online*, 9 août 2011.

56. Granovetter M., « Threshold Models of Collective Behavior », *American Journal of Sociology*, 1978.

57. Éléments de contexte tirés de : Johnson N.F. *et al.*, « New online ecology of adversarial aggregates: ISIS and beyond », *Science*, 2016 ; Wolchover N., « A Physicist Who Models ISIS and the Alt-Right », *Quanta Magazine*, 23 août 2017.

58. Bohorquez J.C. *et al.*, « Common ecology quantifies human insurgency », *Nature*, 2009.

59. Belluck P., « Fighting ISIS With an Algorithm, Physicists Try to Predict Attacks », *New York Times*, 16 juin 2016.

60. Chronologie : « How The Anthrax Terror Unfolded », *National Public Radio (NPR)*, 15 février 2011.

61. Cooper B., « Poxy models and rash decisions », *PNAS*, 2006 ; Meltzer M.I. *et al.*, « Modeling Potential Responses to Smallpox as a Bioterrorist Weapon », *Emerging Infectious Diseases*, 2001.

62. L'exemple du train a été repris dans plusieurs domaines (par exemple par Emanuel Derman en finance), mais je tiens à créditer ici mon ancien collègue Ken Eames, qui l'a employé de façon particulièrement efficace dans ses conférences sur la modélisation des maladies.

63. Meltzer M.I. *et al.*, « Estimating the Future Number of Cases in the Ebola Epidemic – Liberia and Sierra Leone, 2014–2015 », *Morbidity and Mortality Weekly Report*, 2014.

64. La modélisation exponentielle faite par le CDC estimait un triplement de l'augmentation chaque mois. Par conséquent, en poursuivant les prévisions sur un trimestre supplémentaire, on aurait obtenu vingt-sept fois plus de cas qu'en janvier (la somme des populations du Sierra Leone, du Liberia et de la Guinée était d'environ vingt-quatre millions de personnes.)

65. « Expert reaction to CDC estimates of numbers of future Ebola cases », *Science Media Centre*, 24 septembre 2014.

66. Éléments de contexte tirés de : Hughes M., « Developers wish people would remember what a big deal Y2K bug was », *The Next Web*, 26 octobre 2017 ; Schofield J., « Money we spent », *The Guardian*, 5 janvier 2000.

67. https://twitter.com/JoanneLiu_MSF/status/952834207667097600.

68. Dans l'analyse du CDC, le nombre de cas était augmenté d'un facteur de 2,5 pour compenser les cas non signalés. En appliquant le même facteur aux cas signalés, il y aurait en réalité eu environ soixante-quinze mille infections, soit un écart de 1,33 million avec les prévisions du CDC. La suggestion comme quoi la modélisation du CDC avec des modifications pourrait expliquer l'épidémie est tirée de : Frieden T.R. et Damon I.K., « Ebola in West Africa – CDC's Role in Epidemic Detection, Control, and Prevention », *Emerging Infectious Diseases*, 2015.

69. Onishi N., « Empty Ebola Clinics in Liberia Are Seen as Misstep in U.S. Relief Effort », *New York Times*, 2015.

70. Kucharski A.J. *et al.*, « Measuring the impact of Ebola control measures in Sierra Leone », *PNAS*, 2015.

71. Camacho A. *et al.*, « Potential for large outbreaks of Ebola virus disease », *Epidemics*, 2014.

72. Heymann D.L., « Ebola: transforming fear into appropriate action », *The Lancet*, 2017.

73. Largement attribué, sans que l'origine n'en soit clairement identifiée.

74. Début décembre, l'écart moyen dans les signalements était de deux à trois jours : Finger F. *et al.*, « Real-time analysis of the diphtheria outbreak in forcibly displaced Myanmar nationals in Bangladesh », *BMC Medicine*, 2019.

75. Statistiques tirées de : Katz J. et Sanger-Katz M., « "The Numbers Are So Staggering." Overdose Deaths Set a Record Last Year », *New York Times*, 29 novembre 2018 ; Ahmad F.B. *et al.*, « Provisional drug overdose death counts », *National Center for Health Statistics*, 2018 ; Felter C., « The U.S. Opioid Epidemic », *Council on Foreign Relations*, 26 décembre 2017 ; « Opioid painkillers "must carry prominent warnings" », *BBC News Online*, 28 avril 2019.

76. Goodnough A., Katz J. et Sanger-Katz M., « Drug Overdose Deaths Drop in U.S. for First Time Since 1990 », *New York Times*, 17 juillet 2019.

77. Éléments de contexte et citations sur l'analyse de la crise des opioïdes tirés d'un entretien de l'auteur avec Rosalie Liccardo Pacula, mai 2018. Précisions complémentaires : Pacula R.L., Témoignage devant les House Appropriations Committee, Subcommittee on Labor, Health and Human Services, Education, and Related Agencies le 5 avril 2017.

78. Accroissement exponentiel du taux de mortalité de 11 pour 100 000 en 1979 à 137 pour 100,000 en 2015, soit un temps de doublement de : 36/log2(137/11) = 10 ans.

79. Jalal H., « Changing dynamics of the drug overdose epidemic in the United States from 1979 through 2016 », *Science*, 2018.

80. Mars S.G. « "Every 'never' I ever said came true": transitions from opioid pills to heroin injecting », *International Journal of Drug Policy*, 2014.

81. Un membre du TCR, « America "Can't Arrest Its Way Out of the Opioid Epidemic" », *The Crime Report*, 16 février 2018.

82. Lum K. et Isaac W., « To predict and serve? », *Significance*, 7 octobre 2016.

83. Citations tirées d'un entretien de l'auteur avec Kristian Lum, janvier 2018.

84. Perry W.L. *et al.*, « Predictive Policing », *RAND Corporation Report*, 2013.

85. Whitty C.J.M., « What makes an academic paper useful for health policy? », *BMC Medicine*, 2015.

86. Dumke M. et Main F., « A look inside the watch list Chicago police fought to keep secret », *Associated Press*, 18 juin 2017.

87. Éléments de contexte sur l'algorithme SSL tirés de : Posadas B., « How strategic is Chicago's "Strategic Subjects List"? Upturn investigates », *Medium*, 22 juin 2017 ; Asher J. et Arthur R., « Inside the Algorithm That Tries to Predict Gun Violence in Chicago », *New York Times*, 13 juin 2017 ; Kunichoff Y. et Sier P., « The Contradictions of Chicago Police's Secretive List », *Chicago Magazine*, 21 août 2017.

88. Selon Posadas (Medium, 2017), calcul de la proportion des personnes identifiées comme étant à haut-rique : 287,404/398,684 = 0.72. 88,592 de ces (31 %) n'ont jamais été arrêtées ni victimes d'un crime.

89. Hemenway D., *While We Were Sleeping: Success Stories in Injury and Violence Prevention*, University of California Press, 2009.

90. Éléments de contexte sur la théorie de la fenêtre brisée : Kelling G.L. et Wilson J.Q., « Broken Windows », *The Atlantic*, mars 1982 ; Harcourt B.E. et Ludwig J., « Broken Windows: New Evidence from New York City and a Five-City Social Experiment », *University of Chicago Law Review*, 2005.

91. Childress S., « The Problem with "Broken Windows" Policing », *Public Broadcasting Service*, 28 juin 2016.

92. Keizer K. *et al.*, « The Spreading of Disorder », *Science*, 2008.

93. Keizer K. *et al.*, « The Importance of Demonstratively Restoring Order », *PLOS ONE*, 2013.

94. Tcherni-Buzzeo M., « The "Great American Crime Decline": Possible explanations », dans Krohn M.D. *et al.*, *Handbook on Crime and Deviance*, Deuxième édition, (Springer, New York 2019).

95. Hypothèses alternatives au déclin, et critiques liées : Levitt S.D., « Understanding Why Crime Fell in the 1990s: Four Factors that Explain the Decline and Six that Do Not », *Journal of Economic Perspectives*, 2004 ; Nevin R., « How Lead Exposure Relates to Temporal Changes in IQ, Violent Crime, and Unwed Pregnancy », *Environmental Research Section A*, 2000 ; Foote C.L. et Goetz C.F., « The Impact of Legalized Abortion on Crime: Comment », *Quarterly Journal of Economics*, 2008 ; Casciani D., « Did removing lead from petrol spark a decline in crime? », *BBC News Online*, 21 avril 2014.

96. Entretien de l'auteur avec Melissa Tracy, août 2018.

97. Lowrey A., « True Crime Costs », *Slate*, 21 octobre 2010.

Chapitre 5 : Le concept de viralité

1. Éléments de contexte sur Buzzfeed tirés de : Peretti J., « My Nike Media Adventure », *The Nation*, 9 avril 2001 ; échange d'emails avec le service clientèle de Nike iD janvier 2018 : http://www.yorku.ca/dzwick/niked.html ; Salmon F., « BuzzFeed's Jonah Peretti Goes Long », *Fusion*, 11 juin 2014 ; Lagorio-Chafkin C., « The Humble Origins of Buzzfeed », *Inc.*, 3 mars 2014 ; Rice A., « Does BuzzFeed Know the Secret? », *New York Magazine*, 7 avril 2013.

2. Peretti J., « My Nike Media Adventure », *The Nation*, 9 avril 2001.

3. Éléments de contexte et citations tirés d'un entretien de l'auteur avec Duncan Watts, février 2018. Pour une discussion plus détaillée sur ce travail de recherche : Watts D., *Everything is Obvious: Why Common Sense is Nonsense* (Atlantic Books, 2011).

4. Milgram S., « The small-world problem », *Psychology Today*, 1967.

5. Dodds P.S. *et al.*, « An Experimental Study of Search in Global Social Networks », *Science*, 2003.

6. Bakshy E. *et al.*, « Everyone's an Influencer: Quantifying Influence on Twitter », Travaux de la quatrième ACM International Conference sur le Web Search et le Data Mining (WSDM'11), 2011.

7. Aral S. et Walker D., « Identifying Influential and Susceptible Members of Social Networks », *Science*, 2012.

8. Aral S. et Dillon P., « Social influence maximization under empirical influence models », *Nature Human Behaviour*, 2018.

9. Données tirées de : Ugander J. *et al.*, « The Anatomy of the Facebook Social Graph », *arXiv*, 2011 ; Kim D.A. *et al.*, « Social network targeting to maximise population behaviour change : a cluster randomised controlled trial », *The Lancet*, 2015 ; Newman M.E., « Assortative mixing in networks », *Physical Review Letters*, 2002 ; Apicella C.L. *et al.*, « Social networks and cooperation in hunter-gatherers », *Nature*, 2012.

10. Conclusion défendue par : Aral S. et Dillon P., *Nature Human Behaviour*, 2018 ; Bakshy E. *et al.*, *WSDM*, 2011 ; Kim D.A. *et al.*, *The Lancet*, 2015.

11. Buckee C.O.F. *et al.*, « The effects of host contact network structure on pathogen diversity and strain structure », *PNAS*, 200 ; Kucharski A., « Study epidemiology of fake news », *Nature*, 2016.

12. Bessi A. *et al.*, « Science vs Conspiracy: Collective Narratives in the Age of Misinformation », *PLOS ONE*, 2015 ; Garimella K. *et al.*, « Political Discourse on Social Media: Echo Chambers, Gatekeepers, and the Price of Bipartisanship », travaux de la World Wide Web Conference 2018.

13. Éléments de contexte tirés de : Goldacre B., *Bad Science* (Fourth Estate, 2008) ; The Editors of *The Lancet*, « Retraction – Ileal-lymphoid-nodular hyperplasia, non-specific colitis, and pervasive developmental disorder in children », *The Lancet*, 2010.

14. Finnegan G., « Rise in vaccine hesitancy related to pursuit of purity », *Horizon Magazine*, 26 avril 2018 ; Larson H.J., « Maternal immunization: The new "normal" (or it should be) », *Vaccine*, 2015 ; Larson H.J. *et al.*, « Tracking the global spread of vaccine sentiments: The global response to Japan's suspension of its HPV vaccine recommendation », *Human Vaccines & Immunotherapeutics*, 2014.

15. Éléments de contexte sur la variolisation tirés de : « Variolation – an overview », *ScienceDirect Topics*, 2018.

16. Voltaire, « Lettre XI », *Lettres anglaises* (1734).

17. Éléments de contexte sur le travail de Bernoulli tirés de : Dietz K. et Heesterbeek J.A.P., « Daniel Bernoulli's epidemiological model revisited », *Mathematical Biosciences*, 2002 ; Colombo C. et Diamanti M., « The smallpox vaccine: the dispute between Bernoulli and d'Alembert and the calculus of probabilities », *Lettera Matematica International*, 2015.

18. La littérature disponible sur la sécurité et l'efficacité des vaccins ROR et contre la rougeole est abondante, par exemple Smeeth L. *et al.*, « MMR vaccination and pervasive developmental disorders: a case-control study », *The Lancet*, 2004 ; A. Hviid, J.V. Hansen, M. Frisch *et al.*, « Measles, Mumps, Rubella Vaccination and Autism: A Nationwide Cohort Study », *Annals of Internal Medicine*, 2019 ; LeBaron C.W. *et al.*, « Persistence of Measles Antibodies After 2 Doses of Measles Vaccine in a Postelimination Environment », *JAMA Pediatrics*, 2007.

19. « Wellcome Global Monitor 2018 », 19 juin 2019.

20. Finnegan G., « Rise in vaccine hesitancy related to pursuit of purity », *Horizon Magazine*, 26 avril 2018.

21. Funk S. *et al.*, « Combining serological and contact data to derive target immunity levels for achieving and maintaining measles elimination », *BioRxiv*, 2019.

22. « Measles : Europe sees record number of cases and 37 deaths so far this year », *British Medical Journal*, 2018.

23. Bakshy E. *et al.*, « Exposure to ideologically diverse news and opinion on Facebook », *Science*, 2015 ; Tufekci Z., « How Facebook's Algorithm Suppresses Content Diversity (Modestly) and How the Newsfeed Rules Your Clicks », *Medium*, 7 mai 2015.

24. Flaxman S. *et al.*, « Filter bubbles, echo chambers and online news consumption », *Public Opinion Quarterly*, 2016.

25. Bail C.A. *et al.*, « Exposure to opposing views on social media can increase political polarization », *PNAS*, 2018.

26. Duggan M. et Smith A., « The Political Environment on Social Media », *Pew Research Center*, 2016.

27. boyd dm., « Taken Out of Context: American Teen Sociality in Networked Publics », University of California, Dissertation de doctorat à Berkeley, 2008.

28. Un des premiers exemples : « Dead pet UL? » publié sur alt. folklore. urban, 10 juillet 1992.

29. Lettre à Étienne Noël Damilaville, 16 mai 1767.

30. Suler J., « The Online Disinhibition Effect », *Cyberpsychology and Behavior*, 2004.

31. Cheng J. *et al.*, « Antisocial Behavior in Online Discussion Communities », *Association for the Advancment of Artificial Intelligence*, 2015 ; Cheng J. *et al.*, « Anyone Can Become a Troll: Causes of Trolling Behavior in Online Discussions », *Computer-Supported Cooperative Work*, 2017.

32. Éléments de contexte sur l'étude Facebook tirés de : Kramer A.D.I. *et al.*, « Experimental evidence of massive-scale emotional contagion through social networks », *PNAS*, 2014 ; D'Onfro J., « Facebook Researcher Responds To Backlash Against "Creepy" Mood Manipulation Study », *Insider*, 29 juin 2014.

33. Griffin A., « Facebook manipulated users' moods in secret experiment », *The Independent*, 29 juin 2014 ; Arthur C., « Facebook emotion study breached ethical guidelines, researchers say », *The Guardian*, 30 juin 2014.

34. Exemples : Raine R. *et al.*, « A national cluster-randomised controlled trial to examine the effect of enhanced reminders on the socioeconomic gradient in uptake in bowel cancer screening », *British Journal of Cancer*, 2016 ; Kitchener H.C. *et al.*, « A cluster randomised trial of strategies to increase cervical screening uptake at first invitation (STRATEGIC) », *Health Technology Assessment*, 2016. Remarquez qu'en dépit de leur usage largement répandu, le concept des expériences randomisées (souvent appelées « A/B testings ») semble mettre un certain nombre de personnes mal à l'aise – et ce, même si les options sont sans conséquence et que la conception de l'étude respecte les principes éthiques. Une étude menée en 2019 a montré que « les A/B testings conçus pour évaluer l'efficacité comparative entre deux politiques ou traitements sont souvent considérés comme inacceptables alors que mettre en œuvre A ou B, sans test, comme cela se pratique partout, est perçu comme acceptable ». Meyer M.N. *et al.*, « Objecting to experiments that compare two unobjectionable policies or treatments », *PNAS*, 2019.

35. Berger J. et Milkman K.L., « What Makes online Content Viral? », *Journal of Marketing Research*, 2011.

36. Heath C. *et al.*, « Emotional selection in memes: the case of urban legends », *Journal of Personality and Social Psychology*, 2001.

37. Tufekci Z., « YouTube, the Great Radicalizer », *New York Times*, 10 mars 2018.

38. Baquero F. *et al.*, « Ecology and evolution of antibiotic resistance », *Environmental Microbiology Reports*, 2009.

39. Éléments de contexte tirés de : De Domenico M. *et al.*, « The Anatomy of a Scientific Rumor », *Scientific Reports*, 2013.

40. Goel S. *et al.*, « The Structural Virality of Online Diffusion », *Management Science*, 2016.

41. Goel S. *et al.*, « The Structure of Online Diffusion Networks », *EC'12 Proceedings of the 13th ACM Conference on Electronic Commerce*, 2012 ; Tatar A. *et al.*, « A survey on predicting the popularity of web content », *Journal of Internet Services and Applications*, 2014.

42. Watts D.J. *et al.*, « Viral Marketing for the Real World », *Harvard Business Review*, 2007.

43. Méthode issue de : Blumberg S. and Lloyd-Smith J.O., *PLOS Computational Biology*, 2013. Ce calcul fonctionne même s'il est possible qu'il y ait des événements super-contaminateurs.

44. Chowell G. *et al.*, « Transmission potential of influenza A/H7N9, February to May 2013, China », *BMC Medicine*, 2013.

45. Watts D.J. *et al.*, « Viral Marketing for the Real World », *Harvard Business Review*, 2007. Remarquez que les questions techniques liées à la campagne d'emails ont pu, dans une certaine mesure, réduire le taux de reproduction de Tide de manière artificielle.

46. Breban R. *et al.*, « Interhuman transmissibility of Middle East respiratory syndrome coronavirus: estimation of pandemic risk », *The Lancet*, 2013.

47. Geoghegan J.L. *et al.*, « Virological factors that increase the transmissibility of emerging human viruses », *PNAS*, 2016.

48. García-Sastre A., « Influenza Virus Receptor Specificity », *American Journal of Pathology*, 2010.

49. Adamic L.A. *et al.*, « Information Evolution in Social Networks », *Proceedings of the Ninth ACM International Conference on Web Search and Data Mining (WSDM'16)*, 2016.

50. Cheng J. *et al.*, « Do Diffusion Protocols Govern Cascade Growth? », *AAAI Publications*, 2018.

51. Éléments de contexte sur les débuts du phénomène de transmission pour BuzzFeed : Rice A., « Does BuzzFeed Know the Secret? », *New York Magazine*, 7 avril 2013.

52. Watts D.J. *et al.*, « Viral Marketing for the Real World », *Harvard Business Review*, 2007. Pour faciliter la lecture, le symbole < a été remplacé par « inférieur à » dans le texte.

53. Guardian Datablog, « Who are the most social publishers on the web? », *The Guardian Online*, 3 octobre 2013.

54. Salmon F., « BuzzFeed's Jonah Peretti Goes Long », *Fusion*, 11 juin 2014.

55. Martin T. *et al.*, « Exploring Limits to Prediction in Complex Social Systems », Travaux de la 25e Conférence Internationale du World Wide Web, 2016.

56. Shulman B. *et al.*, « Predictability of Popularity: Gaps between Prediction and Understanding », *International Conference on Web and Social Media*, 2016

57. Cheng J. *et al.*, « Can cascades be predicted? », Travaux de la 23e Conférence Internationale du World Wide Web, 2014.

58. Yucesoy B. *et al.*, « Success in books: a big data approach to bestsellers », *EPJ Data Science*, 2018.

59. McMahon V., « #Neknominate girl's shame: I'm sorry for drinking a goldfish », *Irish Mirror*, 5 février 2014.

60. De nombreuses vidéos de neknomination sont disponibles sur YouTube. Fricker M., « RSPCA hunt yob who downed NekNomination cocktail containing cider, eggs, battery fluid, urine and THREE goldfish », *Mirror*, 5 février 2014.

61. Exemples de couverture médiatique : Fishwick C., « NekNominate: should Facebook ban the controversial drinking game? », *The Guardian*, 11 février 2014 ; « "Neknomination": Facebook ignores calls for ban after two deaths », *Evening Standard*, 3 février 2014.

62. More or Less : « Neknomination Outbreak », *BBC World Service Online*, 22 février 2014.

63. Kucharski A.J., « Modelling the transmission dynamics of online social contagion », *arXiv*, 2016.

64. Des chercheurs de l'universtié de Warwick ont trouvé un niveau de prévisibilité similaire. En se basant sur la dynamique de la neknomination, ils ont réussi à prévoir avec justesse la durée de quatre semaines pour le défi du seau d'eau glacée peu après qu'il ait fait son apparition. Sprague D.A. et House T., « Evidence for complex contagion models of social contagion from observational data », *PLOS ONE*, 2017.

65. Cheng J. *et al.*, « Do Cascades Recur? », Travaux de la 25e Conférence Internationale du World Wide Web, 2016.

66. Crane R. et Sornette D., « Robust dynamic classes revealed by measuring the response function of a social system », *PNAS*, 2008.

67. Tan C. *et al.*, « Lost in Propagation? Unfolding News Cycles from the Source », *Association for the Advancement of Artificial Intelligence*, 2016 ; Tatar A. *et al.*,

« A survey on predicting the popularity of web content », *Journal of Internet Services and Applications*, 2014.

68. Vosoughi S. *et al.*, « The spread of true and false news online », *Science*, 2018.

69. Exemples tirés de : Romero D.M., « Differences in the Mechanics of Information Diffusion Across Topics: Idioms, Political Hashtags, and Complex Contagion on Twitter », Travaux de la 20e Conférence Internationale on World Wide Web, 2011 ; State B. et Adamic L.A., « The Diffusion of Support in an Online Social Movement: Evidence from the Adoption of Equal-Sign Profile Pictures », *Proceedings of the 18th ACM Conference on Computer Supported Cooperative Work & Social Computing*, 2015 ; Guilbeault D. *et al.*, « Complex Contagions: A Decade in Review », Lehmann S. et Ahn Y. (eds.), *Spreading Dynamics in Social Systems* (Springer Nature, 2018).

70. Weng L. *et al.*, « Virality Prediction and Community Structure in Social Networks », *Scientific Reports*, 2013.

71. Centola D., *How Behavior Spreads: The Science of Complex Contagions* (Princeton University Press, 2018).

72. Anderson C., « The End of Theory: The Data Deluge Makes the Scientific Method Obsolete », *Wired*, 23 juin 2008.

73. « Big Data, for better or worse: 90 per cent of world's data generated over last two years », *Science Daily*, 22 mai 2013.

74. Largement attribué à Goodhart sous cette forme. Déclaration d'origine : « Toute régularité statistique tend à s'effondrer dès lors qu'une pression lui est appliquée pour la contrôler ». Goodhart C., « Problems of Monetary Management: The U.K. Experience », Courakis, A. S. (ed.), *Inflation, Depression, and Economic Policy in the West* (Springer 1981).

75. Small J.P., *Wax Tablets of the Mind: Cognitive Studies of Memory and Literacy in Classical Antiquity* (Routledge, 1997).

76. Lewis K. *et al.*, « The Structure of Online Activism », *Sociological Science*, 2014.

77. Gabielkov M. *et al.*, « Social Clicks: What and Who Gets Read on Twitter? », *ACM SIGMETRICS*, 2016.

78. Citations tirées d'un entretien de l'auteur avec Dean Eckles, août 2017.

79. Largement attribué, sans qu'une source originale ne soit clairement identifiée.

80. Le pixel Facebook est un exemple d'ad tracking souvent cité. « Conversion Tracking », *Facebook for Developers*, 2019. https://developers.facebook.com/docs/facebook-pixel

81. Chronologie tirée de : Lederer B., « 200 Milliseconds: The Life of a Programmatic RTB Ad Impression », *Shelly Palmer*, 9 juin 2014.

82. Nsubuga J., « Conservative MP Gavin Barwell in "date Arab girls" Twitter gaffe », *Metro*, 18 mars 2013.

83. Albright J., « Who Hacked the Election? Ad Tech did. Through "Fake News" Identify Resolution and Hyper-Personalization », *Medium*, 30 juillet 2017.

84. Au premier trimestre 2019, le revenu par utilisateur d'une publicité Facebook aux États-Unis et au Canada était de 30 dollars, soit 120 dollars par an. Si les utilisateurs valent 60 % de moins sans leurs données de navigation, la valeur moyenne des données est (au moins) de $120 x 0.6 = $72. Estimations tirées de Facebook, résultats du premier trimestre 2019 : http://investor.fb.com ; Johnson G.A. *et al.*, « Consumer Privacy Choice in Online Advertising: Who Opts Out and at What Cost to Industry? », *Simon Business School Working paper*, 2017 ; Leswing K., « Apple makes billions from Google's dominance in search – and it's a bigger business than iCloud or Apple Music », *Business Insider*, 29 septembre 2018 ; Bell K., « iPhone's user base to surpass 1 billion units by 2019 », *Cult of Mac*, 8 février 2017.

85. Pandey E. et Parker S., « Facebook was designed to exploit human "vulnerability" », *Axios*, 9 novembre 2017.

86. Kafka P., « Amazon ? HBO ? Netflix thinks its real competitor is… sleep », *Vox*, 17 avril 2017.

87. Éléments de contexte sur le design tirés de : Harris T., « How Technology is Hijacking Your Mind – from a Magician and Google Design Ethicist », *Medium*, 18 mai 2016.

88. Bajarin B., « Apple's Penchant for Consumer Security », *Tech.pinions*, 18 avril 2016.

89. Pandey E. et Parker S., « Facebook was designed to exploit human "vulnerability" », *Axios*, 9 novembre 2017.

90. Bien qu'il soit désormais un élément central des réseaux sociaux, le bouton « like » trouve son origine en ligne dans un tout autre contexte. Locke M., « How Likes Went Bad », *Medium*, 25 avril 2018.

91. Lewis P. « "Our minds can be hijacked": the tech insiders who fear a smartphone dystopia », *Guardian*, 6 octobre 2017.

92. « Who can see the comments on my Moments posts? », *WeChat Help Center*, octobre 2018.

93. Éléments de contexte sur la censure tirés de : King G. *et al.*, « Reverse-engineering censorship in China: Randomized experimentation and participant observation », *Science*, 2014 ; Tucker J., « This explains how social media can both weaken – and strengthen – democracy », *Washington Post*, 6 décembre 2017.

94. Das S. et Kramer A., « Self-Censorship on Facebook », *AAAI*, 2013.

95. Davidsen C., « You Are Not a Target », 7 juin 2015 : https://www.youtube.com/watch?v=LGiiQUMaShw&feature=youtu.be

96. Issenberg S., « How Obama's Team Used Big Data to Rally Voters », *MIT Technology Review*, 19 décembre 2012.

97. Éléments de contexte et citations tirés de : Rodrigues Fowler Y. et Goodman C., « How Tinder Could Take Back the White House », *New York Times*, 22 juin 2017.

98. Solon O. et Siddiqui S., « Russia-backed Facebook posts "reached 126m Americans" during US election », *The Guardian*, 31 octobre 2017 ; Statt N., « Twitter says it exposed nearly 700,000 people to Russian propaganda during US election », *The Verge*, 19 janvier 2018.

99. Watts D.J. et Rothschild D.M., « Don't blame the election on fake news. Blame it on the media », *Columbia Journalism Review*, 2017. Voir aussi : Persily N. et Stamos A., « Regulating Online Political Advertising by Foreign Governments and Nationals » ; McFaul M. (ed.), *Securing American Elections*, Stanford University, juin 2019.

100. Confessore N. et Yourish K., « $2 Billion Worth of Free Media for Donald Trump », *New York Times*, 16 mars 2016

101. Guess A. *et al.*, « Selective Exposure to Misinformation: Evidence from the consumption of fake news during the 2016 U.S. presidential campaign », 2018 ; Guess A. *et al.*, « Fake news, Facebook ads, and misperceptions: Assessing information quality in the 2018 U.S. midterm election campaign », 2019 ; Narayanan V. *et al.*, « Russian Involvement and Junk News during Brexit », *Oxford Comprop Data Memo*, 2017.

102. Pareene A., « How We Fooled Donald Trump Into Retweeting Benito Mussolini », *Gawker*, 28 février 2016.

103. Hessdec A., « On Twitter, a Battle Among Political Bots », *New York Times*, 14 décembre 2016.

104. Shao C. *et al.*, « The spread of low-credibility content by social bots », *Nature Communications*, 2018.

105. Musgrave S., « ABC, AP and others ran with false information on shooter's ties to extremist groups », *Politico*, 16 février 2018.

106. O'Sullivan D., « American media keeps falling for Russian trolls », *CNN*, 21 juin 2018.

107. Phillips W., « How journalists should not cover an online conspiracy theory », *The Guardian*, 6 août 2018.

108. Éléments de contexte sur la manipulation des médias tirés de : Phillips W., « The Oxygen of Amplification », *Data & Society Report*, 2018.

109. Weiss M., « Revealed: The Secret KGB Manual for Recruiting Spies », *The Daily Beast*, 27 décembre 2017.

110. DiResta R., « There are bots. Look around », *Ribbon Farm*, 23 mai 2017.

111. « Over 9 000 Penises », *Know Your Meme*, 2008.

112. Zannettou S. *et al.*, « On the Origins of Memes by Means of Fringe Web Communities », *arXiv*, 2018.

113. Feinberg A., « This is the Daily Stormer's playbook », *Huffington Post*, 13 décembre 2017.

114. Collins K. et Roose K., « Tracing a Meme From the Internet's Fringe to a Republican Slogan », *New York Times*, 4 novembre 2018.

115. Éléments de contexte sur les débordements : O'Sullivan D., « Russian trolls created Facebook events seen by more than 300,000 users », *CNN*, 26 janvier 2018 ; Taub A. et Fisher M., « Where Countries Are Tinderboxes and Facebook Is a Match », *New York Times*, 21 avril 2018. L'analyse du mouvement en ligne #BlackLivesMatter a aussi révélé que des comptes russes ont contribué à alimenter les deux parties du débat : Stewart L.G. *et al.*, « Examining Trolls and Polarization with a Retweet Network », *MIS2*, 2018.

116. Broniatowski D.A. *et al.*, « Weaponized Health Communication: Twitter Bots and Russian Trolls Amplify the Vaccine Debate », *American Journal of Public Health*, 2018 ; *Wellcome Global Monitor 2018*, 19 juin 2019.

117. Google Ngram.

118. Takayasu M. *et al.*, « Rumor Diffusion and Convergence during the 3.11 Earthquake: A Twitter Case Study », PLOS ONE, 2015.

119. Friggeri A. *et al.*, « Rumor Cascades », *AAAI Publications*, 2014.

120. « WhatsApp suggests a cure for virality », *The Economist*, 26 juillet 2018.

121. McMillan R. et Hernandez D., « Pinterest Blocks Vaccination Searches in Move to Control the Conversation », *Wall Street Journal*, 20 février 2019.

122. Citations tirées d'un entretien de l'auteur avec Whitney Phillips, octobre 2018.

123. Baumgartner J. *et al.*, « What we learned from analyzing thousands of stories on the Christchurch shooting », *Columbia Journalism Review*, 2019.

124. Citations tirées d'un entretien de l'auteur avec Brendan Nyhan, novembre 2018.

125. Web of Science. Recherche : (<platform> AND (contagio* OR diffus* OR transmi*). Les études qui ne mentionnaient la plateforme qu'à titre d'exemple illustratif ou comparatif ont été exclues ; de même si elles se concentraient sur l'adoption de la plateforme en elle-même plutôt que sur la diffusion par son biais. Au total, 391 études sur Twitter et 85 sur Facebook entre 2016 et 2018. 330 millions d'utilisateurs de Twitter en 2019 contre 2 400 millions pour Facebook. https://www.statista.com/

126. Nelson A. *et al.*, « The Social Science Research Council Announces the First Recipients of the Social Media and Democracy Research Grants », *Social Sciences Research Council Items*, 29 avril 2019 ; Alba D., « Ahead of 2020, Facebook Falls Short on Plan to Share Data on Disinformation », *New York Times*, 29 septembre 2019.

127. « Almost all of Vote Leave's digital communication and data science was invisible even if you read every single news story or column ever produced in the campaign or any of the books so far published. » Citation tirée de : Cummings D., « On the referendum #20 », *Blog de Dominic Cummings*, 29 octobre 2016. En octobre 2018, Facebook a rendu publiques ses archives de publicités politiques – un virage important, même s'il ne concerne encore que la première étape des processus de transmission de l'information. Cellan-Jones R., « Facebook tool makes UK political ads "transparent" », *BBC News Online*, 16 octobre 2018.

128. Ginsberg D. et Burke M., « Hard Questions: Is Spending Time on Social Media Bad for Us? » *Facebook newsroom*, 15 décembre 2017 ; Burke M. *et al.*, « Social Network Activity and Social Well-Being », *Proceedings of the 28th International Conference on Human Factors in Computing Systems*, 2010 ; Burke M. et Kraut R.E., « The Relationship Between Facebook Use and Well-Being Depends on Communication Type and Tie Strength », *Journal of Computer-Mediated Communication*, 2016.

129. Routledge I. *et al.*, « Estimating spatiotemporally varying malaria reproduction numbers in a near elimination setting », *Nature Communications*, 2018.

Chapitre 6 : Maîtriser Internet

1. Éléments de contexte sur Mirai tirés de : Antonakakis M. *et al.*, « Understanding the Mirai Botnet », Travaux du 26e *USENIX Security Symposium*, 2017 ; Solomon B. et Fox-Brewster T., « Hacked Cameras Were Behind Friday's Massive Web Outage », *Forbes*, 21 octobre 2016 ; Bours B., « How a Dorm Room Minecraft Scam Brought Down the Internet », *Wired*, 13 décembre 2017.

2. Citation tirée de : Bours B., « How a Dorm Room Minecraft Scam Brought Down the Internet », *Wired*, 13 décembre 2017.

3. Éléments de contexte sur WannaCry tirés de : « What you need to know about the WannaCry Ransomware », *Symantec Blogs*, 23 octobre 2017 ; Field M., « WannaCry cyber attack cost the NHS £92m as 19,000 appointments cancelled », *The Telegraph*, 11 octobre 2018 ; Wiedeman R., « The British hacker Marcus Hutchins and the FBI », *The Times*, 7 avril 2018.

4. Moore D. *et al.*, « The Spread of the Sapphire/Slammer Worm », *Center for Applied Internet Data Analysis (CAIDA)*, 2003.

5. Éléments de contexte sur Elk Cloner tirés de : Leyden J., « The 30-year-old prank that became the first computer virus », *The Register*, 14 décembre 2012.

6. Citations tirées d'un entretien de l'auteur avec Alex Vespignani, mai 2018.

7. Cohen F., « Computer Viruses – Theory and Experiments », 1984.

8. Éléments de contexte sur Morris Worm tirés de : Seltzer L., « The Morris Worm: Internet malware turns 25 », *Zero Day*, 2 novembre 2013 ; UNITED STATES of America, Appelant, vs Robert Tappan MORRIS, Défendeur en appel. 928 F.2D 504, 1990.

9. Graham P., « The Submarine », avril 2005. http://www.paulgraham.com

10. Moon M., « "Minecraft" success helps its creator buy a $70 million mansion », *Engadget*, 18 décembre 2014.

11. Éléments de contexte sur DDoS tirés de : « Who is Anna-Senpai, the Mirai Worm Author? », *Krebs on Security*, 18 janvier 2017 ; « Spreading the DDoS Disease and Selling the Cure », 19 octobre 2016.

12. « Computer Hacker Who Launched Attacks On Rutgers University Ordered To Pay $8.6m », *U.S. Attorney's Office, District of New Jersey*, 26 octobre 2018.

13. @MalwareTechBlog, 13 mai 2017.

14. Staniford S. *et al.*, « How to 0wn the Internet in Your Spare Time », *ICIR*, 2002.

15. En supposant que R_0 = 20 et que la durée d'infection soit de huit jours, 0,1 infection par heure.

16. Moore D. *et al.*, « The Spread of the Sapphire/Slammer Worm », *Center for Applied Internet Data Analysis (CAIDA)*, 2003.

17. « Kaspersky Lab Research Reveals the Cost and Profitability of Arranging a DDoS Attack », *Kaspersky Lab*, 23 mars 2017.

18. Palmer D., « Ransomware is now big business on the dark web and malware developers are cashing in », *ZDNet*, 11 octobre 2017.

19. Nakashima E. et Timberg C., « NSA officials worried about the day its potent hacking tool would get loose. Then it did », *Washington Post*, 16 mai 2017.

20. Orr A., « Zerodium Offers $2 Million for Remote iOS Exploits », *Mac Observer*, 10 janvier 2019.

21. Éléments de contexte tirés de : Kushner D., « The Real Story of Stuxnet », *IEEE Spectrum*, 26 février 2013 ; Kopfstein J., « Stuxnet virus was planted by Israeli agents using USB sticks, according to new report », *The Verge*, 12 avril 2012.

22. Kaplan F., *Dark Territory: The Secret History of Cyber War* (Simon & Schuster, 2016).

23. *Dark Trace. Global Threat Report 2017.* http://www.darktrace.com

24. Éléments de contexte et citations tirés de : Lomas A., « Screwdriving. Locating and exploiting smart adult toys », *Pen Test Partners Blog*, 29 septembre 2017 ; Franceschi-Bicchierai L., « Hackers Can Easily Hijack This Dildo Camera and Livestream the Inside of Your Vagina (Or Butt) », *Motherboard*, 3 avril 2017.

25. DeMarinis N. *et al.*, « Scanning the Internet for ROS: A View of Security in Robotics Research », *arXiv*, 2018.

26. Éléments de contexte sur la coupure AWS tirés de : Hindi R., « Thanks for breaking our connected homes, Amazon », *Medium*, 28 février 2017 ; Hern A., « How did an Amazon glitch leave people literally in the dark? », *The Guardian*, 1er mars 2017.

27. Éléments de contexte sur les performances d'AWS: Amazon Compute Service Level Agreement. https://aws.amazon.com, 12 février 2018 ; Poletti T., « The engine for Amazon earnings growth has nothing to do with e-commerce », *Market Watch*, 29 avril 2018.

28. Swift D., « "Mega Outage" Wreaks Havoc on Internet, is AWS too Big to Fail? », *Digit*, 2017 ; Bobeldijk Y., « Is Amazon's cloud service too big to fail? », *Financial News*, 1er août 2017.

29. Barrett B. et Newman L.H., « The Facebook Security Meltdown Exposes Way More Sites Than Facebook », *Wired*, 28 septembre 2018.

30. Éléments de contexte sur le Love Bug : Meek J., « Love bug virus creates worldwide chaos », *The Guardian*, 5 mai 2000 ; Barabási A.L., *Linked : the New Science of Networks* (Perseus Books, 2003).

31. White S.R., « Open Problems in Computer Virus Research », *Virus Bulletin Conference*, 1998.

32. Barabási A.L. et Albert R., « Emergence of Scaling in Random Networks », *Science*, 1999.

33. Pastor-Satorras R. et Vespignani A., « Epidemic Spreading in Scale-Free Networks », *Physical Review Letters*, 2 avril 2001.

34. Goel S. *et al.*, « The Structural Virality of Online Diffusion », *Management Science*, 2016.

35. Éléments de contexte sur left-pad tirés de : Williams C., « How one developer just broke Node, Babel and thousands of projects in 11 lines of JavaScript », *The Register*, 23 mars 2016 ; Tung L., « A row that led a developer to delete a 17-line JavaScript module has stopped countless applications working », *ZDNet*, 23 mars

2016 ; Roberts M., « A discussion about the breaking of the Internet », *Medium*, 23 mars 2016.

36. Haney D., « NPM & left-pad: Have We Forgotten How To Program? », 23 mars 2016. https://www.davidhaney.io

37. Rotabi R. *et al.*, « Tracing the Use of Practices through Networks of Collaboration », *AAAI*, 2017.

38. Fox-Brewster T., « Hackers Sell $7,500 IoT Cannon To Bring Down The Web Again », *Forbes*, 23 octobre 2016.

39. Gallagher S., « New variants of Mirai botnet detected, targeting more IoT devices », *Ars Technica*, 9 avril 2019.

40. Cohen F., « Computer Viruses – Theory and Experiments », 1984.

41. Cloonan J., « Advanced Malware Detection – Signatures vs. Behavior Analysis », *Infosecurity Magazine*, 11 avril 2017.

42. Oldstone M.B.A., *Viruses, Plagues, and History* (Oxford University Press, 2010).

43. Éléments de contexte sur Beebone tirés de : Goodin D., « US, European police take down highly elusive botnet known as Beebone », *Ars Technica*, 9 avril 2015 ; Samani R., « Update on the Beebone Botnet Takedown », *McAfee Blogs*, 20 avril 2015.

44. Thompson C.P. *et al.*, « A naturally protective epitope of limited variability as an influenza vaccine target », *Nature Communications*, 2018.

45. « McAfee Labs 2019 Threats Predictions Report », *McAfee Labs*, 29 novembre 2018 ; Seymour J. et Tully P., « Weaponizing data science for social engineering: Automated E2E spear phishing on Twitter », document de travail, 2016.

Chapitre 7 : Sur la piste des épidémies

1. Éléments de contexte sur l'affaire Schmidt tirés de : Cour d'appel de Louisiane, Third Circuit. STATE of Louisiana v. Richard J. SCHMIDT. No. 99–1412, 2000 ; Miller M., « A Deadly Attraction », *Newsweek*, 18 août 1996.

2. Darwin C., *Journal of researches into the natural history and geology of the countries visited during the voyage of H.M.S. Beagle round the world, under the command of Capt. Fitz Roy, R.N.* (John Murray, 1860).

3. Hon C.C. *et al.*, « Evidence of the Recombinant Origin of a Bat Severe Acute Respiratory Syndrome (SARS)-Like Coronavirus and Its Implications on the Direct Ancestor of SARS Coronavirus », *Journal of Virology*, 2008.

4. Mise à jour du dossier médico-légal de l'affaire Janice Trahan Case, CNN, 14 mars 2016.

5. González-Candelas F. *et al.*, « Molecular evolution in court: analysis of a large hepatitis C virus outbreak from an evolving source », *BMC Biology*, 2013 ; Fuchs D., « Virus doctor jailed for 1,933 years », *The Guardian*, 16 mai 2007.

6. Oliveira T. *et al.*, « hiv-1 and hcv sequences from Libyan outbreak », *Nature*, 2006 ; « hiv medics released to Bulgaria », *BBC News Online*, 24 juillet 2007.

7. Köser C.U. *et al.*, « Rapid Whole-Genome Sequencing for Investigation of a Neonatal MRSA Outbreak », *NEJM*, 2012 ; Fraser C. *et al.*, « Pandemic Potential of a Strain of Influenza A (H1N1): Early Findings », *Science*, 2009.

8. Kama M. *et al.*, « Sustained low-level transmission of Zika and chikungunya viruses following emergence in the Fiji Islands, Pacific », *Emerging Infectious Diseases*, 2019.

9. Diallo B. *et al.*, « Resurgence of Ebola virus disease in Guinea linked to a survivor with virus persistence in seminal fluid for more than 500 days », *Clinical Infectious Diseases*, 2016.

10. Racaniello V., « Zika virus, like all other viruses, is mutating », *Virology Blog*, 14 avril 2016.

11. Beaty B.M. et Lee B., « Constraints on the Genetic and Antigenic Variability of Measles Virus », *Viruses,* 2016.

12. Éléments de contexte sur la disponibilité des séquences : Gire S.K. *et al.*, « Genomic surveillance elucidates Ebola virus origin and transmission during the 2014 outbreak », *Science*, 2014 ; Yozwiak N.L., « Data sharing: Make outbreak research open access », *Nature*, 2015 ; Gytis Dudas : https://twitter.com/evogytis/status/1065157012261126145

13. Sample I., « Thousands of lives put at risk by clinical trials system that is "not fit for purpose" », *The Guardian*, 31 mars 2014.

14. Callaway E., « Zika-microcephaly paper sparks data-sharing confusion », *Nature*, 12 février 2016 ; Maxmen, A., « Two Ebola drugs show promise amid ongoing outbreak », *Nature*, 12 août 2019 ; Johansson M.A. *et al.*, « Preprints: An underutilized mechanism to accelerate outbreak science », PLOS *Medicine*, 2018. https://nextstrain.org/community/inrb-drc/ebola-nord-kivu

15. Sabeti P., « How we'll fight the next deadly virus », *TEDWomen*, 2015.

16. Hadfield J. *et al.*, « Nextstrain: real-time tracking of pathogen evolution », *Bioinformatics*, 2018.

17. Doughton S., « 250,000 people now follow this Fred Hutch scientist on Twitter. We talk to this leading voice of the coronavirus pandemic », *Seattle Times*, 1er juin 2020.

18. https://twitter.com/trvrb/status/1233970271318503426?s=20

19. Owlcation, « The History Behind the Story of Goldilocks », 22 février 2018. https://owlcation.com/humanities/goldilocks-and-three-bears

20. Éléments de contexte et citations tirés d'un entretien de l'auteur avec Jamie Tehrani, octobre 2017.

21. Tehrani J.J., « The Phylogeny of Little Red Riding Hood », *PLOS ONE*, 2013.

22. Van Wyhe J., « The descent of words: evolutionary thinking 1780–1880 », *Endeavour*, 2005.

23. Luu C., « The Fairytale Language of the Brothers Grimm », *JSTOR Daily*, 2 mai 2018.

24. Da Silva S.G. et Tehrani J.J., « Comparative phylogenetic analyses uncover the ancient roots of Indo-European folktales », *Royal Society Open Science*, 2015.

25. Smith D. *et al.*, « Cooperation and the evolution of hunter-gatherer storytelling », *Nature Communications*, 2017.

26. Éléments de contexte tirés de : Stubbersfield J.M. *et al.*, « Serial killers, spiders and cybersex: social and survival information bias in the transmission of urban legends », *British Journal of Psychology*, 2015. D'autres études menées sur les « téléphones », ont montré à une tendance similaire, avec, semblerait-il, un avantage pour les informations d'ordre social en matière de transmission.

27. Éléments de contexte sur les éléments absurdes tirés de : Mesoudi A. et Whiten A., « The multiple roles of cultural transmission experiments in understanding human cultural evolution », *Philosphical Transactions of the Royal Society B*, 2008 ; Stubbersfield J. et Tehrani J., « Expect the Unexpected? Testing for Minimally Counterintuitive (MCI) Bias in the Transmission of Contemporary Legends: A Computational Phylogenetic Approach », *Social Science Computer Review*, 2013.

28. Dlugan A., « How to Use the Rule of Three in Your Speeches », 27 mai 2009. http://sixminutes.dlugan.com/rule-of-three-speeches-public-speaking

29. On retrouve aussi la règle des trois au théâtre, où la chute vient d'un troisième élément inattendu.

30. Newberry M.G. *et al.*, « Detecting evolutionary forces in language change », *Nature*, 2017.

31. Valverde S. et Sole R.V., « Punctuated equilibrium in the large-scale evolution of programming languages », *Journal of the Royal Society Interface*, 2015.

32. Svinti V. *et al.*, « New approaches for unravelling reassortment pathways », *BMC Evolutionary Biology*, 2013.

33. Sample I., « Evolution: Charles Darwin was wrong about the tree of life », *The Guardian*, 21 janvier 2009.

34. Éléments de contexte sur la technique de l'éponge tirés de : Krützen M. *et al.*, « Cultural transmission of tool use in bottlenose dolphins », *PNAS*, 2005 ; Morell V., « Why Dolphins Wear Sponges », *Science*, 20 juillet 2011.

35. Éléments de contexte et citations tirés d'un entretien de l'auteur avec Lucy Aplin, août 2017.

36. Baker K.S. *et al.*, « Horizontal antimicrobial resistance transfer drives epidemics of multiple Shigella species », *Nature Communications*, 2018 ; McCarthy A.J. *et al.*, « Extensive Horizontal Gene Transfer during Staphylococcus aureus Co-colonization In Vivo », *Genome Biology and Evolution,* 2014 ; Alirol E. *et al.*, « Multidrug-resistant gonorrhea: A research and development roadmap to discover new medicines », *PLOS Medicine*, 2017.

37. Gallagher J., « Man has "world's worst" super-gonorrhoea », *BBC News Online*, 28 mars 2018 ; Gallagher J., « Super-gonorrhoea spread causes "deep concern" », *BBC News Online*, 9 janvier 2019.

38. Point de vue de l'Alzheimer's Society's sur les tests génétiques. Avril 2015. https://www.alzheimers.org.uk/about-us/policy-and-influencing/what-we-think/genetic-testing ; Dépistage génétique pour des risques de cancer. Cancer Research UK. https://www.cancerresearchuk.org/about-cancer/causes-of-cancer/inherited-cancer-genes-and-increased-cancer-risk/genetic-testing-for-cancer-risk

39. Middleton A., « Attention The Times: Prince William's DNA is not a toy », *The Conversation*, 14 juin 2013. Les chercheurs ont aussi critiqué l'analyse scientifique sous-jacente à l'article. Kennett D. A, « The Rise and Fall of Britain's DNA: A Tale of Misleading Claims, Media Manipulation and Threats to Academic Freedom », *Genealogy*, 2018.

40. Ash L., « The Christmas present that could tear your family apart », *BBC News Online*, 20 décembre 2018.

41. Clark K., « Scoop : 23andMe is raising up to $300M », *PitchBook*, 24 juillet 2018 ; Rutherford A., « DNA ancestry tests may look cheap. But your data is the price », *The Guardian*, 10 août 2018.

42. Cox N., « UK Biobank shares the promise of big data », *Nature*, 10 octobre 2018.

43. Sur la base des données du recensement de 1990, Sweeney a estimé que 87 % des personnes pouvaient être identifiées. Des études ultérieures ont abaissé ce taux entre 61 et 63 % sur la base des données de 1990 et de 2000. Éléments de contexte : Sweeney L., « Simple Demographics Often Identify People Uniquely », Carnegie Mellon University, document de travail sur la confidentialité des données, 2000 ; Ohm P., « Broken Promises of Privacy: Responding to the Surprising Failure of Anonymization », *UCLA Law Review*, 2010 ; Sweeney L., « Only You, Your Doctor, and Many Others May Know », *Technology Science*, 2015.

44. Sweeney L., « Only You, Your Doctor, and Many Others May Know », *Technology Science*, 2015.

45. Smith S., « Data and privacy », *Significance*, 3 octobre 2014.

46. Éléments de contexte sur les données sur les taxis tirés de : Whong C., « FOILing NYC's Taxi Trip Data », 18 mars 2014. https://chriswhong.com ; Pandurangan V., « On Taxis and Rainbows », 21 juin 2014. https://tech.vijayp.ca

47. Éléments de contexte et citations tirés de : Tockar A., « Riding with the Stars: Passenger Privacy in the NYC Taxicab Dataset », 15 septembre 2014. https://research.neustar.biz

48. De Montjoye Y.A., « Unique in the Crowd: The privacy bounds of human mobility », *Scientific Reports*, 2013.

49. Shahani A., « Smartphones Are Used To Stalk, Control Domestic Abuse Victims », *National Public Radio*, 15 septembre 2014.

50. Hern A., « Fitness tracking app Strava gives away location of secret US army bases », *The Guardian*, 28 janvier 2014.

51. Watts A.G. *et al.*, « Potential Zika virus spread within and beyond India », *Journal of Travel Medicine*, 2018 ; Bengtsson L. *et al.*, « Improved Response to Disasters and Outbreaks by Tracking Population Movements with Mobile Phone Network Data: A Post-Earthquake Geospatial Study in Haiti », *PLOS Medicine*, 2011 ; Santi P. *et al.*, « Quantifying the benefits of vehicle pooling with shareability networks », *PNAS*, 2014.

52. Chen M.K. et Rohla R., « The effect of partisanship and political advertising on close family ties », *Science*, 2018 ; Silm S. *et al.*, « Are younger age groups less segregated ? Measuring ethnic segregation in activity spaces using mobile phone data », *Journal of Ethnic and Migration Studies*, 2017 ; Xiao Y. *et al.*, « Exploring the disparities in park access through mobile phone data: Evidence from Shanghai, China », *Landscape and Urban Planning*, 2019 ; « Atlas of Inequality » : https://inequality.media.mit.edu

53. Conlan A.J.K. *et al.*, « Measuring social networks in British primary schools through scientific engagement », *Proceedings of the Royal Society B*, 2010.

54. Éléments de contexte sur les courtiers en données GPS tirés de : Harris R., « Your Apps Know Where You Were Last Night, and They're Not Keeping It Secret », *New York Times*, 10 décembre 2018 ; Signoret P., Teemo, « La start-up qui traque 10 millions de Français en continu », *L'Express L'Expansion*, 25 août 2018 ; « Is Geospatial Data a $100 Billion Business for SafeGraph ? » *Nanalyze*, 22 avril 2017.

55. Il est important de noter que les cibles ont donné leur autorisation pour que leur téléphone soit tracké. Cox J., « I Gave a Bounty Hunter $300. Then He Located Our Phone », *Motherboard*, 8 janvier 2019.

56. Alerte à l'arnaque : arnaque des emails de contraventions pour excès de vitesse. Tredyffrin Police Department. 23 mars 2016.

57. Éléments de contexte sur l'introduction du SRAS tirés de : « SARS Commission Final Report », *Government of Ontario*, 2005 ; Tsang K.W. *et al.*, « A Cluster of Cases of Severe Acute Respiratory Syndrome in Hong Kong », *The NEJM*, 2003.

58. Donnelly C.A. *et al.*, « Epidemiological determinants of spread of causal agent of severe acute respiratory syndrome in Hong Kong », *The Lancet*, 2003.

59. Équipe d'intervention rapide de l'OMS contre Ebola, « Ebola Virus Disease in West Africa – The First 9 Months of the Epidemic and Forward Projections », *NEJM*, 2014 ; Assiri A. *et al.*, « Hospital Outbreak of Middle East Respiratory Syndrome Coronavirus », *NEJM*, 2013 ; OMS Consultation on Clinical Aspects of Pandemic (H1N1) 2009 Influenza, « Clinical Aspects of Pandemic 2009 Influenza A (H1N1) Virus Infection », *NEJM*, 2010 ; Lauer SA *et al.*, *The Incubation Period of Coronavirus Disease 2019* (COVID-19) From Publicly Reported Confirmed Cases : « Estimation and Application. Annals of Internal Medicine ». https://annals.org/aim/fullarticle/2762808/incubation-period-coronavirus-disease-2019-covid-19-from-publicly-reported

60. Éléments de contexte sur Willowbrook tirés de : Rothman D.J., *The Willowbrook Wars : Bringing the Mentally Disabled into the Community* (Aldine Transaction, 2005) ; Fansiwala K., « The Duality of Medicine: The Willowbrook State School Experiments », Medical *Dialogue Review*, 20 février 2016 ; Watts G., « Robert Wayne McCollum », *The Lancet*, 2010.

61. Citation tirée de : Offit P., *Vaccinated: One Man's Quest to Defeat the World's Deadliest Diseases* (Harper Perennial, 2008).

62. Goldby S., « Experiments at the Willowbrook state school », *The Lancet*, 1971.

63. Gordon R.M., *The Infamous Burke and Hare: Serial Killers and Resurrectionists of Nineteenth Century Edinburgh* (McFarland, 2009).

64. Procès-verbal de NMT 1 : « Medical Case », 9 janvier 1947. Harvard Law School Library Nuremberg Trials Project.

65. Waddington C.S. *et al.*, « Advancing the management and control of typhoid fever: A review of the historical role of human challenge studies », *Journal of Infection*, 2014.

66. Éléments de contexte sur les défis rencontrés par les études modernes : Cohen J., « Studies that intentionally infect people with disease-causing bugs are on the rise », *Science*, 18 mai 2016. https://clinicaltrials.gov ; Nordling L., « The Ethical Quandary of Human Infection Studies », *Undark*, 19 novembre 2018.

Chapitre 8 : Cherchez l'erreur

1. Peterson Hill N., *A Very Private Public Citizen: The Life of Grenville Clark* (University of Missouri, 2016).

2. Ham P., « As Hiroshima Smouldered, Our Atom Bomb Scientists Suffered Remorse », *Newsweek*, 5 août 2015.

3. Ito S., « Einstein's pacifist dilemma revealed », *The Guardian*, 5 juillet 2005 ; « The Einstein Letter That Started It All; A message to President Roosevelt 25 Years ago launched the atom bomb and the Atomic Age », *New York Times*, 2 août 1964.

4. Clark G., « Letters to the Times », *New York Times*, 22 avril 1955.

5. Harris E.D. *et al.*, « Governance of Dual-Use Technologies: Theory and Practice », *American Academy of Arts & Sciences*, 2016.

6. Santi P. *et al.*, « Quantifying the benefits of vehicle pooling with shareability networks », *PNAS*, 2014.

7. Cadwalladr C. *et al.*, « Revealed: 50 million Facebook profiles harvested for Cambridge Analytica in major data breach », *The Guardian*, 17 mars 2018.

8. Sumpter S., *Outnumbered: From Facebook and Google to Fake News and Filter-bubbles – The Algorithms That Control Our Lives* (Bloomsbury Sigma, 2018) ; Chen A. *et al.*, « Cambridge Analytica's Facebook data abuse shouldn't get credit for Trump », *The Verge*, 20 mars 2018.

9. Zunger Y., « Computer science faces an ethics crisis. The Cambridge Analytica scandal proves it », *Boston Globe*, 22 mars 2018.

10. Harkin J., « "Big Data", "Who Owns the Future?" et "To Save Everything, Click Here"', Financial Times, 1er mars 2013 ; Harford T., 'Big data: A big mistake? », *Significance*, 1 décembre 2014 ; McAfee A. *et al.*, « Big Data: The Management Revolution », *Harvard Business Review*, octobre 2012.

11. Ginsberg J. *et al.*, « Detecting influenza epidemics using search engine query data », *Nature*, 2009.

12. Olson D.R. *et al.*, « Reassessing Google Flu Trends Data for Detection of Seasonal and Pandemic Influenza: A Comparative Epidemiological Study at Three Geographic Scales », *PLOS Computational Biology*, 2013.

13. Lazer D. *et al.*, « The Parable of Google Flu: Traps in Big Data Analysis », *Science*, 2014.

14. Organisation mondiale de la Santé, « Pandemic influenza vaccine manufacturing process and timeline », *OMS Briefing Note*, 2009.

15. Petrova V.N. *et al.*, « The evolution of seasonal influenza viruses », *Nature Reviews Microbiology*, 2017 ; Chakraborty P. *et al.*, « What to know before forecasting the flu », *PLOS Computational Biology*, 2018.

16. Buckee C., « Sorry, Silicon Valley, but "disruption" isn't a cure-all », *Boston Globe*, 22 janvier 2017.

17. Farrar J., « The key to fighting the next "Ebola" outbreak is in your pocket », *Wired*, 4 décembre 2016.

18. OMS, « Ebola outbreak in the Democratic Republic of the Congo declared a Public Health Emergency of International Concern », *OMS newsroom*, 17 juillet 2019 ; Silberner J., « Congo's fight against Ebola stalls after epidemiologist is shot dead », *British Medical Journal*, 2019.

19. Ginsberg M. *et al.*, « Swine Influenza A (H1N1) Infection in Two Children – Southern California, March-April 2009 », *Morbidity and Mortality Weekly Report*, 2009.

20. Cohen J., « As massive Zika vaccine trial struggles, researchers revive plan to intentionally infect humans », *Science*, 12 septembre 2018 ; Koopmans M. *et al.*, « Familiar barriers still unresolved – a perspective on the Zika virus outbreak research response », *The Lancet Infectious Diseases*, 2018.

21. Gordon A. *et al.*, « Prior dengue virus infection and risk of Zika: A pediatric cohort in Nicaragua », *PLOS Medicine*, 2019.

22. Grinberg N. *et al.*, « Fake news on Twitter during the 2016 U.S. presidential election », *Science*, 2019 ; Guess A. *et al.*, « Less than you think : Prevalence and predictors of fake news dissemination on Facebook », *Science Advances*, 2019 ; Lazer D.M.J. *et al.*, « The science of fake news », *Science*, 2018 ; Wagner K., « Inside Twitter's ambitious plan to change the way we tweet », *Recode*, 8 mars 2019 ; McCarthy K., « Facebook, Twitter slammed for deleting evidence of Russia's US election mischief », *The Register*, 13 octobre 2017.

23. Haldane A.G., « Rethinking the Financial Network », *Bank of England speech*, 28 avril 2009 ; Comité de rédaction, « A fractured reporting system stymies public-safety research », *Bloomberg*, 25 octobre 2018.

24. Greene G., *The Woman Who Knew Too Much: Alice Stewart and the Secrets of Radiation* (University of Michigan Press, 2001).

25. Présentation à l'Epidemics6 conference, 2017.

26. Kosinski M. *et al.*, « Private traits and attributes are predictable from digital records of human behavior », *PNAS*, 2013.

27. Cadwalladr C. *et al.*, « Revealed: 50 million Facebook profiles harvested for Cambridge Analytica in major data breach », *The Guardian*, 17 mars 2018. Remarquez que malgré les apparentes similitudes entre leurs méthodes, Cambridge Analytica n'a pas travaillé avec Kosinki.

28. Alaimo K., « Twitter's Misguided Barriers for Researchers », *Bloomberg*, 16 octobre 2018.

29. Godlee F., « What can we salvage from care.data? », *British Medical Journal*, 2016.

30. Kucharski A.J. *et al.*, « School's out: seasonal variation in the movement patterns of school children », *PLOS ONE*, 2015 ; Kucharski A.J. *et al.*, « Structure and consistency of self-reported social contact networks in British secondary schools », *PLOS ONE*, 2018.

31. http://www.bbc.co.uk/pandemic

32. Information Commissioner's Office, « Investigation into the use of data analytics in political campaigns », *ICO report*, 11 juillet 2018.

33. Rifkind H., critique télé, *The Times*, 24 mars 2018.

34. BBC News Online. « Coronavirus: Latest patient was first to be infected in UK », 29 février 2020.

35. Kucharski A. J. *et al.*, « Effectiveness of isolation, testing, contact tracing and physical distancing on reducing transmission of SARS-COV-2 in different settings: a mathematical modelling study », *Lancet Inf Dis*, 2020 ; Jarvis C. I. *et al.*, « Quantifying the impact of physical distance measures on the transmission of COVID-19 in the UK », *BMC Medicine*, 2020.

36. En admettant un temps de lecture de six heures (i.e. deux cent vingt-cinq mots par minute). Données : OMS. http://www.who.int, 2018 ; Dance D.A. *et al.*, « Global Burden and Challenges of Melioidosis », *Tropical Medicine and Infectious Disease*, 2018.

37. Diminution de 291 pour 100 000 en 1990 à 154 pour 100 000 en 2016. Ritchie H. *et al.*, « Causes of Death », Our World in *Data*, 2018.

38. UK Government, Health profile for England : 2017. https://www.gov.uk

39. Harper-Jemison D.M. *et al.*, « Leading causes of death in Chicago », *Chicago Department of Public Health Office of Epidemiology*, 2006 ; « Illinois State Fact Sheet », *National Injury and Violence Prevention Resource Center*, 2015.

40. Information Commissioner's Office, « Investigation into the use of data analytics in political campaigns », *ICO report*, 11 juillet 2018 ; DiResta R. *et al.*, « The Tactics & Tropes of the Internet Research Agency », *New Knowledge*, 2018.

Remerciements

Je souhaite remercier toutes les personnes qui ont pris le temps de partager avec moi leur expertise et leur expérience au cours de mes recherches pour la rédaction de cet ouvrage : Lucy Aplin, Nim Arinaminpathy, Wendy Barclay, Barbara Casu, Nicholas Christakis, Toby Davies, Dean Eckles, Paul Fine, Jemma Geoghegan, Andy Haldane, Heidi Larson, Rosalie Liccardo Pacula, Kristian Lum, Brendan Nyhan, Andrew Odlyzko, Whitney Phillips, John Potterat, Charlie Romford, Gary Slutkin, Briony Swire-Thompson, Jamie Tehrani, Melissa Tracy, Alex Vespignani, Charlotte Watts, et Duncan Watts. Merci aussi à ceux qui m'ont aidé pour les données et documents historiques : Victoria Cranna et Alison Forsey de la LSHTM Library & Archives Service, Liina Hultgren de la Royal Institution, et Peter Vinten-Johansen du John Snow Archive and Research Companion. En cas d'erreurs dans le texte final, elles sont de mon seul fait.

J'ai eu la chance, au cours de ma carrière, d'être accompagné par plusieurs grands mentors, qui m'ont encouragé à me tourner vers de plus larges publics et m'ont aidé à me construire en tant que chercheur : Julia Gog de l'université de Cambridge, Steven Riley de l'Imperial College London, et John Edmunds de la LSHTM. Merci aussi aux nombreux autres collaborateurs et collègues que j'ai côtoyés et auprès de qui j'ai appris au cours des années. En particulier, les idées de ce livre ont été nourries de façon directe ou indirecte par mes échanges avec mes brillants collègues du Centre for the Mathematical Modelling of Infectious Diseases de la LSHTM. Comme tout vulgarisateur scientifique, j'ai eu à ma disposition une somme conséquente de travaux de recherches de qualité. Il m'a fallu faire des choix aux différents stades de l'écriture : cela n'enlève rien à la qualité scientifique que je reconnais à ces personnes et projets.

J'aimerais également remercier toutes les personnes impliquées dans le processus d'écriture. Mes excellentes éditrices Cecily Gayford de Profile et Fran Barrie de Wellcome Collection, qui ont partagé avec moi leurs précieuses idées et points de vue. Merci aussi à Joe Staines pour sa révision du manuscrit final. Et à mon agent Peter Tallack, pour son soutien et ses conseils au cours des dernières années. Je suis reconnaissant envers mes parents pour tous leurs commentaires sur mes premières versions, ainsi qu'envers Clare Fraser, Rachel Humby, Munir Jahangir, Stephen Rice, et Graham Wheeler pour leurs retours. Enfin, j'aimerais remercier mon épouse Emily, incroyable et inspirante, que j'ai eu la chance de rencontrer alors que je rédigeais mon précédent livre, et d'épouser alors que j'écrivais celui-ci.

Index

W

Y

Z

Table des matières

81766 - (I) - BOU 80 - NCO - SPU
Imprimerie CHIRAT - 42540 Saint-Just-la-Pendue

Dépôt légal : février 2021

Imprimé en France